CONTEÚDO DIGITAL PARA ALUNOS
Cadastre-se e transforme seus estudos em uma experiência única de aprendizado:

1 Entre na página de cadastro:
www.editoradobrasil.com.br/sistemas/cadastro

CB050635

2 Além dos seus dados pessoais e de sua escola, adicione ao cadastro o código do aluno, que garantirá a exclusividade do seu ingresso a plataforma.

5478203A1917024

3 Depois, acesse: **www.editoradobrasil.com.br/leb**
e navegue pelos conteúdos digitais de sua coleção :D

Lembre-se de que esse código, pessoal e intransferível, é valido por um ano. Guarde-o com cuidado, pois é a única maneira de você utilizar os conteúdos da plataforma.

Editora do Brasil

GEO

TECNOLOGIA, MEIO AMBIENTE E GLOBALIZAÇÃO

9

LEVON BOLIGIAN
- Licenciado em Geografia pela Universidade Estadual de Londrina (UEL)
- Doutor em Ensino de Geografia pela Universidade Estadual Paulista (Unesp)
- Professor do Instituto Federal Catarinense (IFC)

ANDRESSA ALVES
- Bacharel e licenciada em Geografia pela Universidade Estadual de Londrina (UEL)
- Mestre em Geografia pela Universidade Estadual Paulista (Unesp)
- Arte-educadora licenciada em Artes Visuais pela Universidade Estadual de Londrina (UEL)
- Especializanda em Gestão Ambiental pela Universidade Federal do Paraná (UFPR)

1ª Edição
São Paulo, 2021

Editora do Brasil

Dados Internacionais de Catalogação na Publicação (CIP)
(Câmara Brasileira do Livro, SP, Brasil)

Boligian, Levon
　　Geo 9 : tecnologia, meio ambiente e globalização / Levon Boligian, Andressa Alves. -- 1. ed. -- São Paulo : Editora do Brasil, 2021.

　　ISBN 978-65-5817-322-9 (aluno)
　　ISBN 978-65-5817-317-5 (professor)

　　1. Geografia (Ensino fundamental) I. Alves, Andressa. II. Título.

20-52113　　　　　　　　　　　　　　　CDD-372.891

Índices para catálogo sistemático:

1. Geografia: Ensino fundamental 372.891

Cibele Maria Dias - Bibliotecária - CRB-8/9427

© Editora do Brasil S.A., 2021
Todos os direitos reservados

Direção-geral: Vicente Tortamano Avanso

Direção editorial: Felipe Ramos Poletti
Gerência editorial: Erika Caldin
Supervisão de arte: Andrea Melo
Supervisão editoração eletrônica: Abdonildo José de Lima Santos
Supervisão de revisão: Dora Helena Feres
Supervisão de iconografia: Léo Burgos
Supervisão de digital: Ethel Shuña Queiroz
Supervisão de controle de processos editoriais: Roseli Said
Supervisão de direitos autorais: Marilisa Bertolone Mendes

Supervisão editorial: Júlio Fonseca
Edição: Nathalia Cristine Folli Simões
Assistência editorial: Manoel Leal e Marina Lacerda D'Umbra
Auxiliar editorial: Douglas Bandeira
Especialista em copidesque e revisão: Elaine Cristina da Silva
Copidesque: Gisélia Costa, Ricardo Liberal e Sylmara Beletti
Revisão: Andréia Andrade, Alexandra Resende, Elis Beletti, Fernanda Sanchez, Fernanda Umile, Flávia Gonçalves, Gabriel Ornelas, Mariana Paixão, Martin Gonçalves, Míriam dos Santos e Rosani Andreani
Pesquisa iconográfica: Daniel Andrade e Rogério Lima
Assistência de arte: Josiane Batista
Design gráfico: Estúdio Anexo
Capa: Megalo Design
Imagem de capa: Skander Khlif
Ilustrações: Bruna Ishihara, Carlos Caminha, Cristiane Viana, Danilo Bandeira, Flip Estúdio, Luca Navarro, Paula Haydee Radi, Studio Caparroz, Tarcísio Garbellini e Zeni Santos
Produção cartográfica: Alessandro Passos da Costa, Allmaps, Jairo Soares, Jairo Souza, Luis Moura, Mario Yoshida e Sonia Vaz
Editoração eletrônica: Select Editoração
Licenciamentos de textos: Cinthya Utiyama, Jennifer Xavier, Paula Harue Tozaki e Renata Garbellini
Controle de processos editoriais: Bruna Alves, Carlos Nunes, Rita Poliane, Terezinha de Fátima Oliveira e Valéria Alves

1ª edição / 1ª impressão, 2021
Impresso na Ricargraf Gráfica e Editora

Editora do Brasil

Rua Conselheiro Nébias, 887
São Paulo/SP – CEP 01203-001
Fone: +55 11 3226-0211

www.editoradobrasil.com.br

abdr
Respeite o direito autoral
ASSOCIAÇÃO BRASILEIRA DOS DIREITOS REPROGRÁFICOS

APRESENTAÇÃO

Globalização, sustentabilidade, fronteiras, migrações, conflitos internacionais, tecnologias, problemas ambientais, explosão demográfica... são termos que estão diariamente nas mídias, seja nas notícias dos jornais, seja nas redes sociais ou mesmo em filmes e documentários.

Tais ideias estão relacionadas aos estudos da Geografia, ciência que busca compreender como esses fatos, processos e fenômenos são organizados espacialmente pela sociedade.

A **Coleção GEO** convida você a fazer uma viagem por esses e outros temas e conceitos da ciência geográfica, como forma de desvendar a atual realidade que o cerca.

Com as demais matérias escolares, os conteúdos de Geografia irão prepará-lo para ser um cidadão consciente e capaz de interferir, mesmo que com pequenas ações, nos rumos da comunidade onde vive, de nosso país e, até mesmo, do mundo.

E aí, preparado? Então, bons estudos de Geografia para você e sua turma!

Os autores

CONHEÇA SEU LIVRO

Questionamentos 1

Por meio dos **questionamentos** propostos, você poderá refletir a respeito do que já sabe sobre o tema ou, ainda, propor aos colegas a troca de ideias relacionadas ao assunto.

Questionamentos 2

Os **questionamentos** que acompanham as imagens facilitam a interpretação e a análise dos recursos, além de estimularem o desenvolvimento de habilidades importantes no estudo da Geografia.

Glossário

Em algumas páginas, você encontrará um pequeno **glossário** com a definição de palavras importantes para o entendimento do que está sendo estudado.

Fique ligado!

Na seção **Fique ligado!** são abordadas informações relevantes para a compreensão ou o aprofundamento do conteúdo que está sendo trabalhado.

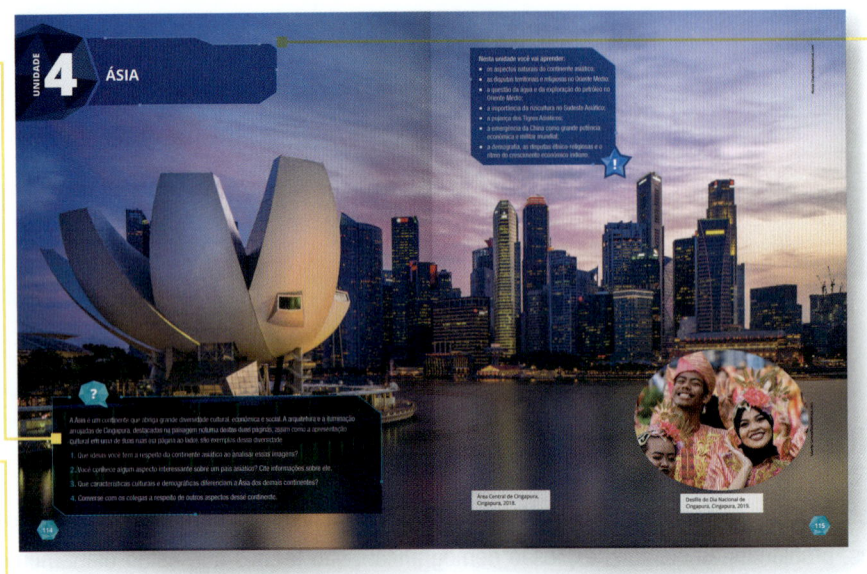

Abertura de unidade

Nas páginas de **abertura da unidade** há imagens e questionamentos que irão motivá-lo a estudar os conteúdos que serão abordados. A indicação dos conteúdos principais da unidade também é apresentada nessas páginas.

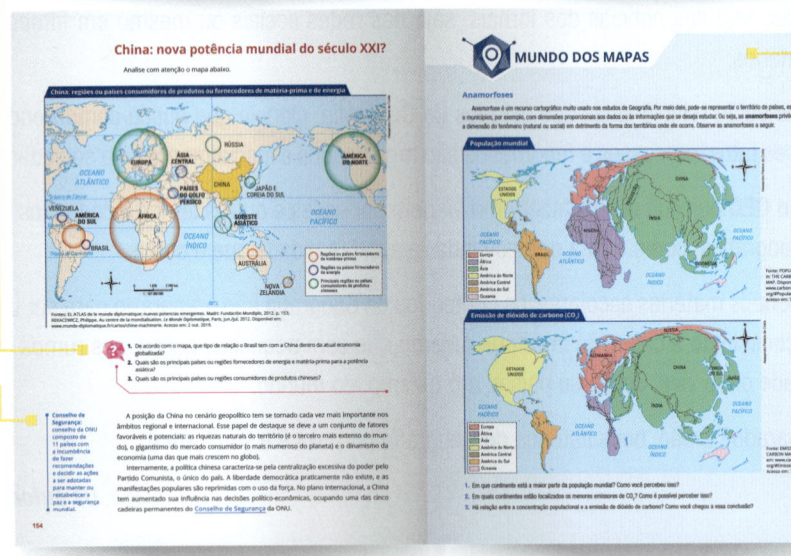

Mundo dos mapas

Em todas as unidades, a seção **Mundo dos mapas** apresenta conteúdos e atividades que promovem o entendimento das linguagens gráfica e cartográfica, ferramentas que possibilitam uma melhor compreensão dos fatos e fenômenos geográficos.

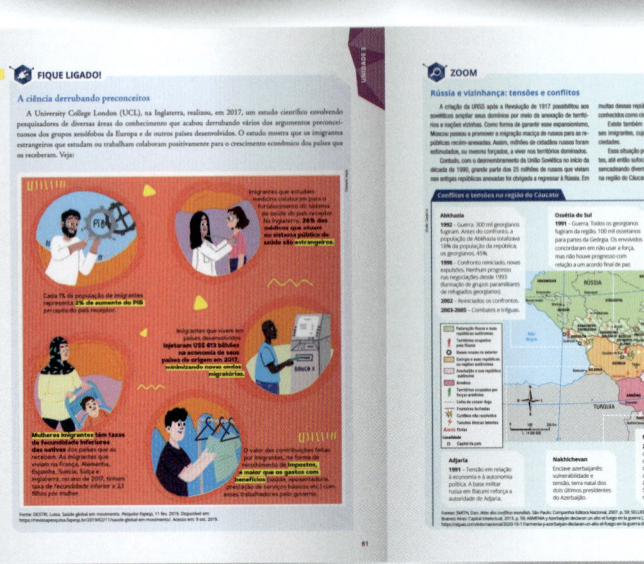

Zoom

Na seção **Zoom**, você poderá observar um fato ou conceito sob um ponto de vista diferente, ou seja, por meio de uma forma de análise mais detalhada ou mais ampla do assunto.

Conexões

Na seção **Conexões** são abordados conteúdos relacionados a outras áreas do conhecimento, como História, Matemática e Ciências, mas que têm grande afinidade com os estudos geográficos.

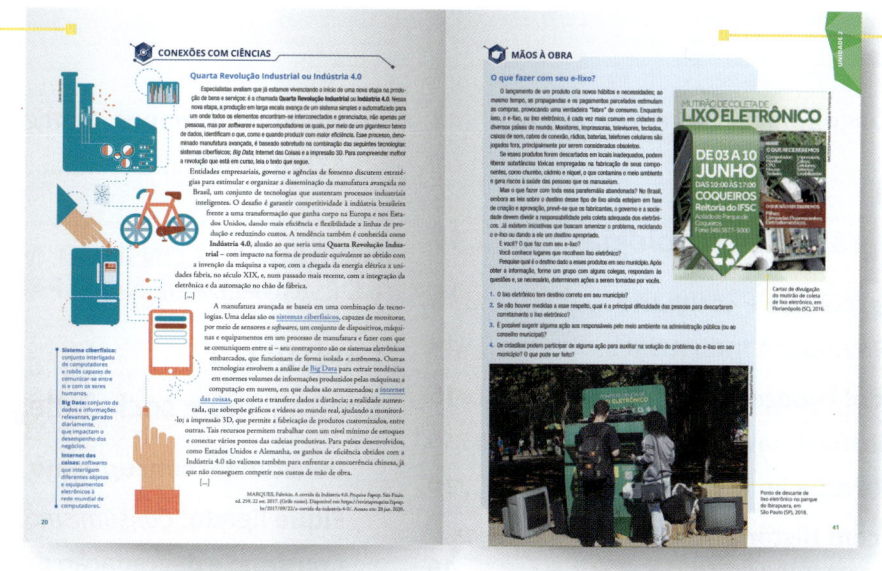

Mãos à obra

Você poderá fazer atividades práticas ou experimentos na seção **Mãos à obra**, o que possibilita uma melhor compreensão do conceito ou do conteúdo estudado.

Atividades

Nas páginas de **atividades** há diferentes seções, em que são propostas questões de retomada do conteúdo estudado e temas complementares ao que foi abordado no capítulo, sempre com recursos diferenciados para auxiliar seus estudos.

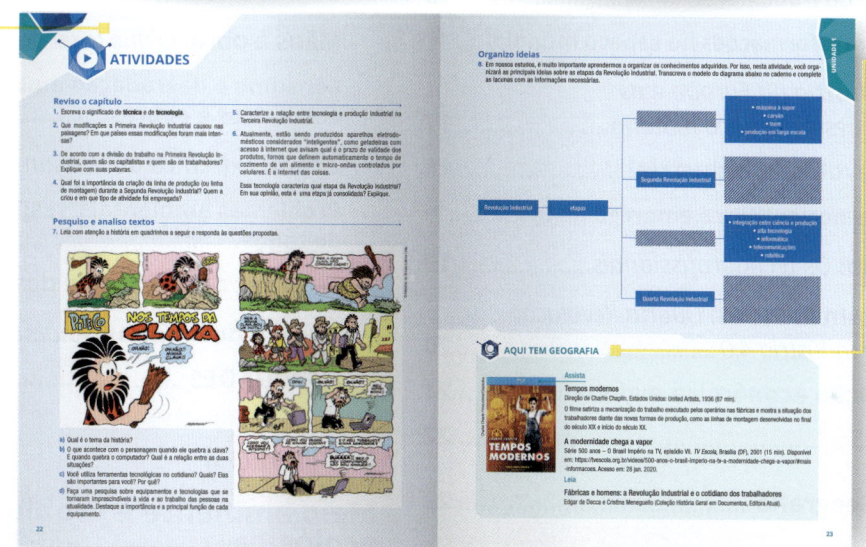

Aqui tem Geografia

Filmes, livros e *sites* são recursos complementares apresentados na seção **Aqui tem Geografia**. São indicações de recursos interessantes para que você amplie ainda mais seus conhecimentos de Geografia e perceba como essa ciência está presente no cotidiano das pessoas por meio da literatura, da arte ou em meios audiovisuais.

Caderno de Temas Complementares

Em cada volume desta coleção, você encontrará o **Caderno de Temas Complementares**. Nessas páginas especiais são abordados temas interessantes, que vão além do conteúdo de sala de aula e possibilitam novos aprendizados, e também o desenvolvimento de habilidades e procedimentos muito importantes para a vida em sociedade.

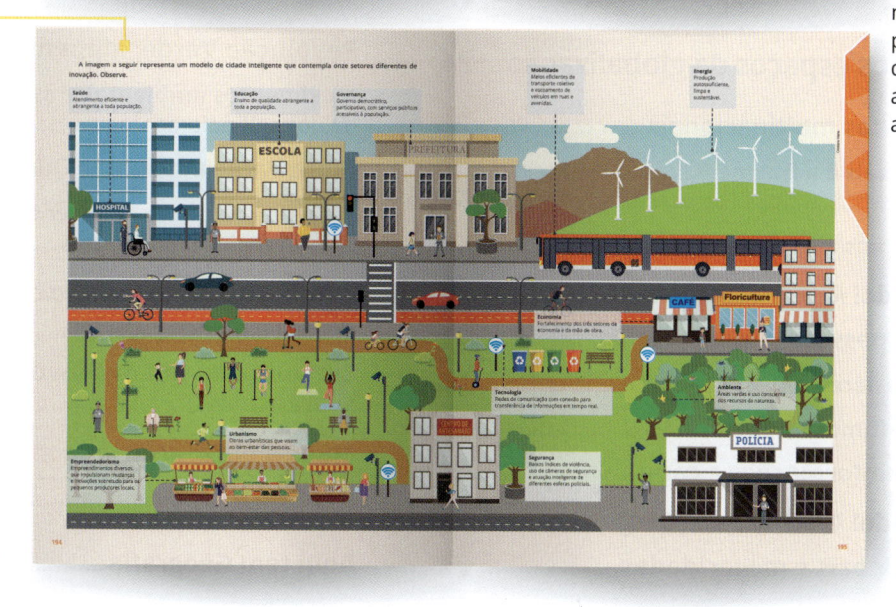

SUMÁRIO

UNIDADE 1 – ESPAÇOS DA GLOBALIZAÇÃO 11

CAPÍTULO 1
Espaço geográfico e tecnologia 12
- Tecnologia, ciência e cotidiano 13
- Primeira Revolução Industrial 14
- **Fique ligado!** *Paisagens transformadas* 15
- Capital, trabalho e novas tecnologias 15
- Segunda Revolução Industrial 16
- **Conexões com História:** *As linhas de montagem e a alienação do trabalho* 16
- Indústria e transformações no espaço mundial ... 17
- **Zoom:** *A indústria na Europa e as transformações no espaço indiano* 17
- Terceira Revolução Industrial 18
- Revolução tecnocientífica e emprego no Brasil ... 19
- **Fique ligado!** *Os tecnoprofissionais* 19
- **Conexões com Ciências:** *Quarta Revolução Industrial ou Indústria 4.0* 20
- Mundialização econômica e globalização ... 21
- **ATIVIDADES** 22
- **Aqui tem Geografia** 23

CAPÍTULO 2
Dinâmica dos espaços da globalização ... 24
- Expansão das multinacionais 25
- Multinacionais e a fragmentação do processo produtivo 26
- Multinacionais e o comércio mundial 27
- **Fique ligado!** *Ricas e poderosas* 27
- Fluxos de pessoas e mercadorias 28
- Transporte aéreo: fluxos rápidos e eficientes ... 28
- Fluxos marítimos internacionais 29
- Fluxos de informações e capitais 30
- **Fique ligado!** *A internet em 60 segundos!* 31
- Cidades globais e megacidades 32
- **Mundo dos mapas:** *Cartograma quantitativo* ... 33
- **ATIVIDADES** 34

UNIDADE 2 – CONSUMO, MEIO AMBIENTE E DESIGUALDADE NO ESPAÇO MUNDIAL 37

CAPÍTULO 3
Capitalismo e sociedade de consumo 38
- Consumo e consumismo 39
- **Fique ligado!** *Consumismo e felicidade* 39
- Consumo e degradação do meio ambiente 40
- **Mãos à obra:** *O que fazer com seu e-lixo?* 41
- Consumo e degradação ambiental: diferenças entre ricos e pobres 42
- **Zoom:** *Extremos do consumo* 42
- Problemas ambientais: responsabilidade de todos 43
- Escassez do petróleo e desafio energético 44
- **Mundo dos mapas:** *Anamorfoses* 45
- **ATIVIDADES** 46

CAPÍTULO 4
Meio ambiente e problemática ecológica 48
- Revolução Verde, alimentos e fome 49
- Movimentos ambientalistas: despertar da consciência ecológica 50
- Preservação ambiental: Que caminho seguir? ... 51
- Preservação do conhecimento das comunidades tradicionais 52
- **Zoom:** *Conhecimento tradicional a serviço da pesca no Acre* 52
- Em busca de um desenvolvimento sustentável 54
- **Mãos à obra:** *Ações pelo meio ambiente* 55
- **ATIVIDADES** 56
- **Aqui tem Geografia** 56

UNIDADE 3 – EUROPA **59**

CAPÍTULO 5
Quadro natural da Europa 60
- Natureza e clima da Europa **62**
- Vegetação da Europa **64**
  - Europa: devastação florestal e áreas remanescentes 64
- Relevo e hidrografia da Europa **66**
  - Formas do relevo europeu 67
- Poluição das águas e dos solos na Europa .. **68**
  - Fique ligado! *Rio Tâmisa, Londres (Reino Unido)* 68
  - Mundo dos mapas: *Mapas temáticos* 69
- ATIVIDADES **70**

CAPÍTULO 6
Europa: população, política e cultura 72
- **Conexões com História:** *As diferenças políticas e ideológicas na Europa do século XX* 72
- Continente densamente povoado **73**
- Povos e culturas da Europa **74**
  - Movimentos nacionalistas e separatistas 76
  - **Zoom:** *Como o separatismo catalão pauta a política espanhola* 76
- Estrutura etária e qualidade de vida **77**
  - Elevada proporção de adultos e idosos 78
  - Fique ligado! *Envelhecimento da população: uma questão que preocupa* 78
- Imigrantes na Europa **79**
  - Xenofobia e racismo 80
  - Fique ligado! *A ciência derrubando preconceitos* 81
- ATIVIDADES **82**
- Aqui tem Geografia **83**

CAPÍTULO 7
Espaço geográfico europeu 84
- Atividade industrial na Europa **85**
- Indústria e recursos energéticos **86**
  - **Zoom:** *O petróleo no Mar do Norte* 86
  - Indústria, energia e questão ambiental na Europa 87
  - Fique ligado! 87
- Indústria e urbanização na Europa **88**
- Densa e complexa rede urbana **89**
- Espaço agrário da Europa **90**
  - **Zoom:** *Os pôlderes neerlandeses* 91
- Rede de transportes europeia **92**
- Dinamismo regional na Europa **93**
- ATIVIDADES **94**
- Aqui tem Geografia **95**

CAPÍTULO 8
União Europeia 96
- Desafios econômicos, políticos e sociais **98**
- ATIVIDADES **100**

CAPÍTULO 9
Rússia 102
- **Conexões com História:** *Fim da potência soviética* 103
- Atividade industrial na Rússia **104**
- Transportes e integração do espaço russo **105**
  - **Zoom:** *A ferrovia Transiberiana* 105
- Espaço agrário na Rússia **106**
  - Sibéria, a grande fronteira econômica russa 106
  - Fique ligado! *O que é permafrost?* 107
- Minorias étnicas e o desafio da unidade territorial **108**
  - **Zoom:** *Rússia e vizinhança: tensões e conflitos* 109
- Rússia: o retorno da potência mundial **110**
  - Fique ligado! *A Rússia e a Estação Espacial Internacional* 111
- ATIVIDADES **112**
- Aqui tem Geografia **113**

UNIDADE 4 – ÁSIA 115

CAPÍTULO 10
Ásia: natureza e regionalização 116

- Clima e vegetação 116
- Relevo e hidrografia 119
- Principais conjuntos de relevo da Ásia 120
- Principais redes hidrográficas da Ásia 120
- Regiões da Ásia 121
- Conexões com História: *Entre o Oriente e o Ocidente* 121
- ATIVIDADES 122

CAPÍTULO 11
Oriente Médio 124

- Conexões com História: *Colonização e descolonização* 124
- Berço do monoteísmo 125
- Fique ligado! *O mundo islâmico e o fundamentalismo* 125
- Mundo dos mapas: *Sistema de Informação Geográfica (SIG), mapas e religião* 126
- Questões territoriais no Oriente Médio 127
- Criação de Israel e questão da Palestina 127
- Expansão israelense 128
- Jerusalém: cidade sagrada 129
- Zoom: *A cidade velha de Yerushalaim* 129
- Questão da água no Oriente Médio 130
- Zoom: *As águas do Rio Jordão* 130
- Países produtores de petróleo 131
- Petróleo, riqueza econômica e desigualdades sociais 132
- Fique ligado! *O fim da kafala está próximo?* 132
- Países não produtores de petróleo 133
- Influência das potências mundiais no Oriente Médio 134
- Fique ligado! *A guerra civil na Síria* 135
- ATIVIDADES 136

- Aqui tem Geografia 137

CAPÍTULO 12
Sudeste Asiático 138

- Rizicultura e demais atividades agrícolas 138
- Fique ligado! *Relevo, clima e agricultura no Sul e no Sudeste da Ásia* 139
- Monções e sociedades rizicultoras 140
- Atividades agroflorestais no Sudeste Asiático 142
- Atividade madeireira e desmatamento 142
- Tigres Asiáticos 143
- Fatores do desenvolvimento econômico 144
- Fique ligado! *Prosperidade econômica e condições de vida da população* 144
- Coreia do Sul: o Tigre mais próspero 145
- Conexões com História: *A questão das Coreias* 145
- ATIVIDADES 146
- Aqui tem Geografia 147

CAPÍTULO 13
China: potência emergente mundial 148

- Vias do desenvolvimento chinês 149
- Fique ligado! *Minérios e recursos energéticos: base da pujança chinesa* 149
- População chinesa 150
- Produção de alimentos na China 151
- Socialismo de mercado e organização do espaço chinês 152
- Problemas ambientais em território chinês 153
- Zoom: *Desmatamento na China e o novo coronavírus* 153
- China: nova potência mundial do século XXI? 154
- Fique ligado! *Sonda chinesa chega ao lado oculto da Lua pela primeira vez* 155
- ATIVIDADES 156
- Aqui tem Geografia 157

CAPÍTULO 14

Índia: gigante em ascensão 158

- Hinduísmo e sistema de castas 159
- **Zoom**: *Ganges: o rio sagrado* 159
- Desafios populacionais na Índia 160
- **Zoom:** *Bangalore, capital da alta tecnologia na Índia, sofre com dificuldade de abastecimento de água* 161
- Rumos da economia indiana 162
- Índia e tensões militares no Sul da Ásia 163
- ATIVIDADES 164

UNIDADE 5 – PAÍSES DA BACIA DO PACÍFICO 167

CAPÍTULO 15

Região da Bacia do Pacífico 168

- Círculo de Fogo e Bacia do Pacífico 169
- **Zoom:** *Pinatubo: a grande explosão* 169
- Oceania, o continente do Pacífico 170
- **Fique ligado!** *Como se formam os atóis no Pacífico* 171
- ATIVIDADES 172

CAPÍTULO 16

Japão: gigante do Oriente 174

- Fatores do desenvolvimento japonês 175
- Dependência de recursos naturais estrangeiros 176
- Produção industrial diversificada 177
- Japão, grande exportador mundial 178
- País populoso e densamente povoado 179
- Agricultura e pesca intensivas 180
- Desafios para o Japão no século XXI 181
- **Fique ligado!** *Uma população que encolhe* 181
- ATIVIDADES 182

CAPÍTULO 17

Austrália e Nova Zelândia 184

- Mineração australiana e pecuária neozelandesa 185
- Meio natural e atividades econômicas 186
- Turismo, uma atividade muito desenvolvida 187
- Elevado desenvolvimento social 188
- Sociedades multiculturais 189
- **Fique ligado!** *Exclusão social das minorias étnicas* 189
- ATIVIDADES 190
- Aqui tem Geografia 190

TEMAS COMPLEMENTARES 191

- Tema 1 – Cidades inteligentes 192
- Tema 2 – Minorias no mundo globalizado 198

MINIATLAS 204

REFERÊNCIAS 208

UNIDADE 1
ESPAÇOS DA GLOBALIZAÇÃO

1. Como a imagem demonstra as maneiras de se comunicar na sociedade em que vivemos?

2. Você sabe como os meios de comunicação transformaram o modo de vida das pessoas ao longo das últimas décadas?

3. Que recursos tecnológicos da atualidade você costuma utilizar? Esses recursos estão presentes no dia a dia das pessoas? De que modo?

Nesta unidade você vai aprender:
- as relações entre ciência, técnica e tecnologia;
- as etapas da Revolução Industrial;
- a expansão das multinacionais no mundo;
- como acontece o fluxo de pessoas, mercadorias, informações e capitais;
- o que são cidades globais e megacidades.

Antenas de telecomunicação. Baviera, Alemanha, 2018.

CAPÍTULO 1

Espaço geográfico e tecnologia

Observe a sequência de imagens.

Século XVIII

Início do século XX

Século XXI

A capacidade de os seres humanos modificarem a natureza à sua volta, transformando as paisagens da superfície terrestre, aumentou substancialmente nos últimos séculos, como observamos nas imagens ao lado. Nelas, tanto nas imagens maiores como nas imagens em detalhe, é possível verificar a evolução das técnicas de engenharia na construção de pontes.

No decorrer do tempo, o ser humano criou instrumentos e métodos de trabalho mais aperfeiçoados e eficazes para atender a variadas necessidades. A esse conjunto de conhecimentos, que é constantemente desenvolvido e aplicado nas atividades de produção de instrumentos, máquinas, equipamentos e bens de consumo em geral, denominamos **técnica**.

O aprimoramento das técnicas levou a humanidade a ter maior domínio da natureza, o que possibilitou a exploração intensa dos recursos naturais do planeta – como o solo, a fauna e a flora, os minerais, os rios e os oceanos – e ampliou o espaço modificado pelas atividades humanas, o chamado **espaço geográfico**.

Atualmente, há poucos lugares na Terra que ainda não sofreram alterações provocadas pelos seres humanos, encontrando-se praticamente intocados, como um **espaço natural**. É o caso de parte das regiões polares, do interior das florestas tropicais e dos grandes desertos. Por serem raros lugares com essas características, dizemos que a interferência humana na superfície terrestre se **mundializou**, ou seja, alcançou escala planetária.

Tecnologia, ciência e cotidiano

Com o advento da atividade industrial, há aproximadamente dois séculos, as técnicas produtivas se desenvolveram intensamente, impulsionadas por descobertas em vários campos do conhecimento. Isso resultou em um grande número de invenções (máquinas, instrumentos, novos tipos de alimento e de bens de consumo etc.). A aplicação do conhecimento científico na produção de bens materiais e no desenvolvimento de novas técnicas e métodos de trabalho dá origem ao que chamamos **tecnologia**.

Os conhecimentos obtidos em áreas como Física, Química, Biologia e Matemática, por exemplo, passaram a ser aplicados cada vez mais no desenvolvimento de tecnologias. Essas tecnologias, por sua vez, foram utilizadas em diferentes setores de atividade, impactando o cotidiano da sociedade. Vejamos alguns exemplos significativos das consequências do uso da tecnologia e suas implicações na vida das pessoas.

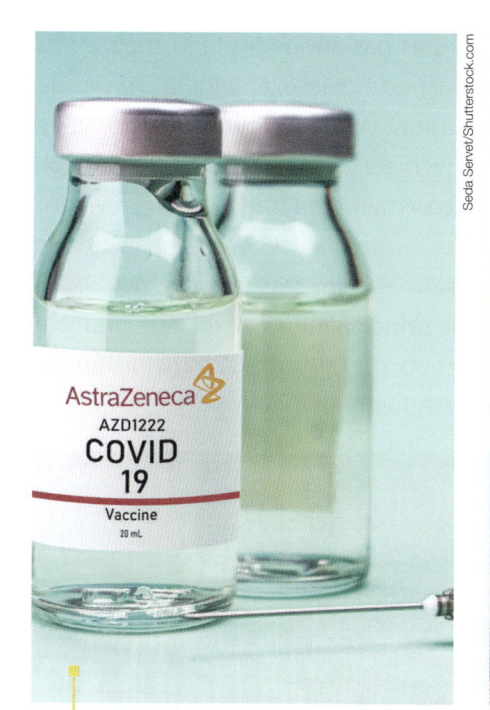

As pesquisas na área de Biologia e Química Farmacêutica, com a elaboração de novos medicamentos e vacinas, e na área de Física, com a invenção de aparelhos de diagnóstico, criaram novas formas de tratamento que levaram à cura e à prevenção de diversas doenças, o que aumentou a expectativa de vida da população mundial.

Outro exemplo importante são os avanços da Engenharia Elétrica e da Informática, aplicadas aos meios de telecomunicações, que resultaram no aprimoramento ou na criação de imensa quantidade de aparelhos, como telefone, televisão e computador. Isso possibilitou a troca cada vez mais intensa de informações entre pessoas, empresas e nações.

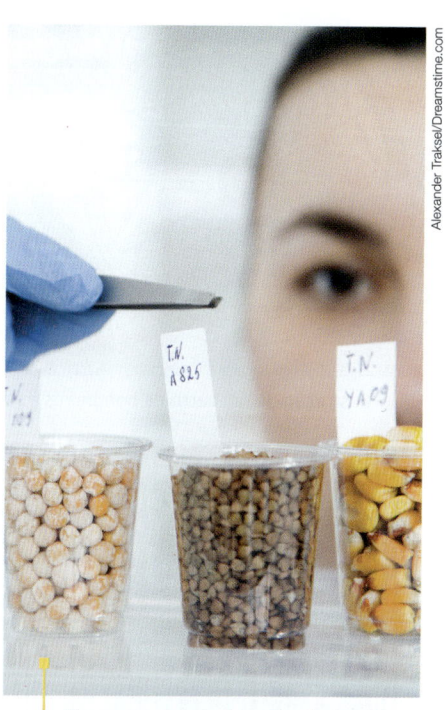

Com o avanço da Engenharia Genética e da Química, foram desenvolvidas sementes e plantas mais resistentes às adversidades do clima e ao ataque de pragas, o que aumentou significativamente a produção de alimentos em todo o mundo.

1. Atualmente, usufruímos de vários recursos tecnológicos. Contudo, imagine como era o dia a dia das pessoas antes de esses aparelhos serem inventados – lâmpada elétrica, telefone, geladeira ou televisão, por exemplo. Converse com os colegas.
2. Em sua opinião, os recursos tecnológicos são importantes no cotidiano das pessoas atualmente?
3. Devemos lembrar, no entanto, que uma parte significativa da população mundial não tem acesso a esses recursos. Converse com os colegas sobre como deve ser o cotidiano dessas pessoas.

Primeira Revolução Industrial

No final do século XVIII, o desenvolvimento da ciência proporcionou avanços tecnológicos que interferiram radicalmente na maneira de produzir mercadorias. Esse momento histórico, que ficou conhecido como **Revolução Industrial**, é dividido em três etapas: a Primeira, a Segunda e a Terceira Revolução Industrial.

A **Primeira Revolução Industrial** iniciou-se nas últimas décadas do século XVIII e estendeu-se até meados do século XIX. Originada na Inglaterra, expandiu-se posteriormente para outros países europeus – como França, Bélgica, Países Baixos, Rússia e Alemanha – e os Estados Unidos.

Esse período foi marcado por invenções e descobertas científicas revolucionárias, que tiveram aplicações diretas nas atividades industriais e nos meios de transporte. São exemplos a criação da **máquina a vapor**, o uso do **carvão** como fonte de energia e a invenção da **locomotiva**, que possibilitou o desenvolvimento do transporte ferroviário.

Nas nações europeias citadas e nos Estados Unidos surgiram as primeiras fábricas, de produção artesanal, principalmente têxtil, que pouco a pouco se tornou mecanizada e transformou-se em produção industrial.

Ilustração de um carro de bombeiros a vapor do século XIX.

Até o fim do século XVIII, os tecidos eram confeccionados com tecelagem manual. No início do século XIX, essa forma de produção têxtil foi aos poucos substituída pela tecelagem industrial (imagem acima). Teares em fábrica de tecidos inglesa. Gravura em madeira, c. 1840.

FIQUE LIGADO!

Paisagens transformadas

Com o uso de máquinas movidas a energia mecânica, as fábricas passaram a produzir de maneira quase ininterrupta. Isso gerou muitos postos de trabalho nas cidades, que passaram a atrair grande contingente de pessoas vindas de áreas rurais. A população das maiores cidades europeias quase triplicou em um período de apenas 50 anos. Em 1800, essas cidades concentravam cerca de 5,4 milhões de habitantes; já em 1850, comportavam por volta de 13 milhões de pessoas.

Assim, muitos centros urbanos cresceram desordenadamente e suas paisagens transformaram-se drasticamente. Muitos bairros operários pobres surgiram em torno das fábricas, que despontaram com suas chaminés, lançando grandes colunas de fumaça. A expansão da atividade industrial nesse período imprimiu, portanto, profundas transformações no espaço geográfico europeu e estadunidense.

À medida que as fábricas se expandiam, novos elementos eram introduzidos nas paisagens, como a linha férrea, a estação ferroviária e os armazéns. Observe na imagem indústrias em Oldbury, Inglaterra, no século XIX.

Ilustração de 1892 retrata vista da cidade de Oldbury, Inglaterra, durante a Primeira Revolução Industrial.

Capital, trabalho e novas tecnologias

A Primeira Revolução Industrial deu condições para a consolidação do capitalismo na Europa e nos Estados Unidos. Isso porque as novas tecnologias criadas eram apropriadas pelos **capitalistas**, que eram os **donos dos meios de produção**, e aplicadas na atividade industrial.

Nas sociedades capitalistas, o objetivo dos donos dos meios de produção é, de maneira geral, a busca constante de lucro. Assim, o uso de tecnologia na atividade industrial, cujo principal símbolo era a máquina a vapor, desencadeou a **produção** de mercadorias **em larga escala**, gerando lucros na mesma proporção.

O aumento da produção e os crescentes lucros obtidos pelos capitalistas, no entanto, decorreram também da exploração da força de trabalho dos empregados. No capitalismo, o trabalhador, embora produza a mercadoria, não detém os meios de produção (as máquinas, os instrumentos e as técnicas de trabalho). Os meios de produção pertencem ao capitalista, para quem o **trabalhador** vende sua **força de trabalho** – isto é, sua força física e mental – em troca de um **salário**.

Para aumentar os lucros, os donos das fábricas necessitavam cada vez mais de operários. As jornadas de trabalho chegavam a 16 horas e era comum o emprego de crianças nas fábricas. A imagem mostra operárias em uma tecelagem de algodão em Oslo, Noruega. Wilhelm Peters. *Fábrica de tecelagem Hjula*, 1887-1888. Óleo sobre tela, 85 cm × 117 cm.

Segunda Revolução Industrial

Entre o final do século XIX e o início do século XX, as pesquisas científicas desenvolveram-se enormemente, gerando um novo salto tecnológico. Esse avanço foi marcado, sobretudo, pelo uso do **petróleo** como fonte de energia e do **aço** de alta resistência na metalurgia, pela invenção de motores a combustão movidos a óleo diesel e, ainda, pelo aproveitamento em larga escala da força hidráulica para a geração de energia elétrica.

Essas inovações tecnológicas possibilitaram a expansão e a diversificação da produção do setor industrial, e levaram os países que estavam na vanguarda da industrialização (países europeus, Estados Unidos e, a essa altura, também o Japão) à **Segunda Revolução Industrial**.

Nessa fase, o modelo de desenvolvimento apoiou-se, principalmente, nas indústrias de grande porte – como siderúrgicas, metalúrgicas, petroquímicas e automobilísticas – e no investimento em transporte ferroviário e naval.

CONEXÕES COM HISTÓRIA

As linhas de montagem e a alienação do trabalho

Um dos fatores que caracterizaram a Segunda Revolução Industrial foi a introdução das **linhas de produção** (ou **linhas de montagem**) no processo fabril. Nessa nova maneira de produzir, cada trabalhador ficava posicionado em um ponto fixo no interior das fábricas, geralmente em frente a esteiras rolantes que transportavam as peças a serem montadas ou confeccionadas pelos operários.

Com esse novo método, que tinha como principais características a divisão criteriosa das tarefas e o aproveitamento máximo do esforço e do tempo gasto pelos trabalhadores na fabricação de uma mercadoria, a produtividade aumentou. A divisão de tarefas, entretanto, fez com que os trabalhadores passassem a dominar apenas uma etapa da produção – fenômeno chamado de **alienação do trabalho**.

O empresário Henry Ford (1863-1947), proprietário da Ford Motors, foi pioneiro no desenvolvimento da linha de montagem (ou linha de produção). Esse método de trabalho ficou conhecido como fordismo e possibilitou que, na década de 1920, as fábricas da Ford produzissem mais de 2 milhões de carros por ano. Posteriormente, vários outros segmentos industriais adotaram o fordismo como método de produção. Ao lado, operários na linha de montagem de automóveis da Ford, nos Estados Unidos, no início do século XX.

Indústria e transformações no espaço mundial

Na Segunda Revolução Industrial, o espaço geográfico dos países industrializados passou por diversas modificações. A **população urbana**, por exemplo, superou o contingente populacional do campo. As empresas do setor terciário – bancos, companhias de transporte, estabelecimentos comerciais e universidades, entre outros – diversificaram-se, e cidades como Londres, Paris, Berlim e Nova York tornaram-se grandes metrópoles mundiais.

O **campo** também se modernizou com o uso de novos instrumentos de trabalho produzidos nas fábricas, como as semeadeiras, os arados mecânicos e, mais tarde, os tratores, aumentando substancialmente a produção agrícola. As cidades e o campo passaram a ser interligados cada vez mais por ferrovias e rodovias.

Em outros continentes, o espaço geográfico também sofreu transformações. A demanda da indústria por matérias-primas como ferro, cobre, chumbo, estanho, algodão e borracha aumentou vertiginosamente, levando as nações europeias a explorar intensamente suas colônias, sobretudo as da África e da Ásia. Além disso, muitos países europeus começaram a exportar produtos manufaturados para países ainda não industrializados da Europa e de outras partes do mundo.

A circulação crescente de mercadorias e de informações levou à maior integração entre as regiões do planeta, viabilizada pelo desenvolvimento dos **meios de transporte** – com a expansão das ferrovias e das rotas transoceânicas de navegação – e dos dispositivos de comunicação, com a invenção do rádio, do telefone e do telégrafo.

Carregamento de bananas em navio. Jamaica, cerca de 1890.

ZOOM

A indústria na Europa e as transformações no espaço indiano

A organização do território das colônias europeias no final do século XIX e início do século XX sofreu muitas transformações em decorrência do crescimento industrial na Europa. No território indiano, por exemplo, que na época estava sob domínio britânico, foram construídas muitas linhas férreas para escoar a produção de matérias-primas (algodão, chá e minerais) do interior da colônia até os portos no litoral, onde eram embarcadas para as indústrias na Grã-Bretanha. Por outro lado, nas vias férreas indianas também circulavam produtos britânicos industrializados, como máquinas e tecidos. Ainda hoje o trem é um dos principais meios de transporte utilizados na Índia para o transporte de pessoas e cargas.

Trem de alta velocidade. Nova Délhi, Índia, 2018.

Terceira Revolução Industrial

A partir da segunda metade do século XX, iniciou-se uma nova fase de descobertas tecnológicas. Nessa fase, denominada **Terceira Revolução Industrial** ou **Revolução Tecnocientífica**, as descobertas científicas foram aplicadas quase imediatamente ao processo produtivo.

Esse fato proporcionou a ascensão das atividades produtivas em que se emprega alta tecnologia e elas são, atualmente, os setores mais dinâmicos da economia mundial. Veja alguns exemplos desses setores e dos produtos e serviços por eles gerados: a informática, que produz computadores e *softwares*; a microeletrônica, que fabrica *chips*, transistores e circuitos eletrônicos; a robótica, que cria robôs para uso industrial; as telecomunicações, que viabilizam as transmissões de rádio, televisão, telefonia fixa e móvel e internet; a indústria aeroespacial, que fabrica satélites artificiais e aviões; e a biotecnologia, por meio da qual se desenvolvem medicamentos e se manipulam geneticamente plantas e animais.

Trabalhadoras em linha de montagem de televisão. Utsunomiya, Japão, 2016.

Cientista observando desenvolvimento de plantas em laboratório.

A relação entre capital, pesquisa e tecnologia

Atualmente, sobretudo nas sociedades mais industrializadas, a implantação de tecnologias altamente sofisticadas melhora o desempenho e a produtividade do trabalho, cria produtos de melhor qualidade e reduz os custos de produção das empresas. Esse processo gera lucros extraordinários e maior acumulação de capital, que é reaplicado no desenvolvimento de novas tecnologias. Observe o esquema ao lado.

Revolução tecnocientífica e emprego no Brasil

Há algumas décadas, o Brasil passa por um rápido processo de automatização e de robotização das linhas de produção nas indústrias. Também tem aumentado exponencialmente o uso de tecnologia de informática e microeletrônica no comércio e nos serviços, assim como o uso de máquinas agrícolas e outros recursos no campo, o que causou a dispensa de grande contingente de mão de obra em diversos setores.

Grande parte do trabalho antes executado por pessoas é feita, atualmente, por máquinas que tornam a produção mais rápida, segura e eficiente, o que eleva a produtividade, reduz os custos e aumenta os lucros. Esse método produtivo exige poucos funcionários especializados para controlar as máquinas, ocasiona a dispensa de mão de obra e aumenta o desemprego. Compare, no gráfico ao lado, as informações a respeito da População Economicamente Ativa por setores de atividades no Brasil.

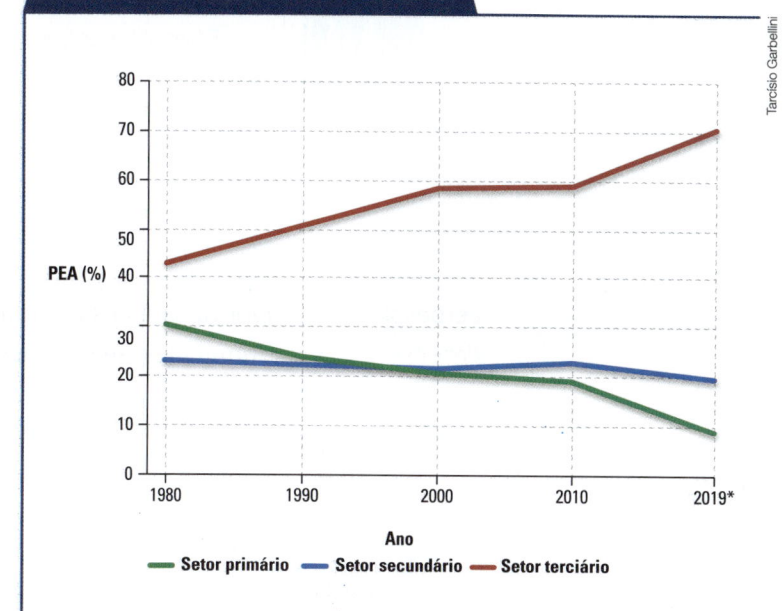

Brasil: PEA ocupada por setores de atividades econômicas – 1980-2019

Fontes: IBGE. *Anuário Estatístico do Brasil*. Rio de Janeiro, 1992; Pesquisa Nacional por Amostra de Domicílios 2007 (Pnad). *IBGE. PNAD CONTÍNUA – 2º Trimestre 2019.

1. Caracterize a evolução da População Economicamente Ativa (PEA) em cada setor da economia.
2. É possível perceber o processo de tecnificação das atividades econômicas pela observação do deslocamento da oferta de postos de trabalho nos setores de atividades econômicas no Brasil? Troque ideias com os colegas sobre isso.

FIQUE LIGADO!

Os tecnoprofissionais

A dispensa de milhões de trabalhadores (torneiros mecânicos, telegrafistas, datilógrafos etc.) nos diversos setores de atividades econômicas é o sinal mais evidente da extinção de uma série de profissões. Esses profissionais são substituídos por máquinas em razão do desenvolvimento de novos recursos tecnológicos para a realização de diversas atividades. Entretanto, novas ocupações têm surgido e há crescente demanda por elas no mercado de trabalho. Nesse processo de mudança, destacam-se profissões ligadas aos setores de informática, como programadores de *softwares*, *webmasters* e *web designers* (profissionais especializados na elaboração e manutenção de *sites* e portais), e desenvolvedores de conteúdo para mídias sociais, como *youtubers*, streamers, entre outros. No mercado de trabalho atual, são valorizados os profissionais polivalentes, criativos, que sabem lidar com as tecnologias surgidas no século XXI.

Streamer: profissional que faz transmissões ao vivo pela internet sobre diversos temas.

Youtuber Isabella Lubrano, dona do canal Ler Antes de Morrer, faz vídeos incentivando o hábito da leitura.

CONEXÕES COM CIÊNCIAS

Quarta Revolução Industrial ou Indústria 4.0

Especialistas avaliam que já estamos vivenciando o início de uma nova etapa na produção de bens e serviços: é a chamada **Quarta Revolução Industrial** ou **Indústria 4.0**. Nessa nova etapa, a produção em larga escala avança de um sistema simples e automatizado para um onde todos os elementos encontram-se interconectados e gerenciados, não apenas por pessoas, mas por *softwares* e supercomputadores os quais, por meio de um gigantesco banco de dados, identificam o que, como e quando produzir com maior eficiência. Esse processo, denominado manufatura avançada, é baseado sobretudo na combinação das seguintes tecnologias: sistemas ciberfísicos; *Big Data*; Internet das Coisas e a impressão 3D. Para compreender melhor a revolução que está em curso, leia o texto que segue.

Entidades empresariais, governo e agências de fomento discutem estratégias para estimular e organizar a disseminação da manufatura avançada no Brasil, um conjunto de tecnologias que sustentam processos industriais inteligentes. O desafio é garantir competitividade à indústria brasileira frente a uma transformação que ganha corpo na Europa e nos Estados Unidos, dando mais eficiência e flexibilidade a linhas de produção e reduzindo custos. A tendência também é conhecida como **Indústria 4.0**, alusão ao que seria uma **Quarta Revolução Industrial** – com impacto na forma de produzir equivalente ao obtido com a invenção da máquina a vapor, com a chegada da energia elétrica a unidades fabris, no século XIX, e, num passado mais recente, com a integração da eletrônica e da automação no chão de fábrica.

[...]

A manufatura avançada se baseia em uma combinação de tecnologias. Uma delas são os sistemas ciberfísicos, capazes de monitorar, por meio de sensores e *softwares*, um conjunto de dispositivos, máquinas e equipamentos em um processo de manufatura e fazer com que se comuniquem entre si – seu contraponto são os sistemas eletrônicos embarcados, que funcionam de forma isolada e autônoma. Outras tecnologias envolvem a análise de Big Data para extrair tendências em enormes volumes de informações produzidos pelas máquinas; a computação em nuvem, em que dados são armazenados; a internet das coisas, que coleta e transfere dados a distância; a realidade aumentada, que sobrepõe gráficos e vídeos ao mundo real, ajudando a monitorá-lo; a impressão 3D, que permite a fabricação de produtos customizados, entre outras. Tais recursos permitem trabalhar com um nível mínimo de estoques e conectar vários pontos das cadeias produtivas. Para países desenvolvidos, como Estados Unidos e Alemanha, os ganhos de eficiência obtidos com a Indústria 4.0 são valiosos também para enfrentar a concorrência chinesa, já que não conseguem competir nos custos de mão de obra.

[...]

MARQUES, Fabrício. A corrida da Indústria 4.0. *Pesquisa Fapesp*, São Paulo, ed. 259, 22 set. 2017. (Grifo nosso). Disponível em: https://revistapesquisa.fapesp.br/2017/09/22/a-corrida-da-industria-4-0/. Acesso em: 28 jan. 2020.

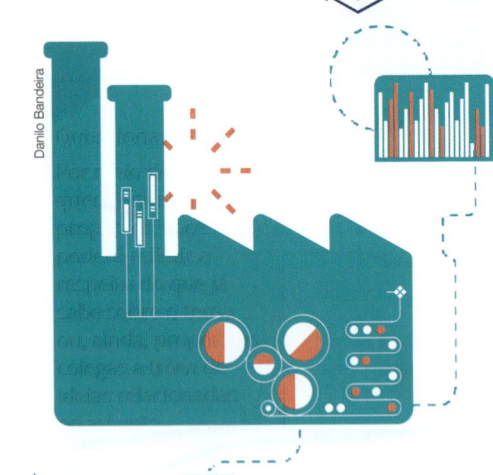

- **Sistema ciberfísico:** conjunto interligado de computadores e robôs capazes de comunicar-se entre si e com os seres humanos.
- **Big Data:** conjunto de dados e informações relevantes, gerados diariamente, que impactam o desempenho dos negócios.
- **Internet das coisas:** *softwares* que interligam diferentes objetos e equipamentos eletrônicos à rede mundial de computadores.

Mundialização econômica e globalização

1. A imagem ao lado revela a consolidação da globalização? De que modo?
2. Ela expressa o desenvolvimento tecnológico em que áreas do conhecimento?
3. Cite outros exemplos da consolidação da globalização.

A economia mundial fica cada vez mais dinâmica com o desenvolvimento tecnológico. Os setores de telecomunicações e de transportes tornaram-se fundamentais para a formação de um **espaço geográfico mundializado**, ou seja, cada vez mais interligado em escala global.

A difusão dos serviços de telefonia por cabos oceânicos ou por meio de satélites, a informatização das empresas e a transmissão de dados pela internet possibilitam, por exemplo, a integração simultânea entre sedes de indústrias, bancos e bolsas de valores do mundo todo. O transporte de grande número de pessoas e de mercadorias em navios e aviões de grande porte intensificou os negócios empresariais e o comércio internacional.

Assim, as grandes distâncias deixaram de ser obstáculo para a integração efetiva entre as nações e foram criadas as condições necessárias para a expansão do capitalismo em nível planetário, principalmente com a implantação de filiais das grandes empresas multinacionais, até mesmo em países menos avançados economicamente, como veremos no próximo capítulo.

Esse processo de **mundialização econômica**, desencadeado nas últimas décadas do século XX, foi decisivo para consolidar a fase atual do capitalismo e da divisão internacional do trabalho, a **globalização**. Ao integrar ainda mais o espaço geográfico mundial, a globalização potencializou as relações econômicas e culturais entre os diferentes países e regiões.

Bolsa de valores: instituição onde são realizadas transações de compra e venda de títulos e valores mobiliários.

ATIVIDADES

Reviso o capítulo

1. Escreva o significado de **técnica** e de **tecnologia**.

2. Que modificações a Primeira Revolução Industrial causou nas paisagens? Em que países essas modificações foram mais intensas?

3. De acordo com a divisão do trabalho na Primeira Revolução Industrial, quem são os capitalistas e quem são os trabalhadores? Explique com suas palavras.

4. Qual foi a importância da criação da linha de produção (ou linha de montagem) durante a Segunda Revolução Industrial? Quem a criou e em que tipo de atividade foi empregada?

5. Caracterize a relação entre tecnologia e produção industrial na Terceira Revolução Industrial.

6. Atualmente, estão sendo produzidos aparelhos eletrodomésticos considerados "inteligentes", como geladeiras com acesso à internet que avisam qual é o prazo de validade dos produtos, fornos que definem automaticamente o tempo de cozimento de um alimento e micro-ondas controlados por celulares. É a internet das coisas.

Essa tecnologia caracteriza qual etapa da Revolução Industrial? Em sua opinião, esta é uma etapa já consolidada? Explique.

Pesquiso e analiso textos

7. Leia com atenção a história em quadrinhos a seguir e responda às questões propostas.

a) Qual é o tema da história?

b) O que acontece com o personagem quando ele quebra a clava? E quando quebra o computador? Qual é a relação entre as duas situações?

c) Você utiliza ferramentas tecnológicas no cotidiano? Quais? Elas são importantes para você? Por quê?

d) Faça uma pesquisa sobre equipamentos e tecnologias que se tornaram imprescindíveis à vida e ao trabalho das pessoas na atualidade. Destaque a importância e a principal função de cada equipamento.

Organizo ideias

8. Em nossos estudos, é muito importante aprendermos a organizar os conhecimentos adquiridos. Por isso, nesta atividade, você organizará as principais ideias sobre as etapas da Revolução Industrial. Transcreva o modelo do diagrama abaixo no caderno e complete as lacunas com as informações necessárias.

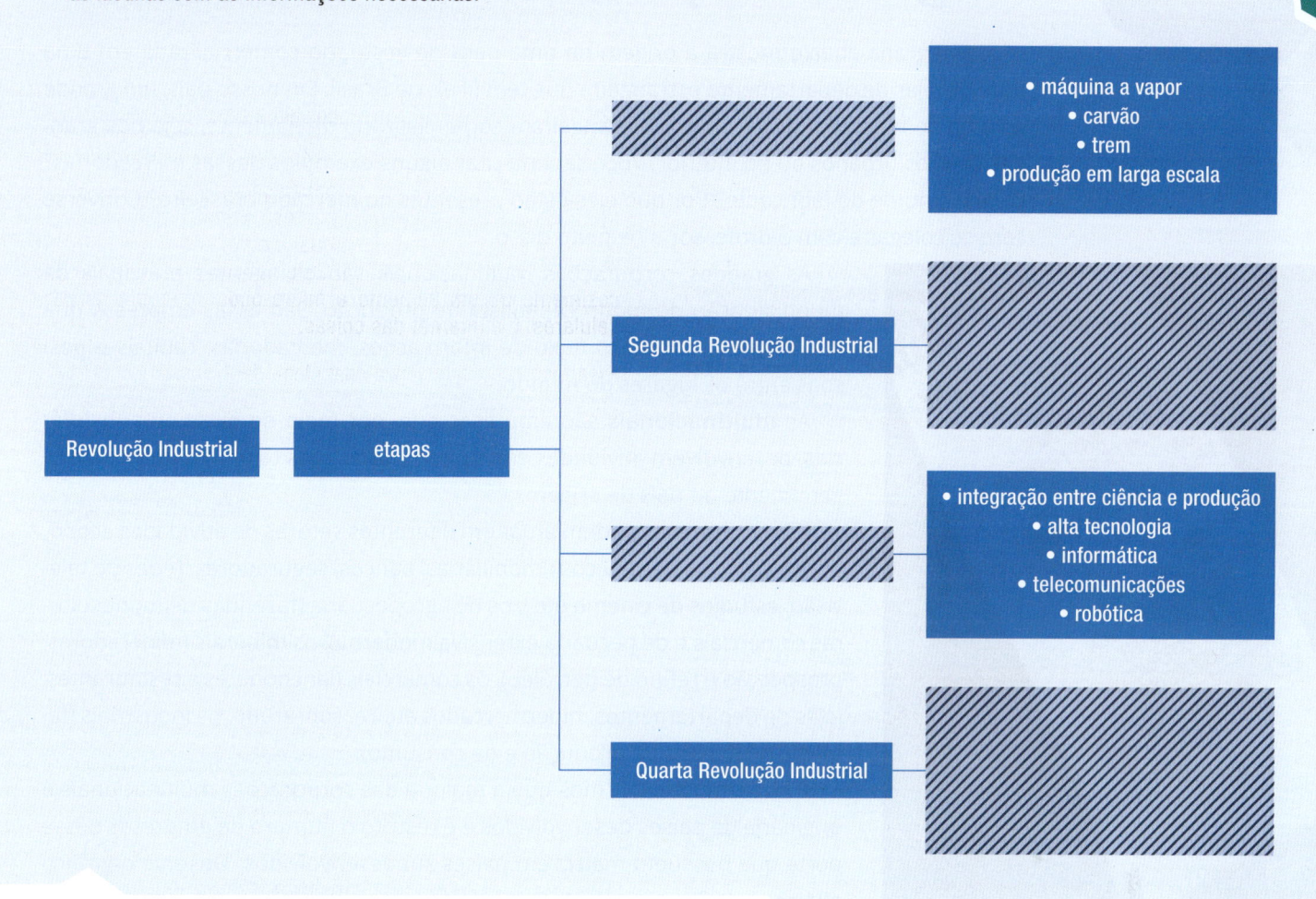

Revolução Industrial → etapas

- [_____]
  - máquina a vapor
  - carvão
  - trem
  - produção em larga escala
- Segunda Revolução Industrial
  - [_____]
- [_____]
  - integração entre ciência e produção
  - alta tecnologia
  - informática
  - telecomunicações
  - robótica
- Quarta Revolução Industrial
  - [_____]

AQUI TEM GEOGRAFIA

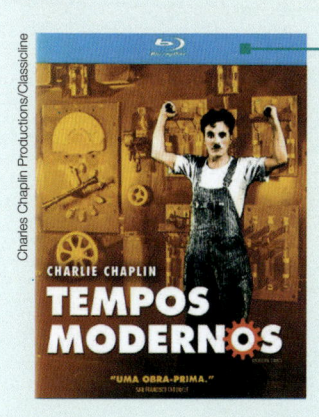

Assista

Tempos modernos
Direção de Charlie Chaplin. Estados Unidos: United Artists, 1936 (87 min).

O filme satiriza a mecanização do trabalho executado pelos operários nas fábricas e mostra a situação dos trabalhadores diante das novas formas de produção, como as linhas de montagem desenvolvidas no final do século XIX e início do século XX.

A modernidade chega a vapor
Série 500 anos – O Brasil Império na TV, episódio VII. *TV Escola*, Brasília (DF), 2001 (15 min). Disponível em: http://www.dominiopublico.gov.br/pesquisa/DetalheObraForm.do?select_action=&co_obra=20500. Acesso em: 12 mar. 2021.

Leia

Fábricas e homens: a Revolução Industrial e o cotidiano dos trabalhadores
Edgar de Decca e Cristina Meneguello (Coleção História Geral em Documentos, Editora Atual).

CAPÍTULO 2

Dinâmica dos espaços da globalização

A fotografia abaixo mostra a origem de uma peça de vestuário comercializada em uma rede de lojas de departamento estrangeira que tem filiais no Brasil. Em nosso país, um grande volume de mercadorias de origem estrangeira é comercializado diariamente, seja nos grandes centros urbanos ou no interior. Você saberia citar alguns exemplos dessas mercadorias? Qual é o nome do fabricante? Por que eles estão presentes no mercado brasileiro? Converse com os colegas e com o professor a respeito disso.

As grandes corporações multinacionais são os agentes principais da mundialização do modo capitalista de produção. São essas empresas que impulsionam o intenso fluxo de informações, mercadorias, capitais e pessoas entre os lugares do mundo.

As **multinacionais** são empresas que, por meio de filiais ou subsidiárias, desenvolvem atividades em muitos países, mas têm uma única matriz, geralmente no país de origem.

Essas empresas podem atuar em diferentes setores de atividades econômicas, como os de serviços (imobiliárias, bancos, seguradoras, redes de televisão, estúdios de cinema etc.), os de agropecuária (fazendas de monoculturas comerciais e de pecuária extensiva moderna), os minerais (mineradoras, prospecção e refino de petróleo), os comerciais (lanchonetes e restaurantes, lojas de departamentos, hipermercados etc.) e, sobretudo, os industriais (fabricação de bens de produção e de consumo).

É importante sabermos que a maioria das corporações multinacionais é originária de países desenvolvidos e é restrito o número de empresas desse porte que possuem matriz em países subdesenvolvidos. Observe o gráfico abaixo e verifique o país de origem das maiores multinacionais do mundo.

Etiqueta de roupa feita nas Filipinas. São Paulo (SP), 2019.

- **Subsidiária:** nesse sentido, empresa submetida ao controle de outra empresa.

Países de origem das 100 maiores multinacionais – 2018

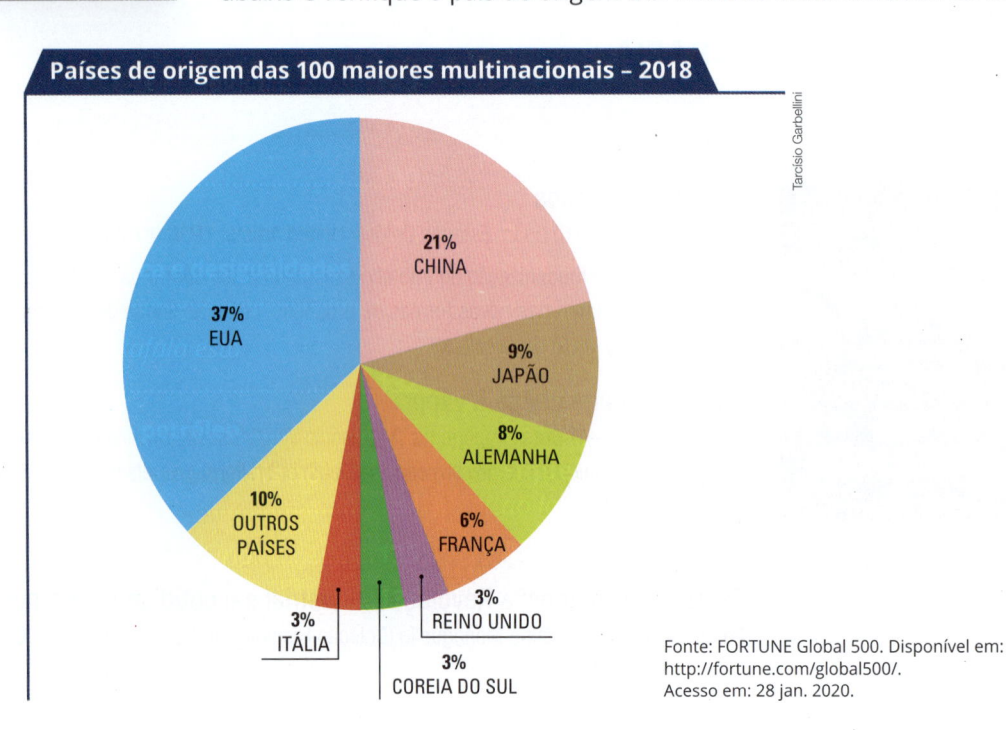

- 37% EUA
- 21% CHINA
- 10% OUTROS PAÍSES
- 9% JAPÃO
- 8% ALEMANHA
- 6% FRANÇA
- 3% REINO UNIDO
- 3% COREIA DO SUL
- 3% ITÁLIA

Fonte: FORTUNE Global 500. Disponível em: http://fortune.com/global500/. Acesso em: 28 jan. 2020.

Expansão das multinacionais

Até quase a metade do século XX, existia um número restrito de multinacionais no mercado mundial, e a maioria era estadunidense. A partir de então, grandes empresas europeias, japonesas e canadenses, além das estadunidenses, começaram a transferir parte de suas atividades para outros países, principalmente para aqueles com indústrias menos desenvolvidas.

Desse modo, o processo de produção industrial em larga escala deixou de ser exclusivo dos países mais ricos do Hemisfério Norte, passando a existir também em países com economia voltada, até então, para a produção e exportação de gêneros primários.

Isso significa que as empresas multinacionais começaram a se instalar em países subdesenvolvidos que lhes oferecem mais vantagens econômicas, de modo que obtivessem aumento dos lucros e maior acumulação de capital. Entre essas vantagens, destacam-se: mão de obra barata, recursos naturais (matérias-primas) e terras em abundância a baixo custo; legislações trabalhistas e ambientais pouco rígidas no controle das atividades das multinacionais; amplo mercado consumidor para os produtos. Países como a China, o Brasil, a África do Sul, a Argentina, a Índia, o México e a Coreia do Sul são os principais alvos das multinacionais em expansão. Por essa razão, esses países têm passado por um intenso processo de industrialização e, consequentemente, de intenso desenvolvimento econômico.

Uma marca dessa expansão das multinacionais, sobretudo aquelas ligadas à produção industrial, é a transferência de grande parte de seus parques manufatureiros tradicionais (siderúrgico, petroquímico, têxtil, alimentício etc.) para os países subdesenvolvidos. Já nos países-sede dessas empresas, têm adquirido importância os setores industriais de tecnologia avançada (como os de informática, os de biotecnologia e os aeroespaciais), que exigem intensa aplicação de conhecimento científico e uso de mão de obra altamente qualificada.

> **Parque manufatureiro:** concentração de indústrias em áreas destinadas à sua instalação.

Grande parte das indústrias multinacionais instaladas em países subdesenvolvidos está ligada ao setor tradicional. Acima, produção de materiais esportivos de uma multinacional, instalada em Sialkot, no Paquistão, país localizado na Ásia, em 2019.

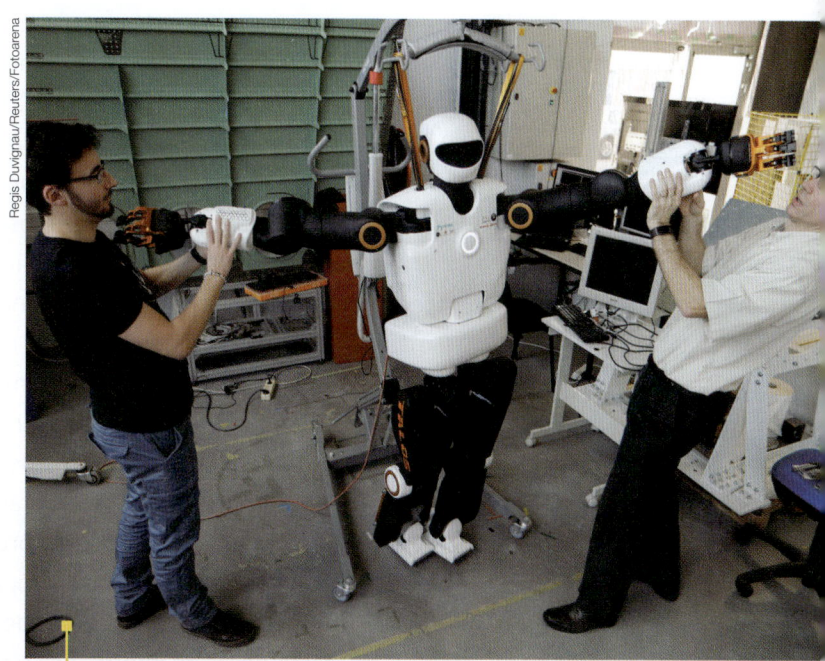

Em países desenvolvidos, localizam-se importantes centros industriais que dominam tecnologias de ponta, como as aplicadas nos setores médico, farmacêutico, químico e aeroespacial. Acima, produção de robô, em Toulouse, na França, em 2017.

Multinacionais e a fragmentação do processo produtivo

O esquema a seguir ilustra uma característica fundamental da economia contemporânea: a fragmentação do processo produtivo entre os países. Você sabe como isso ocorre? Vamos tomar como exemplo, por meio do esquema abaixo, o caso de uma grande multinacional estadunidense, fabricante de telefones celulares.

Fabricação em escala global

Líder mundial no mercado de *smartphones*, essa empresa fabrica 95% dos componentes de seus produtos fora dos Estados Unidos. Posteriormente, esses componentes são reunidos em unidades montadoras na China, de onde são exportados para todo o mundo. Veja.

1. Chip de memória flash e de memória DRAM – **Japão**
2. Módulo de tela – **Alemanha**
3. Sistema de tela sensível a toques – **Coreia do Sul**
4. Transceptor – **Alemanha**
5. Chip de processamento de áudio – **Inglaterra**
6. Chip Bluetooth – **Inglaterra**
7. Dispositivos ópticos – **Brasil**
8. Baterias – **Brasil e China**

Fontes: IHS Markit. Disponível em: https://ihsmarkit.com/index.html; JOURDAN, Adam. Projetado na Califórnia, produzido na China: como o iPhone impulsiona o déficit comercial dos EUA. *In*: REUTERS. [*S. l.*], 21 mar. 2018. Disponível em: https://br.reuters.com/article/idBRKBN1GX2RB-OBRBS. Acessos em: 28 jan. 2020.

No início do processo de expansão das multinacionais, as filiais das indústrias implantadas em países estrangeiros desenvolviam basicamente todas as etapas de produção no mesmo lugar. Nas últimas décadas, no entanto, a busca de custos mais baixos e de maior produtividade levou muitas dessas empresas a dividir as fases de produção e a montagem de seus produtos entre suas filiais espalhadas pelo mundo ou a fabricá-los em parceria com outras indústrias. A produção de *smartphones*, exemplificada anteriormente, é realizada com peças e componentes fabricados em diversos países do mundo.

Essa fragmentação do processo industrial tornou-se possível com o aprimoramento das tecnologias na Terceira Revolução Industrial e a criação dos novos meios de transporte em massa e de comunicação em tempo real.

Dessa forma, não somente os componentes de aviões, mas também os de computadores, automóveis, aparelhos eletrônicos, roupas e uma infinidade de outras mercadorias podem ser fabricados em unidades de produção de diferentes países. Os materiais são reunidos, então, em um único local para montagem e posterior comercialização do produto.

Essa fragmentação do processo produtivo também está sendo aplicada por multinacionais do segmento de serviços. Como exemplo, podemos citar o caso de companhias aéreas estadunidenses cujos escritórios de reservas de passagens funcionam em outros países, bem como o de empresas japonesas de informática cujos *softwares* são desenvolvidos por empresas indianas.

Assim, a fragmentação da produção industrial e empresarial leva as multinacionais a conduzir suas estratégias de funcionamento como se não existissem fronteiras entre as nações. Por esse motivo, essas empresas também são denominadas **transnacionais**.

Multinacionais e o comércio mundial

No final da década de 2010, o comércio internacional, ou seja, as importações e as exportações de bens e serviços entre os países, gerou um faturamento anual de quase 40 trilhões de dólares, muito maior do que na década de 1950 – cerca de 126 bilhões de dólares (dados da Organização Mundial do Comércio). As multinacionais foram as principais desencadeadoras desse vertiginoso crescimento do comércio em âmbito mundial e, atualmente, são responsáveis por cerca de um terço do valor de tudo o que é comercializado entre os países.

As vultosas operações realizadas por essas corporações são possíveis, principalmente, em razão da queda das barreiras fiscais entre nações e da formação de blocos econômicos, como vimos no volume do 8º ano. Isso significa que o governo de muitas nações vem diminuindo os impostos sobre mercadorias importadas ou exportadas por multinacionais instaladas em seu território.

Em alguns casos, essas corporações multinacionais são até mesmo isentas do pagamento desse tipo de imposto, o que viabiliza a livre atuação delas, que podem, dessa forma, trocar com maior facilidade as mercadorias entre suas filiais e comercializar sua produção em vários mercados consumidores ao mesmo tempo.

FIQUE LIGADO!

Ricas e poderosas

A circulação de bens e serviços livres de impostos, assim como a fragmentação do processo produtivo, possibilitou um extraordinário aumento dos lucros das multinacionais, levando algumas dessas empresas a obter faturamentos anuais acima do **Produto Interno Bruto (PIB)** de muitos países. Veja o planisfério a seguir.

- **PIB:** valor de todas as riquezas geradas no país no decorrer de um ano, somando as exportações e subtraindo as importações.

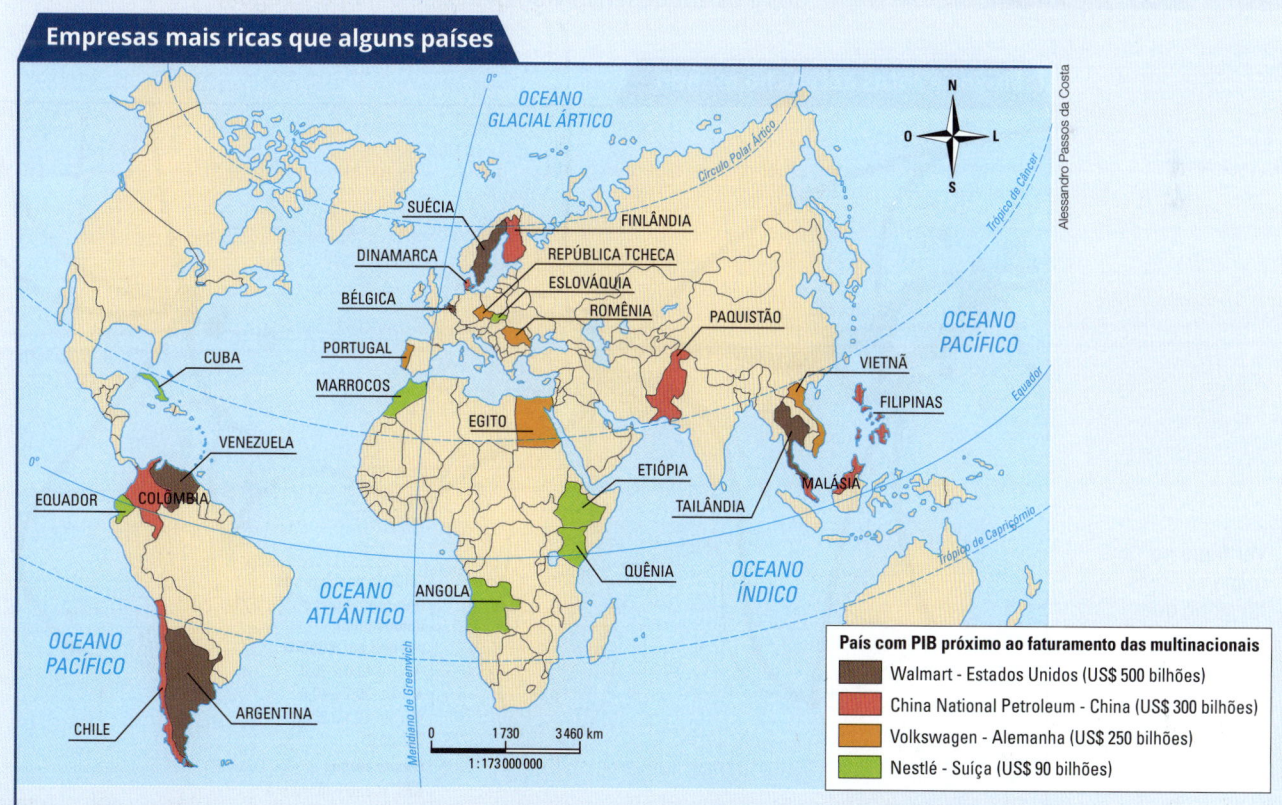

Empresas mais ricas que alguns países

País com PIB próximo ao faturamento das multinacionais:
- Walmart - Estados Unidos (US$ 500 bilhões)
- China National Petroleum - China (US$ 300 bilhões)
- Volkswagen - Alemanha (US$ 250 bilhões)
- Nestlé - Suíça (US$ 90 bilhões)

Fontes: TRADING Economics. Disponível em: https://pt.tradingeconomics.com/country-list/gdp; FORTUNE Global 500. Disponível em: http://fortune.com/global500/. Acessos em: 28 jan. 2020.

Fluxos de pessoas e mercadorias

Como a intensificação de troca de mercadorias e de deslocamento de pessoas em grande escala entre países e mesmo no interior dos territórios foi possível? Podemos dizer que esse processo foi facilitado pela criação dos meios de transporte de massa, como caminhões, trens, aviões e, principalmente, os grandes navios cargueiros.

Os transportes **rodoviário** e **ferroviário** são os maiores responsáveis pelo fluxo de mercadorias e de pessoas no interior de países e continentes. Esses meios de transporte foram de extrema relevância para a organização do espaço geográfico interno de diversos países e, ainda hoje, desempenham importante papel na ocupação territorial de muitas nações, sobretudo daquelas de dimensões continentais e com áreas inexploradas, como o Brasil, o Canadá, a Austrália e a Rússia.

Com a expansão das rodovias e das estradas de ferro, foi possível ocupar novas áreas, a fim de viabilizar a extração de matérias-primas naturais e o desenvolvimento de atividades agropecuárias.

Em 2017 foram transportados quase 85 milhões de passageiros no Aeroporto Internacional de Los Angeles, Estados Unidos. Foto de 2019.

Transporte aéreo: fluxos rápidos e eficientes

Mesmo com custo elevado, o transporte **aeroviário** é imprescindível no processo de globalização. Em razão de sua velocidade e eficiência, ele "encurta" as distâncias e torna mais dinâmica a relação de interdependência entre os lugares.

Embora os fluxos aeroviários tenham se intensificado nas últimas décadas, ainda estão distribuídos de maneira muito desproporcional entre as regiões do planeta. Isso ocorre, sobretudo, entre os países desenvolvidos e os subdesenvolvidos. Analise o mapa a seguir.

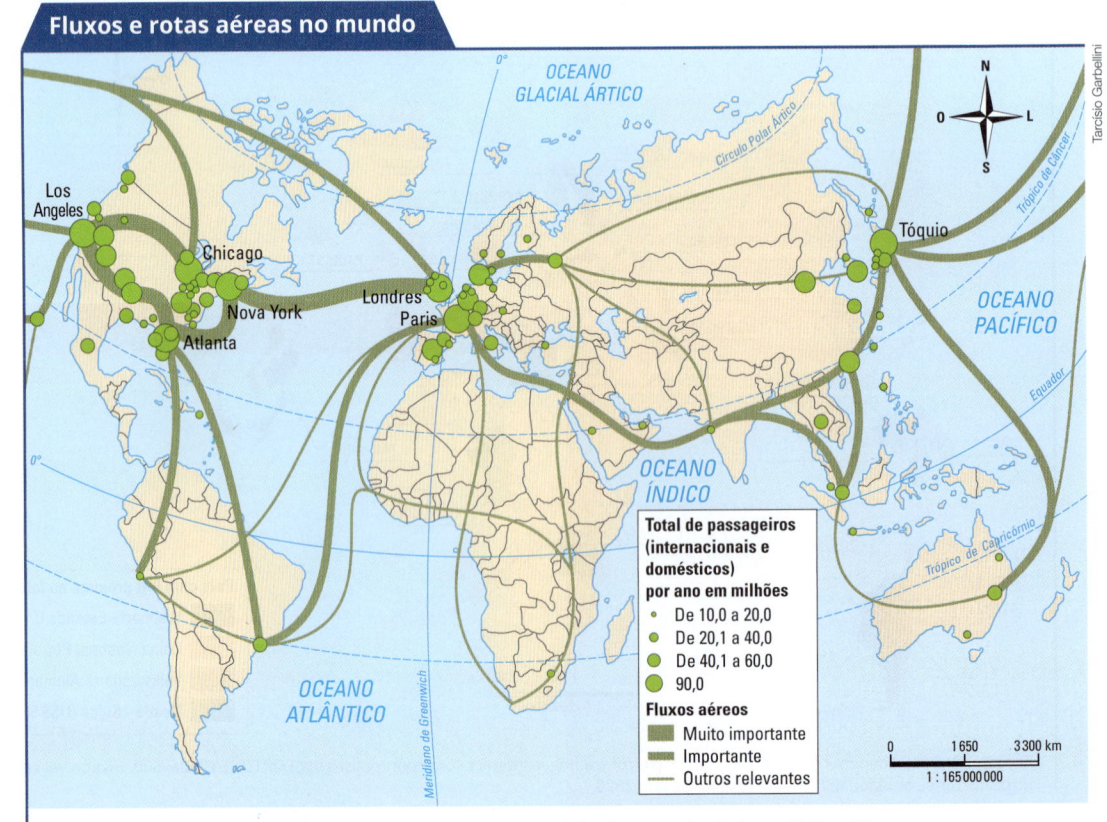

Fluxos e rotas aéreas no mundo

Fonte: FERREIRA, Graça Maria Lemos. *Atlas geográfico*: espaço mundial. 6. ed. São Paulo: Moderna, 2016. p. 55.

1. Verifique no mapa as áreas do globo que concentram os fluxos aéreos mais intensos.
2. Identifique as cidades para onde convergem os fluxos aéreos mais importantes.

Fluxos marítimos internacionais

Apesar da crescente importância do transporte terrestre e aéreo, atualmente o transporte marítimo é o mais representativo para o fluxo de mercadorias entre os países, sendo responsável por cerca de 80% do volume de cargas transportadas em todo o mundo.

Com o desenvolvimento de grandes navios cargueiros, capazes de carregar milhares de toneladas de matérias-primas e de bens industrializados em uma única viagem, o custo do transporte intercontinental de mercadorias diminuiu sensivelmente. Isso tornou viável a estratégia de fragmentação do processo produtivo das multinacionais. Veja o mapa a seguir.

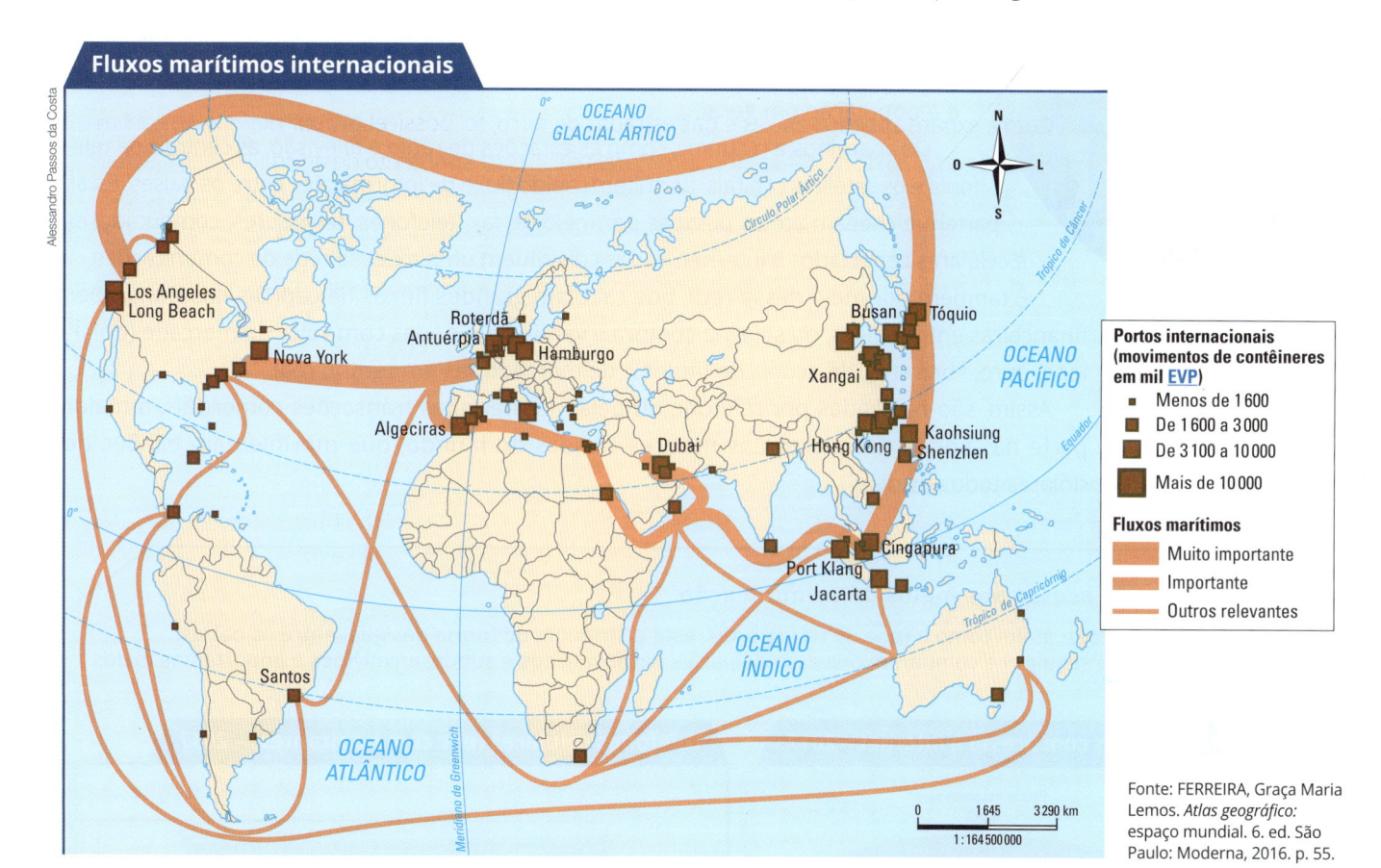

Fluxos marítimos internacionais

Fonte: FERREIRA, Graça Maria Lemos. *Atlas geográfico*: espaço mundial. 6. ed. São Paulo: Moderna, 2016. p. 55.

1. Identifique no mapa a distribuição das principais rotas marítimas.
2. Verifique a localização dos principais portos e responda: Qual é a relação entre a localização dos portos, as rotas marítimas percorridas pelos navios, as regiões exportadoras de matérias-primas e as principais regiões industriais do planeta?

EVP (Equivalente a vinte pés): medida correspondente à dimensão-padrão de um contêiner (20 pés de comprimento, 8 pés de altura e largura - 1 pé equivale a 30,48 cm).

Terminal de contêineres no Porto de Santos. Guarujá (SP), 2019.

Fluxos de informações e capitais

Sentar-se à frente da televisão e assistir a um filme ou a um noticiário; ler a revista da semana ou o *site* de notícias; consultar a conta bancária ou fazer compras pela internet; ou, ainda, falar a todo instante com os amigos nas redes, como o jovem na fotografia ao lado. Estas são facilidades que as tecnologias de telecomunicação põem à disposição da sociedade moderna. Mas será que atualmente todas as pessoas têm acesso a esses recursos? Reflita sobre isso.

Equipamentos com tecnologias de telecomunicação avançadas tornaram-se disponíveis no decorrer das últimas quatro décadas, quando as multinacionais transformaram-nas em bens de consumo acessíveis às empresas, às instituições e à população em geral.

Os aparelhos e recursos, como as estações de rádio e televisão, as centrais de telefonia e os satélites orbitais, permitem rápido fluxo de informações entre os países. Estas partem e chegam até as pessoas por meio de fax, telefones, televisores, computadores e celulares conectados à internet. Todos constituem uma extensa rede de comunicações.

É também por meio dessa rede que circulam grandes fluxos de capitais nas transações financeiras entre países, ou seja, na compra e venda de moedas com valor de mercado (dólar, iene, euro, libra etc.), de ações, de títulos e de mercadorias em tempo real.

Assim, são realizadas por telefone ou pela internet altas transações comerciais, a maior parte nas bolsas de valores das maiores cidades do mundo, que movimentam bilhões de dólares todos os dias.

Jovem usando o celular.

Desigualdades de acesso aos meios de comunicação

A rede de comunicações, assim como a rede de transportes, está distribuída de forma desigual entre os países. Observe os gráficos a seguir que comparam o acesso de países desenvolvidos e subdesenvolvidos a importantes meios de comunicação.

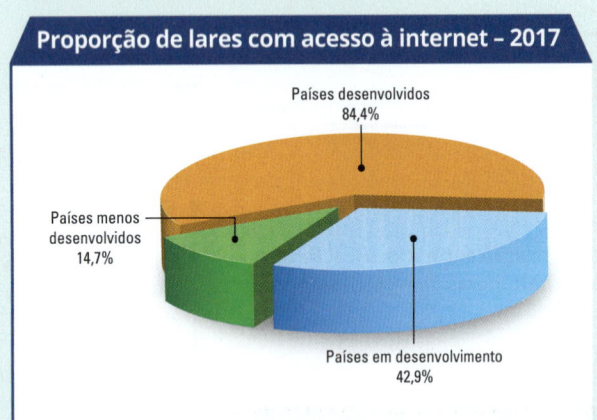

Proporção de lares com acesso à internet – 2017
- Países desenvolvidos: 84,4%
- Países em desenvolvimento: 42,9%
- Países menos desenvolvidos: 14,7%

Telefones celulares (por cem habitantes) – 2017
- Países desenvolvidos: 125
- Países em desenvolvimento: 104
- Países menos desenvolvidos: 57

Fontes: ICT Facts and Figures 2017. Disponível em: https://bit.ly/3cPqdvH; BANCO Mundial. Disponível em: https://bit.ly/38LzhP4. Acessos em: 28 jan. 2020.

1. Observando os gráficos, o que é possível concluir sobre o acesso da população mundial aos meios de comunicação?
2. Que diferenças podem existir na vida de pessoas com acesso aos meios de comunicação e de outras sem acesso?

FIQUE LIGADO!

A internet em 60 segundos!

Uma grande parcela da população mundial, sobretudo as pessoas que vivem nas regiões mais pobres e carentes, ainda não tem acesso aos recursos tecnológicos disponíveis atualmente. Entretanto, o número de pessoas com acesso a eles está aumentando rapidamente.

A internet, por exemplo, tem milhões e milhões de usuários espalhados ao redor do mundo que se conectam a ela através de seus computadores, *tablets* e *smartphones* para os mais diversos fins: trabalho, estudo, lazer, entretenimento etc.

Você consegue imaginar o volume de informações que circula pela internet em todo o mundo? Veja na imagem abaixo o que acontece na *web*, aproximadamente, a cada 60 segundos!

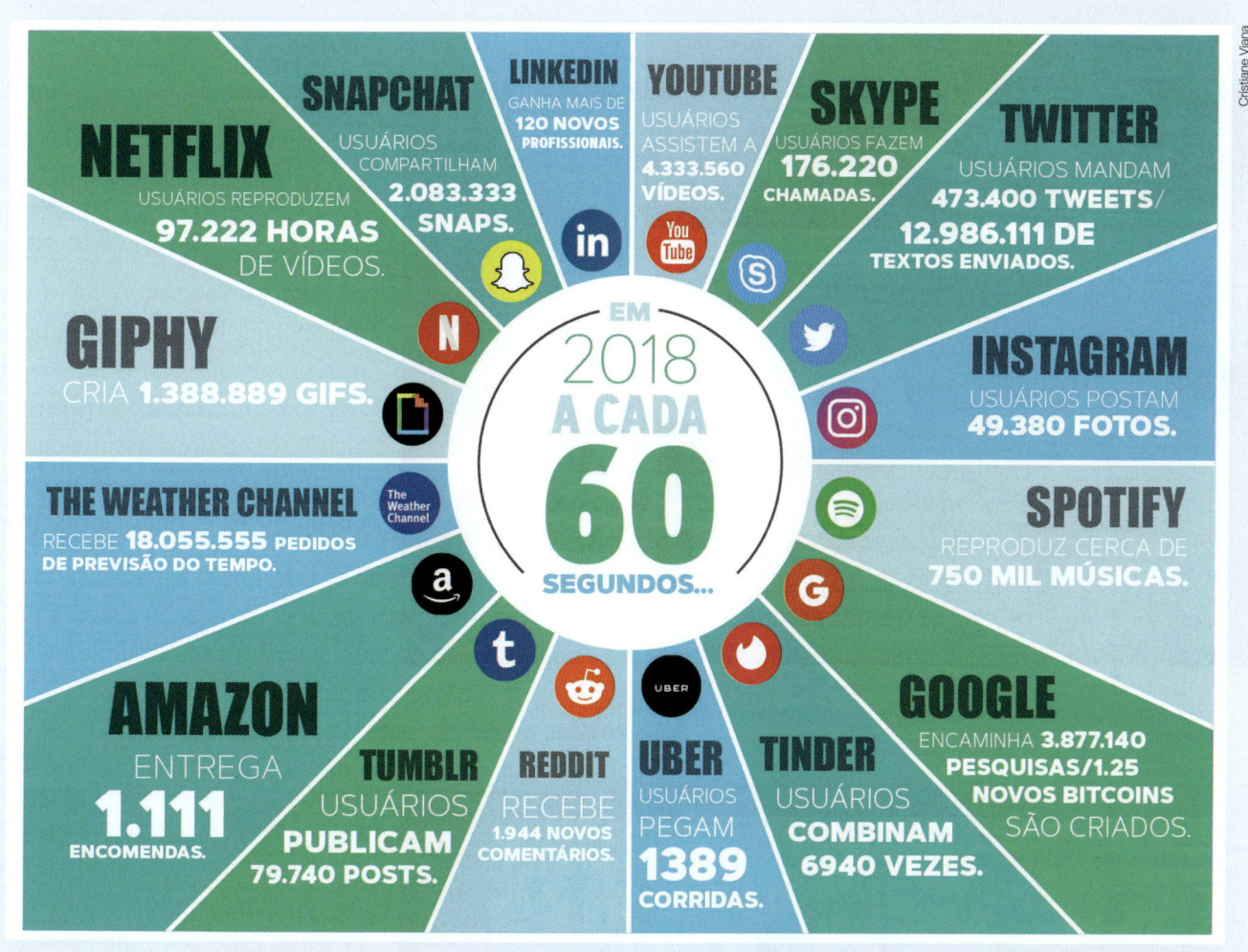

EM 2018 A CADA 60 SEGUNDOS...

- **NETFLIX**: USUÁRIOS REPRODUZEM 97.222 HORAS DE VÍDEOS.
- **SNAPCHAT**: USUÁRIOS COMPARTILHAM 2.083.333 SNAPS.
- **LINKEDIN**: GANHA MAIS DE 120 NOVOS PROFISSIONAIS.
- **YOUTUBE**: USUÁRIOS ASSISTEM A 4.333.560 VÍDEOS.
- **SKYPE**: USUÁRIOS FAZEM 176.220 CHAMADAS.
- **TWITTER**: USUÁRIOS MANDAM 473.400 TWEETS / 12.986.111 DE TEXTOS ENVIADOS.
- **GIPHY**: CRIA 1.388.889 GIFS.
- **INSTAGRAM**: USUÁRIOS POSTAM 49.380 FOTOS.
- **THE WEATHER CHANNEL**: RECEBE 18.055.555 PEDIDOS DE PREVISÃO DO TEMPO.
- **SPOTIFY**: REPRODUZ CERCA DE 750 MIL MÚSICAS.
- **AMAZON**: ENTREGA 1.111 ENCOMENDAS.
- **TUMBLR**: USUÁRIOS PUBLICAM 79.740 POSTS.
- **REDDIT**: RECEBE 1.944 NOVOS COMENTÁRIOS.
- **UBER**: USUÁRIOS PEGAM 1389 CORRIDAS.
- **TINDER**: USUÁRIOS COMBINAM 6940 VEZES.
- **GOOGLE**: ENCAMINHA 3.877.140 PESQUISAS / 1.25 NOVOS BITCOINS SÃO CRIADOS.

Fonte: DOMO. Disponível em: https://www.domo.com/learn/data-never-sleeps-6. Acesso em: 28 jan. 2020.

1. Você costuma acessar a internet? Com que frequência?
2. Que conteúdos você mais acessa na internet?
3. Você considera a internet uma ferramenta importante? Por quê?
4. Embora com inegável papel positivo, a internet também pode oferecer riscos aos usuários? Por quê?
5. O uso das redes sociais, sobretudo dos *sites* de relacionamento, está entre os grandes vilões da internet. Usuários mal-intencionados criam perfis falsos com a finalidade de enganar as pessoas. Sem imaginar os riscos que isso representa, muitas, principalmente adolescentes, fornecem informações pessoais, às vezes, comprometedoras. De posse dessas informações, os falsários aplicam golpes, coagem suas vítimas, divulgam pornografias e até cometem crimes sexuais. Converse com os colegas e o professor sobre as medidas e os cuidados que devem ser tomados para não cair em golpes virtuais.

Cidades globais e megacidades

O processo de globalização econômica, impulsionado pela expansão das empresas multinacionais, intensificou o fluxo de mercadorias, pessoas, informações e capitais entre diferentes regiões do planeta.

No decorrer desse processo, determinadas cidades passaram a desempenhar a função de grandes centros articuladores de fluxos, ou seja, centros de convergência e dispersão da maior parte dos fluxos mundiais. São as chamadas **cidades globais**, grandes centros urbanos de países desenvolvidos, como as cidades de Nova York, Londres, Paris e Tóquio, e de alguns países subdesenvolvidos industrializados, como as cidades de São Paulo, Xangai, Seul e Cidade do México.

Nas cidades globais, há zonas ou bairros em que se concentram as sedes de instituições financeiras, bancos e bolsas de valores. Acima, centro financeiro de Nova York, Estados Unidos, 2018.

As cidades globais destacam-se como espaços fundamentais do processo de globalização por abrigar sedes administrativas ou filiais de corporações multinacionais, por exemplo, de grandes bancos, de companhias seguradoras e de transportes, bem como das principais bolsas de valores do mundo. Assim, há uma série de características que confere a essas cidades a condição de **centros de decisões econômicas e financeiras mundiais**.

Existem também as chamadas **megacidades**, que, além de serem centros econômicos importantes em seus países, destacam-se mundialmente pelo tamanho de sua população. A Organização das Nações Unidas (ONU) considera megacidade as metrópoles e as cidades globais com mais de 10 milhões de habitantes. Estas se configuram como importantes centros de produção de informações econômicas, culturais e científicas.

Com aproximadamente 24 milhões de habitantes, Mumbai, na Índia, é considerada uma megacidade. Foto de 2019.

MUNDO DOS MAPAS

Cartograma quantitativo

O **cartograma quantitativo** é um tipo de representação em que é possível associar gráficos com dados estatísticos de um lugar, país ou região em um mapa. Os gráficos podem ser do tipo sectograma ou circular, de barras ou colunas, ou, ainda, de linhas. Assim, os dados estatísticos apresentados podem mostrar a localização espacial e a intensidade do fenômeno que se deseja estudar.

No cartograma abaixo há um planisfério com gráficos circulares que mostram os dados quantitativos sobre o total de pessoas vivendo em cidades em cada continente, bem como a população total das respectivas metrópoles e megacidades. Observe-o.

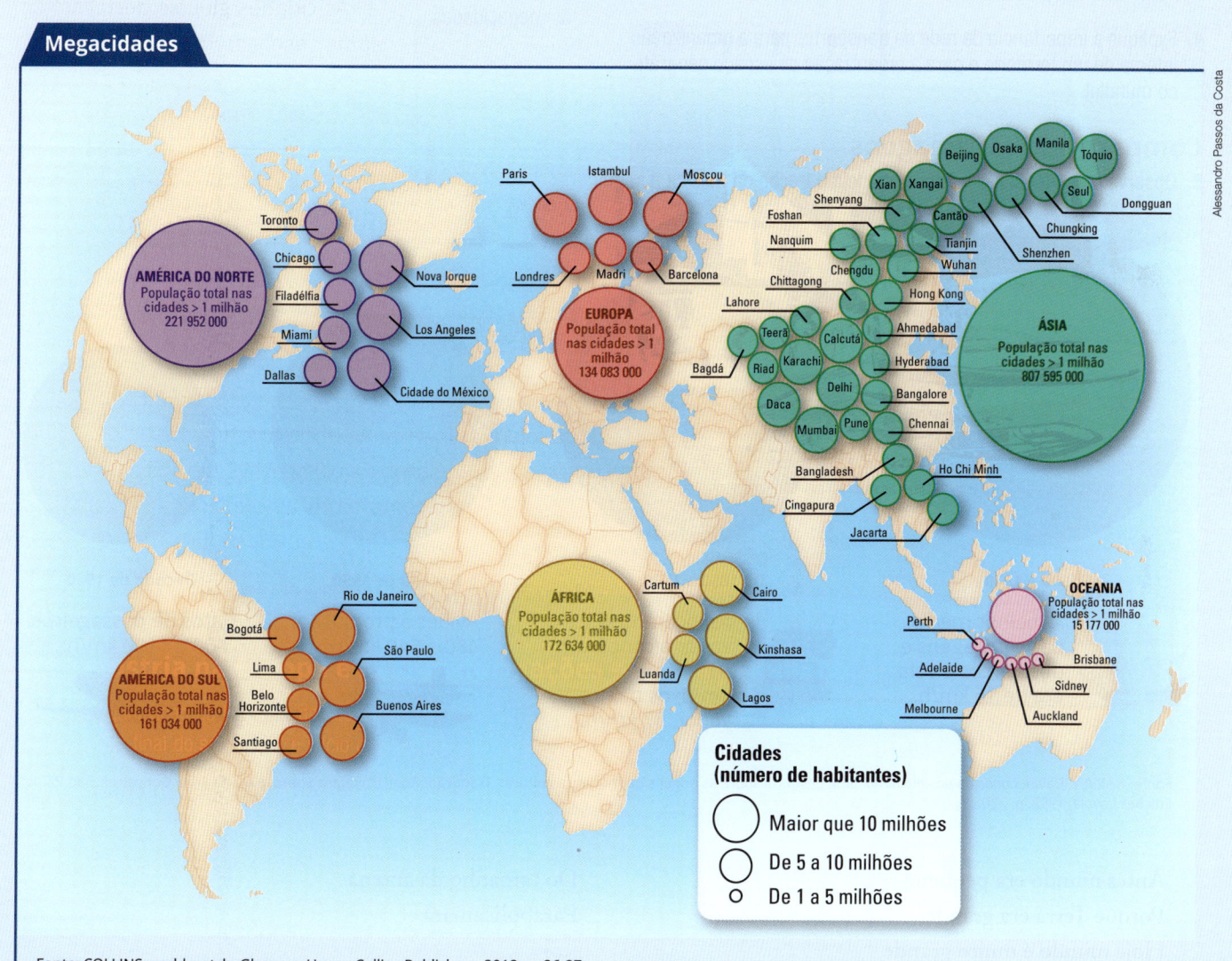

Megacidades

Fonte: COLLINS world watch. Glasgow: HarperCollins Publishers, 2012. p. 26-27.

1. Em que continente há o maior número de pessoas vivendo em cidades?
2. Qual tem o maior número de megacidades?
3. Liste quantas e quais são as megacidades da: América do Sul; América do Norte; Europa e África.
4. Em qual continente não há nenhuma megacidade?

ATIVIDADES

Reviso o capítulo

1. Por que podemos afirmar que as empresas multinacionais interferem diretamente na dinâmica da globalização?

2. Quais são as principais vantagens que fazem as multinacionais instalarem suas fábricas em países subdesenvolvidos?

3. O que possibilitou a fragmentação do processo produtivo das multinacionais pelo mundo?

4. Explique a importância da rede de transportes para a organização interna de um território e para a organização do espaço geográfico mundial.

5. De que maneira o transporte marítimo mercante colaborou para a expansão das multinacionais?

6. De acordo com o que foi estudado neste capítulo, explique de que maneira é possível receber cada vez mais informações em um tempo cada vez menor.

7. Liste as semelhanças e as diferenças entre as cidades globais e as megacidades.

Comparo textos e imagens

8. Observe com atenção o infográfico e leia o trecho da música a seguir.

De 1500 a 1840 — A melhor média das carruagens e dos barcos a vela era de 16 km/h.

De 1850 a 1930 — As locomotivas a vapor alcançavam em média 100 km/h; os barcos a vapor, 57 km/h.

Década de 1950 — Aviões a propulsão: 480 a 640 km/h.

Década de 1960 — Jatos de passageiros: 800 a 1100 km/h.

Fonte: HARVEY, David. *Condição pós-moderna:* uma pesquisa sobre as origens da mudança cultural. Tradução: Adail Ubirajara Sobral e Maria Stela Gonçalves. São Paulo: Edições Loyola, 1992. p. 220.

Antes mundo era pequeno
Porque Terra era grande
Hoje mundo é muito grande
Porque Terra é pequena
Do tamanho da antena
Parabolicamará
[...]

PARABOLICAMARÁ. Intérprete: Gilberto Gil. Compositor: Gilberto Gil. *In*: PARABOLICAMARÁ. Rio de Janeiro: Warner Music, 1992. 1 CD, faixa 2. © Gege Edições Musicais.

a) Quais são as relações que podemos estabelecer entre as informações contidas na imagem e no trecho citado da canção?

b) Com base no estudo deste capítulo, como você interpreta o significado da imagem e da letra da música? Cite no mínimo dois exemplos.

Analiso textos e promovo debates

9. Muitas pessoas acessam a internet todos os dias, durante muitas horas, trocando passeios e momentos com a família para ficar conectadas a computadores, *notebooks*, *tablets* ou celulares. Leia o texto a seguir.

[...]

A empresa mais valiosa do mundo – avaliada já em quase US$ 1 trilhão – começou 2018 levando uma "bronca" de seus acionistas. A Apple foi cobrada pelo grupo de investimento Jana Partners e pelo CalSTRS, o fundo de aposentadoria dos professores da Califórnia, a adotar medidas que deem aos pais uma forma de limitar o tempo gasto por seus filhos nas redes sociais, em jogos e outras atividades digitais por meio dos celulares e *tablets* fabricados pela empresa.

Os acionistas estão preocupados com os efeitos viciantes – que eles chamam de "consequências negativas não intencionais" – das novas tecnologias sobre a geração que está crescendo rodeada por elas.

Em uma carta aberta publicada no dia 6 de janeiro, os dois grupos citaram uma série de pesquisas que embasam o pedido, como a que aponta que um grande número de professores no Canadá percebeu aumento de distração e sono, bem como queda de foco e interações sociais, nos intervalos das aulas, entre seus alunos. Ou ainda, citando resultados de um estudo da psicóloga americana Jean M. Twenge (presente no livro *iGen* de 2017), que jovens que passam três horas ou mais nas redes sociais são 35% mais suscetíveis a ficarem deprimidos e cometerem suicídio que quem passa menos de uma hora; para os que ficam cinco horas ou mais, o potencial sobe para 71%. [...]

Uma pesquisa britânica feita em 2016 com dados de mais de 40 mil domicílios na Inglaterra, mostrou que quanto mais tempo crianças e jovens passavam nas redes sociais, mais infelizes eles se diziam a respeito de suas próprias vidas. [...]

A pessoa com dependência tecnológica geralmente apresenta sinais que apontam para a existência do problema. Irritabilidade, ansiedade, isolamento e angústia por ficar desconectado ou distante do celular, computador ou *videogame* são alguns deles. Esses sinais, aliás, muito se aproximam dos já conhecidos em casos de dependentes químicos. [...]

RONCOLATO, Murilo. Vício em celular e redes sociais? Saiba o que é e como fazer um detox digital. *Nexo*, São Paulo, 26 jan. 2018. Disponível em: www.nexojornal.com.br/servico/2018/01/26/V%C3%ADcio-em-celular-e-redes-sociais-Saiba-o-que-%C3%A9-e-como-fazer-um-detox-digital. Acesso em: 28 jan. 2020.

Reflita a respeito do texto e do conteúdo abordado no capítulo. Depois, leia as declarações a seguir e indique no caderno as que você considera corretas. Em seguida, debata com o professor e os colegas as declarações escolhidas pela turma.

a) Os recursos tecnológicos disponíveis atualmente interferem cada vez mais na rotina de estudo e de trabalho.
b) O desenvolvimento tecnológico não interfere diretamente nas relações entre as pessoas.
c) A extensa rede de comunicações permite que as informações circulem rapidamente entre as pessoas em diferentes lugares do mundo.
d) Existem estudos indicando que o acesso descontrolado à internet pode ser considerado um vício.
e) O acesso a muitas informações ao mesmo tempo prejudica nossa capacidade de concentração.
f) A quantidade de tempo que uma pessoa passa conectada à internet pode levá-la a se isolar da família e dos amigos.
g) O acesso à internet é importante e necessário, e as pessoas precisam estar conectadas diariamente.

UNIDADE 2
CONSUMO, MEIO AMBIENTE E DESIGUALDADE NO ESPAÇO MUNDIAL

?

A fotografia revela uma das mais marcantes características da sociedade atual: o consumo excessivo de bens e serviços. Com base nessa imagem, podemos refletir sobre essa realidade e suas consequências.

1. De que maneira a imagem retrata a prática do consumo excessivo pela sociedade atual?

2. Será que em todos os lugares do mundo o consumo de produtos e serviços ocorre com a mesma intensidade?

3. Como o descarte das mercadorias consumidas interfere no meio ambiente?

Nesta unidade você vai aprender:
- a diferença entre consumo e consumismo;
- a desigualdade no consumo;
- o consumismo e os problemas ambientais;
- o consumo e as fontes de energia;
- a produção de alimentos e a fome no mundo;
- a importância da preservação ambiental;
- a definição de desenvolvimento sustentável.

Depósito de lixo em cidade da Ucrânia, 2019.

CAPÍTULO 3

Capitalismo e sociedade de consumo

Estudamos anteriormente que a globalização econômica vem acompanhada de importantes inovações tecnológicas, o que aumenta cada vez mais a produção. Todavia, o incremento produtivo também é motivado pela expansão do consumo, estimulado por campanhas publicitárias e pelas facilidades de crédito, a fim de conquistar o maior número possível de consumidores.

Assim, o consumo torna-se parte fundamental do processo de expansão do capitalismo, porque é condição determinante para o acúmulo de capital. É essa acumulação que garante os avanços tecnológicos e possibilita a fabricação de produtos mais modernos que, por sua vez, reaquecem o consumo.

Diante disso, podemos afirmar que vivemos em uma **sociedade de consumo**, que põe à nossa disposição os mais variados produtos e serviços. Entre eles, estão os que satisfazem nossas necessidades básicas, como de alimentos, roupas, calçados, remédios, água e luz, ensino escolar, lazer e assistência à saúde. Mas há, também, uma infinidade de outros produtos que somos estimulados a consumir, seja porque nos proporcionam mais conforto ou comodidade, seja pelo simples prazer de comprá-los.

Compra de camisa por meio de um *smartphone*.

1. Você já pensou nos produtos e serviços que consome diariamente?
2. Será que todos eles são fundamentais e indispensáveis?
3. Além disso, será que esses produtos oferecidos a você são de qualidade?

Entre os principais símbolos da sociedade de consumo em que vivemos está o *shopping center*, grande centro comercial que reúne muitas lojas. Os primeiros estabelecimentos brasileiros desse tipo surgiram na década de 1960. Atualmente, há 563 deles no país, com aproximadamente 105 mil lojas, nas quais trabalham cerca de 1 milhão de pessoas. Na foto ao lado, *shopping center* na cidade de Nova York, Estados Unidos, 2018.

Consumo e consumismo

O **consumismo** se caracteriza pela compra de artigos que satisfazem às necessidades secundárias, ou seja, que não são essenciais à subsistência. Além do estímulo das vitrines, das propagandas e dos crediários, há o apelo constante à substituição de produtos com pouco tempo de uso. A todo instante, o mercado recebe produtos mais modernos e avançados tecnologicamente, tornando ultrapassados os anteriores. Outros são fabricados para ter vida útil cada vez menor e, com isso, ser rapidamente substituídos.

Dessa forma, o consumismo contribui para o uso cada vez mais intenso dos recursos naturais, pois aumenta a demanda por matérias-primas necessárias à produção de novas mercadorias, o que acelera a degradação ambiental em todo o planeta. Esse problema é agravado pelo uso crescente de produtos descartáveis (garrafas e sacolas plásticas, latas de alumínio, embalagens de papel etc.), que muitas vezes não passam por um processo apropriado de reciclagem e abarrotam os aterros sanitários.

Analise a charge e descreva a situação como você a entendeu.
1. O que ela nos diz sobre consumo e consumismo?
2. Você concorda que vivemos em uma sociedade cada vez mais consumista? Por quê?

FIQUE LIGADO!

Consumismo e felicidade

O texto a seguir aborda o consumismo e o que pode ser entendido como felicidade.

[...] Onde estaria o limite entre o consumo necessário e o consumismo? Esse limite não é nada fácil de estabelecer. A princípio, poderíamos dizer que o consumismo começa quando passamos a adquirir muito mais que o necessário, mas aparece um outro problema, aparentemente sem solução: como definir o que é necessário? [...] Talvez, [em vez] de definir rigorosamente o que é necessário e o que é exagero, seja mais interessante pensar no que significa tanta necessidade de comprar e consumir nos dias de hoje. Ninguém tem dúvidas de que vivemos em uma cultura que incentiva o consumo. Somos bombardeados o tempo todo por anúncios que nos mostram as vantagens da marca X, a beleza do produto Y e o visual moderno que teremos se usarmos a roupa Z. Toda essa propaganda só existe, no entanto, porque mexe com valores muito enraizados nos indivíduos e que são cultivados socialmente: a necessidade das pessoas de parecerem vitoriosas, bem-sucedidas e felizes. Ao longo do tempo, e pela própria forma como a sociedade capitalista foi se construindo, a posse de determinados bens e a adoção de um determinado padrão de beleza passou a significar poder e sucesso. [...]

SCHMIDT, Andréia. Consumista, eu? *In*: GOVERNO DO ESTADO DO PARANÁ. *Os desafios da escola pública paranaense na perspectiva do professor PDE* [...]. Londrina: Secretaria de Educação, 2016. v. 2. (Cadernos PDE.).

1. Em sua opinião, em geral, as pessoas no dia a dia percebem que estão sendo induzidas ao consumo? Agora, pense nos produtos e serviços que você consome diariamente. Todos eles são indispensáveis? Por quê? Como você define um produto supérfluo? Verifique a opinião dos colegas.

Consumo e degradação do meio ambiente

Observe a fotografia abaixo e analise: como é possível perceber os efeitos da degradação do meio ambiente nesta paisagem?

Em vários ambientes do planeta, como nas grandes cidades, o nível de poluição atmosférica é tão elevado que muitos habitantes passam a sofrer problemas no aparelho respiratório. Na fotografia, cidadão chinês busca se proteger da forte poluição do ar com uma máscara. Pequim, China, 2018.

A intensificação do consumo e o consequente aumento do ritmo das atividades econômicas ampliaram a interferência do ser humano na natureza. Para atender à grande demanda de produção, foi preciso explorar cada vez mais recursos. Desse modo, a natureza passou a ser considerada apenas fonte de matérias-primas, o que deflagrou um intenso processo de **degradação ambiental**.

A exploração desenfreada da natureza alcançou níveis sem precedentes na história e ocasionou profundas mudanças nas paisagens terrestres. No Brasil e em outros países, florestas e matas são devastadas para ceder lugar a lavouras e pastagens ou apenas para a retirada de madeira, levando grande número de seres vivos à beira da extinção; os solos de muitas regiões, como a do Sahel, na África, tornam-se improdutivos por causa do manejo inadequado; a poluição aumenta a cada dia, seja nas águas continentais e oceânicas, seja na atmosfera de grandes cidades como São Paulo (Brasil), Los Angeles (Estados Unidos) e Santiago (Chile). Além disso, o lixo acumula-se em quantidades imensas nos maiores centros urbanos e muitos recursos, sobretudo os energéticos de origem fóssil, já mostram sinais de esgotamento.

O aumento vertiginoso de todos esses problemas compromete a manutenção da vida no planeta. Para muitos estudiosos, o modelo de desenvolvimento capitalista com base em inovações tecnológicas, que busca lucro e o aumento contínuo nos níveis de consumo, deve ser substituído por outro, que leve em consideração os limites suportáveis da natureza e da própria vida.

MÃOS À OBRA

O que fazer com seu e-lixo?

O lançamento de um produto cria novos hábitos e necessidades; ao mesmo tempo, as propagandas e os pagamentos parcelados estimulam as compras, provocando uma verdadeira "febre" de consumo. Enquanto isso, o e-lixo, ou lixo eletrônico, é cada vez mais comum em cidades de diversos países do mundo. Monitores, impressoras, televisores, teclados, caixas de som, cabos de conexão, rádios, baterias, telefones celulares são jogados fora, principalmente por serem considerados obsoletos.

Se esses produtos forem descartados em locais inadequados, podem liberar substâncias tóxicas empregadas na fabricação de seus componentes, como chumbo, cádmio e níquel, o que contamina o meio ambiente e gera riscos à saúde das pessoas que os manuseiam.

Mas o que fazer com toda essa parafernália abandonada? No Brasil, embora as leis sobre o destino desse tipo de lixo ainda estejam em fase de criação e aprovação, prevê-se que os fabricantes, o governo e a sociedade devem dividir a responsabilidade pela coleta adequada dos eletrônicos. Já existem iniciativas que buscam amenizar o problema, reciclando o e-lixo ou dando a ele um destino apropriado.

E você? O que faz com seu e-lixo?

Você conhece lugares que recolhem lixo eletrônico?

Pesquise qual é o destino dado a esses produtos em seu município. Após obter a informação, forme um grupo com alguns colegas, respondam às questões e, se necessário, determinem ações a serem tomadas por vocês.

Cartaz de divulgação do mutirão de coleta de lixo eletrônico, em Florianópolis (SC), 2016.

1. O lixo eletrônico tem destino correto em seu município?
2. Se não houver medidas a esse respeito, qual é a principal dificuldade das pessoas para descartarem corretamente o lixo eletrônico?
3. É possível sugerir alguma ação aos responsáveis pelo meio ambiente na administração pública (ou ao conselho municipal)?
4. Os cidadãos podem participar de alguma ação para auxiliar na solução do problema do e-lixo em seu município? O que pode ser feito?

Ponto de descarte de lixo eletrônico no parque do Ibirapuera, em São Paulo (SP), 2018.

Consumo e degradação ambiental: diferenças entre ricos e pobres

O crescente aumento nos padrões de consumo e sua relação com os problemas ambientais ocorrem de maneiras distintas em cada país. Dados estatísticos comprovam que a maior parte da poluição gerada no planeta, assim como a intensa exploração de recursos naturais, é causada pelo alto nível de consumo de apenas 17% da população mundial. Grande parte dessa população encontra-se nos **países desenvolvidos**, nos quais a renda *per capita* é bastante elevada e possibilita maior acesso ao consumo.

No outro extremo dessa situação, estão cerca de 6 bilhões de habitantes dos **países subdesenvolvidos**. Nessas nações, uma imensa parcela da população não tem acesso nem mesmo a bens e serviços para satisfazer suas necessidades básicas. Segundo dados de 2019 da Organização das Nações Unidas (ONU), aproximadamente 32% da população mundial não tem saneamento básico em suas residências; 12% não tem acesso à água potável; 12% vive em favelas; e 11% sofre com subalimentação.

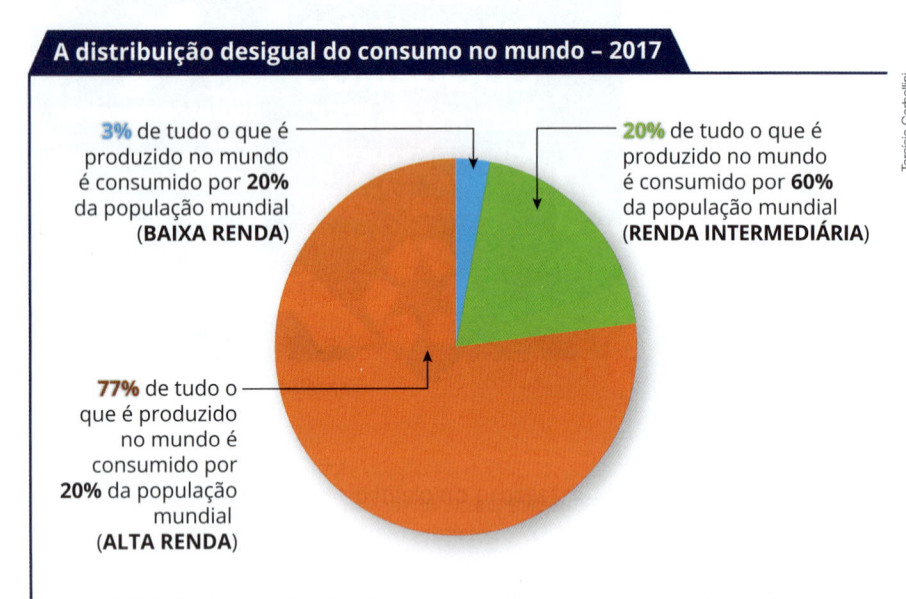

O gráfico ao lado mostra a diferença entre o consumo da parcela da população mais rica e o da mais pobre do planeta, de acordo com dados do Banco Mundial (2017). Observe e compare.

A distribuição desigual do consumo no mundo – 2017

- 3% de tudo o que é produzido no mundo é consumido por 20% da população mundial (BAIXA RENDA)
- 20% de tudo o que é produzido no mundo é consumido por 60% da população mundial (RENDA INTERMEDIÁRIA)
- 77% de tudo o que é produzido no mundo é consumido por 20% da população mundial (ALTA RENDA)

Fonte: CASTRO, Carol. Conheça histórias de pessoas que reduziram o consumo para viver melhor. *Galileu*, São Paulo, 7 dez. 2017. Disponível em: https://glo.bo/376eIBu. Acesso em: 7 fev. 2020.

ZOOM

Extremos do consumo

Conheça, a seguir, extremos de consumo: de um lado, o superconsumo da sociedade estadunidense; de outro, o baixíssimo nível de consumo da população haitiana. Veja também os níveis de consumo dos brasileiros para obter um parâmetro próximo de sua realidade.

CONSUMO EM QUILOGRAMAS *PER CAPITA*/ANO

PAÍS	CARNE	PEIXE	OVOS	LEITE	CEREAIS
HAITI	17,99	4,84	0,51	18,98	86,01
EUA	115,13	21,51	14,58	254,69	105,64
BRASIL	97,58	10,87	8,98	149,28	116,23

Fonte: FOOD AND AGRICULTURE ORGANIZATION. *Food Balance Sheets*. Disponível em: www.fao.org/faostat/en/#data/FBS. Acesso em: 7 fev. 2020.

Problemas ambientais: responsabilidade de todos

Os países desenvolvidos consomem mais recursos e são, portanto, responsáveis pela maior parte dos problemas ambientais da atualidade. Como essas nações são mais industrializadas, lançam imensa quantidade de gases tóxicos na atmosfera, provenientes das chaminés das fábricas e dos escapamentos da enorme frota de veículos, além de produzirem a maior parte do lixo doméstico e industrial que contamina o meio ambiente.

Entretanto, os problemas ambientais não são causados apenas pelos países desenvolvidos. Ainda que o nível de consumo das nações mais pobres ou das de economia emergente seja mais reduzido, elas não estão isentas de responsabilidade diante das questões ambientais.

A degradação da natureza nos países subdesenvolvidos e nos em desenvolvimento é intensa, e seus territórios também são bastante transformados. Há muitos exemplos de degradação, como a devastação de grandes ecossistemas (florestas tropicais e equatoriais, cerrados, savanas e campos naturais), erosão do solo e desertificação, uso indiscriminado de agrotóxicos, assoreamento dos rios, contaminação de recursos hídricos etc.

Na realidade, a preservação da natureza não tem sido considerada prioridade na maioria desses países. Os governos alegam "falta de recursos" para enfrentar questões sociais básicas, como pobreza, fome, saúde e educação. Assim, adotam legislações ambientais pouco rígidas ou não as cumprem, o que favorece o desenvolvimento de atividades incompatíveis com a proteção do meio ambiente.

Sacos e garrafas plásticas flutuam no Rio Sena. Paris, França, 2018.

Lixão da Estrutural em Brasília (DF), 2017.

Escassez do petróleo e desafio energético

O petróleo, um recurso não renovável, é a principal fonte de energia utilizada atualmente, constitui cerca de 33% de toda energia consumida no planeta, sobretudo na forma de combustível (óleo *diesel*, querosene e gasolina). O esgotamento desse recurso pode paralisar muitas atividades industriais e grande parte dos meios de transporte. Estima-se que as reservas conhecidas serão suficientes para atender ao consumo mundial por apenas mais 50 anos. Assim, levanta-se uma questão: Como suprir a crescente demanda energética?

Os conhecimentos tecnológicos de que a sociedade dispõe atualmente possibilitariam que grande parte do petróleo consumido fosse substituída por outras fontes de energia. Até o final da década de 2000, por exemplo, já haviam sido inventados automóveis movidos por fontes alternativas de energia, como hidrogênio, energia solar e alguns tipos de óleo vegetal.

O fato de a queima do petróleo ser um dos grandes agentes de poluição do planeta é motivo suficiente para a sociedade substituí-lo por fontes energéticas menos poluidoras. No entanto, o alto custo de produção e comercialização de novas tecnologias e o desinteresse político e empresarial são fatores que inibem o uso em larga escala das fontes alternativas de energia em muitos países. Vejamos algumas fontes alternativas ao uso de combustíveis fósseis no quadro abaixo.

Fontes alternativas de energia

ÁLCOOL
O álcool é um combustível derivado da cana-de-açúcar. Da colheita da planta até a obtenção de álcool, ocorrem muitos processos, como trituração, purificação e destilação. O álcool substitui a gasolina como fonte de energia. No entanto, as monoculturas de cana-de-açúcar interferem no ambiente quando grandes extensões de terra são desmatadas para formar novas áreas de plantio.

LIXO
O uso do lixo como fonte de energia é possível pelo aproveitamento do gás metano liberado no processo de decomposição da matéria orgânica. Os sistemas de extração desse gás podem ser instalados em aterros sanitários e estações de tratamento de esgoto. Em alguns países, como Suécia e Alemanha, o lixo já é utilizado como fonte de energia para aquecimento doméstico, entre outras aplicações.

ENERGIA EÓLICA
As usinas que utilizam energia eólica para gerar eletricidade são compostas de grandes torres com pás parecidas com hélices de aviões. O vento movimenta as pás, que acionam um gerador, transformando energia mecânica em energia elétrica. As torres são instaladas em locais onde ocorrem ventos fortes e contínuos.

HIDRELÉTRICAS
As usinas hidrelétricas utilizam a força das águas para gerar energia. As águas de rios, represadas, passam por turbinas que, ao girar, acionam o gerador de eletricidade. A construção de usinas hidrelétricas interfere muito no meio ambiente, principalmente quando as águas represadas inundam cidades, áreas agrícolas ou trechos de mata.

ENERGIA SOLAR
A forma mais utilizada para produzir energia elétrica usando a luz do sol é por meio de painéis com células fotovoltaicas. Essas células, quando aquecidas, geram corrente de energia e transformam parte da luz solar captada pelo painel em eletricidade.

Ilustrações: Flip Estúdio

MUNDO DOS MAPAS

Anamorfoses

Anamorfose é um recurso cartográfico muito usado nos estudos de Geografia. Por meio dele, pode-se representar o território de países, estados e municípios, por exemplo, com dimensões proporcionais aos dados ou às informações que se deseja estudar. Ou seja, as **anamorfoses** privilegiam a dimensão do fenômeno (natural ou social) em detrimento da forma dos territórios onde ele ocorre. Observe as anamorfoses a seguir.

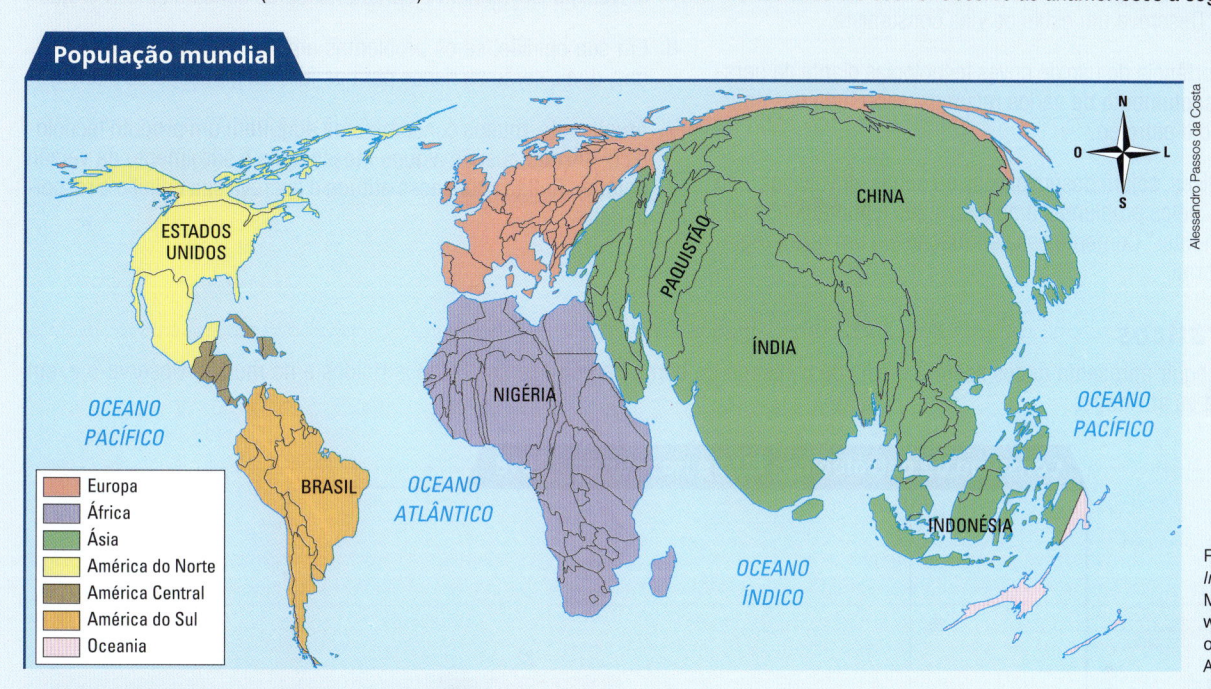

População mundial

Fonte: POPULATION. In: THE CARBON MAP. Disponível em: www.carbonmap.org/#Population. Acesso em: 7 fev. 2020.

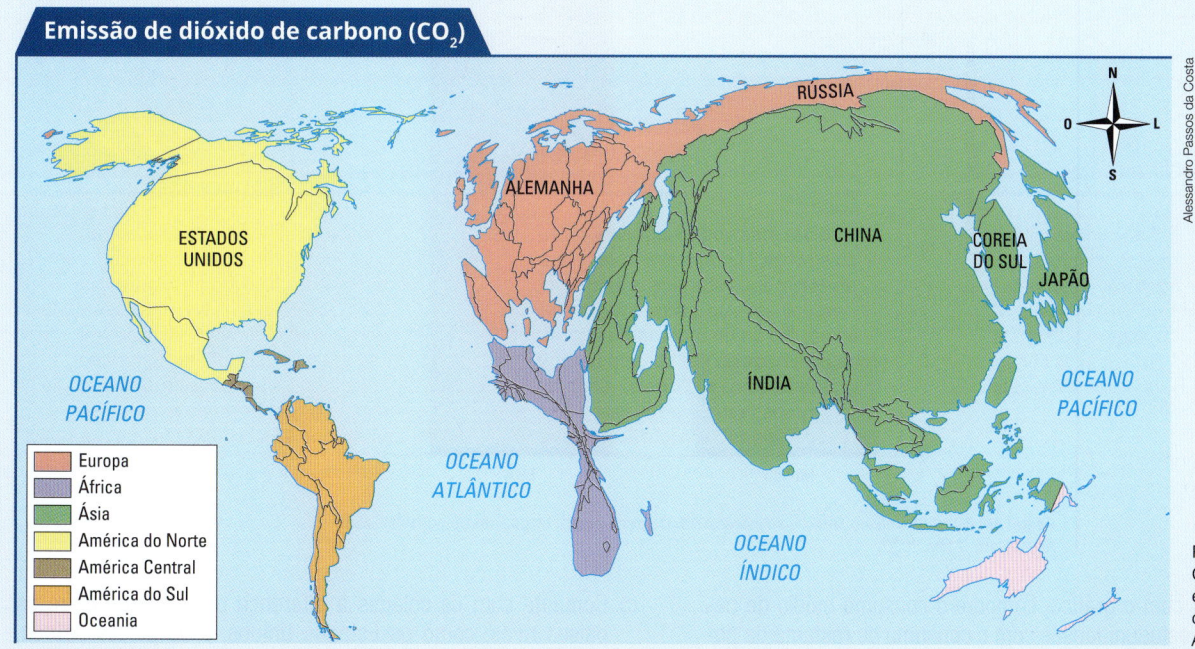

Emissão de dióxido de carbono (CO$_2$)

Fonte: EMISSIONS. In: THE CARBON MAP. Disponível em: www.carbonmap.org/#Emissions. Acesso em: 7 fev. 2020.

1. Em que continente está a maior parte da população mundial? Como você percebeu isso?
2. Em quais continentes estão localizados os menores emissores de CO$_2$? Como é possível perceber isso?
3. Há relação entre a concentração populacional e a emissão de dióxido de carbono? Como você chegou a essa conclusão?

ATIVIDADES

Reviso o capítulo

1. Qual é o papel do consumo na manutenção do sistema capitalista de produção?

2. O que significa dizer que vivemos em um mundo cada vez mais consumista? Descreva um estilo de vida consumista.

3. Qual é a importância do uso de novas tecnologias diante da perspectiva de esgotamento de vários recursos, sobretudo dos energéticos, como o petróleo?

4. "Todos os países, sejam desenvolvidos ou subdesenvolvidos, são responsáveis pelos problemas ambientais que a humanidade enfrenta atualmente." Comente essa afirmação em um texto; registre-o no caderno.

5. Em muitas cidades brasileiras, a coleta e a separação do lixo reciclável são uma realidade. Essas atividades ocorrem no município onde você vive? Reflita e responda: O descarte de produtos recicláveis no lixo comum é característica de consumismo? Por quê?

6. Em sua opinião, se os problemas ambientais não forem resolvidos, quais serão os riscos para as futuras gerações do planeta?

7. Atualmente, muitos consumidores adquirem um produto tecnológico lançado apenas alguns meses após o surgimento da versão anterior. Reflita sobre essa atitude e escreva sua opinião a respeito dela.

Analiso gráficos

8. O gráfico a seguir apresenta dados sobre a média de consumo de barris de petróleo nos Estados Unidos e no mundo. Observe-o e, em seguida, faça as atividades.

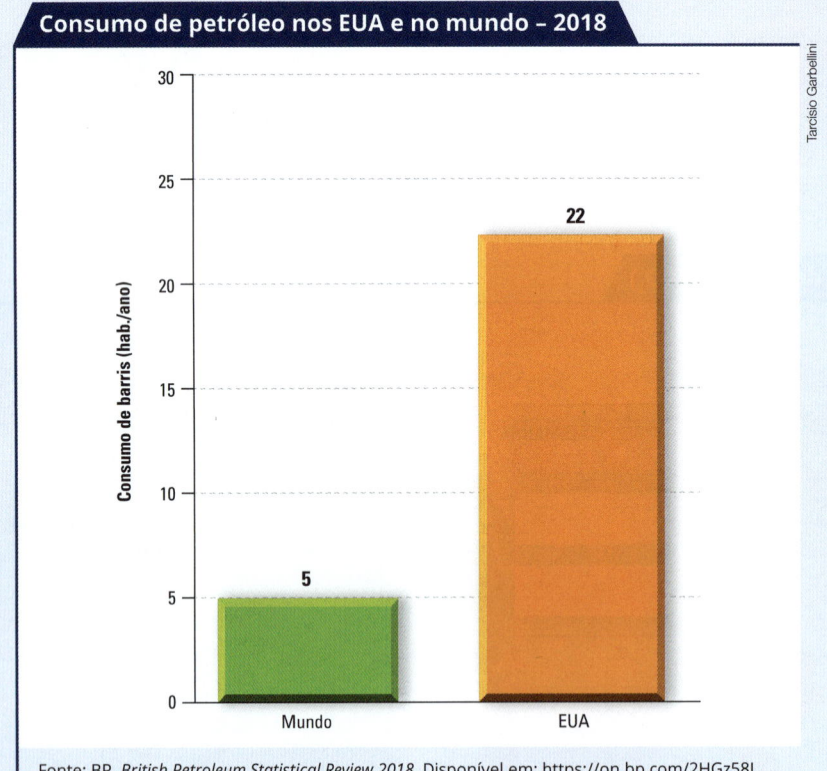

Consumo de petróleo nos EUA e no mundo – 2018

Mundo: 5
EUA: 22

(Consumo de barris (hab./ano))

Tarcísio Garbellini

Fonte: BP. *British Petroleum Statistical Review 2018*. Disponível em: https://on.bp.com/2HGz58I. Acesso em: 7 fev. 2020.

a) De acordo com o gráfico, compare o consumo médio de petróleo dos estadunidenses com o consumo do restante da população mundial.

b) Se a população mundial consumisse petróleo como a estadunidense, o que aconteceria com as reservas mundiais desse produto? Registre sua opinião no caderno.

c) Comente com os colegas a diferença de consumo entre os países ricos, como os Estados Unidos, e os países pobres, considerando o gráfico desta página.

Interpreto notícias

9. Leia o texto e responda às questões.

Brasil começará a produzir energia a partir de lixo e esgoto

O Brasil ganhará mais uma fonte de energia sustentável em sua matriz energética a partir de resíduos orgânicos e esgoto. A primeira usina de biogás do país com essa configuração será construída no estado do Paraná, no município de São José dos Pinhais, e terá capacidade de produzir 2,8 MW, abastecendo cerca de duas mil casas. A empresa CS Bioenergia conseguiu a Licença de Operação do Instituto Ambiental do Estado (IAP).

A usina produzirá biogás para a região a partir da matéria-prima de estações de tratamento de esgoto e lixo produzido por *shoppings*, restaurantes e supermercados da região. Segundo a empresa de energia, essa nova empreitada resultará em um corte de cerca de mil metros quadrados de esgoto e 300 toneladas de lixo orgânico para o estado.

De acordo com a CS Bioenergia, a tecnologia da usina separa o material fibroso (inorgânico) do orgânico, que é transportado para o tanque de biodigestão, onde é misturado com mil metros cúbicos de lodo de esgoto. A massa orgânica serve de alimento para as bactérias no lodo, criando uma biomassa. Por meio de combustão desse resíduo, o biogás é gerado.

Os tanques são vedados e aquecidos, contendo agitadores para homogeneizar a mistura.

A usina também produzirá um biofertilizante, inodoro, que poderá ser utilizado na agricultura. Nos primeiros quatro anos, este produto ficará em aterros. Depois de receber a certificação do Ministério da Agricultura, será utilizado como fertilizante.

Além disso, o material inorgânico separado será aproveitado como matéria-prima para criar sacolas plásticas.

A usina ficará dentro das instalações da Estação de Tratamento de Esgoto de Belém, que já atua com processamento do lodo e tratamento de fluentes líquidos.

O programa da empresa foi inspirado na Europa, pioneira na produção de biogás com 14 mil usinas no total – oito mil apenas na Alemanha.

No Brasil, o biogás tem participação pequena, e junto com os biocombustíveis, como o bagaço da cana (biomassa), representa 8,8% da energia produzida no país.

BRASIL começará a produzir energia a partir de lixo e esgoto. *Época Negócios*, São Paulo, 16 mar. 2019. Disponível em: https://epocanegocios.globo.com/Brasil/noticia/2019/03/brasil-comecara-produzir-energia-partir-de-lixo-e-esgoto.html. Acesso em: 7 fev. 2020.

Usina de Biogás. São José dos Pinhais (PR), 2018.

a) De acordo com o texto, quais são as vantagens da criação de usinas de biogás para a população e o meio ambiente?
b) Além de energia, o que mais a usina de biogás produzirá?
c) Em sua opinião, é importante a criação de usinas como a citada na reportagem? Por quê? Troque ideias com os colegas.

CAPÍTULO 4

Meio ambiente e problemática ecológica

Observe a fotografia a seguir. O que você pensa quando vê uma imagem como esta?

Tartaruga enroscada em uma sacola no Oceano Atlântico. Tenerife, Ilhas Canárias, 2019.

Muitos estudos demonstram que as agressões feitas ao meio ambiente comprometem a dinâmica dos processos que ocorrem na biosfera. Por causa disso, aumentaram os debates em torno das questões ambientais, o que indica uma preocupação crescente da sociedade com a natureza. Você sabe como esses debates contribuem para a solução dos problemas ligados ao meio ambiente? Converse com os colegas sobre o assunto.

Na sociedade capitalista, o pensamento dominante ficou profundamente marcado por uma ideia equivocada de desenvolvimento, caracterizada pela oposição entre o ser humano e a natureza. Nessa perspectiva, a natureza tem o papel exclusivo de prover recursos, cabendo à sociedade aprimorar técnicas e conhecimentos capazes de explorá-los.

Desse modo, a humanidade preocupa-se apenas em utilizar os recursos da natureza, não se importando com as consequências para o meio ambiente. Essa situação tem levado à degradação cada vez maior do meio ambiente, constatada nos numerosos problemas naturais e socioeconômicos vivenciados nas últimas décadas. Veremos agora como isso vem ocorrendo.

Revolução Verde, alimentos e fome

Você sabe o que foi a Revolução Verde? A partir da segunda metade do século XX, vários países do mundo, incluindo o Brasil, implantaram a chamada Revolução Verde com o objetivo de aumentar a produção de alimentos. Ela se caracterizou pela modernização do campo, principalmente com a introdução de novas técnicas de cultivo como o uso intensivo de agrotóxicos no combate às pragas, a aplicação de adubos e fertilizantes para a recuperação dos solos, o emprego de máquinas e implementos agrícolas e a utilização de sementes selecionadas, mais resistentes e produtivas.

Contudo, os resultados da Revolução Verde são questionáveis, pois, apesar de a produção agrícola mundial ter aumentado, a fome cresceu em proporções bem maiores. Calcula-se que cerca de um terço da população mundial sofra de carência alimentar, ou seja, consome uma quantidade de nutrientes inferior ao mínimo necessário. Isso porque grande parte da produção agrícola, sobretudo a dos países mais pobres, destina-se ao abastecimento do mercado consumidor dos países desenvolvidos, e não à população interna que necessita de alimentos.

Observe o gráfico ao lado, que mostra o crescimento da população e o aumento da produção de alimentos nas últimas cinco décadas.

Crescimento da população e da produção de alimentos no mundo

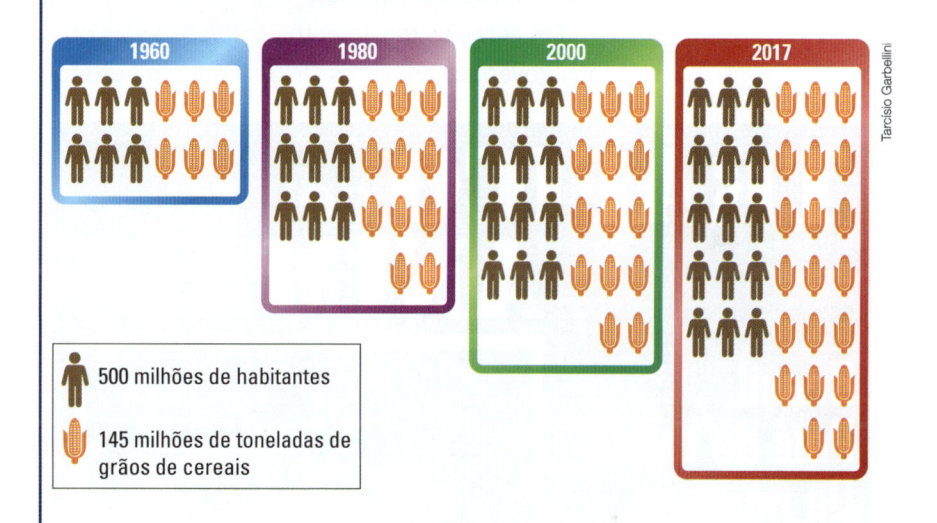

- 500 milhões de habitantes
- 145 milhões de toneladas de grãos de cereais

Fonte: FOOD AND AGRICULTURE ORGANIZATION. Disponível em: http://www.fao.org/faostat/es/#data/OA. Acesso em: 7 fev. 2020.

Os impactos ambientais

A Revolução Verde provocou grandes transformações nas paisagens do planeta e causou impactos ambientais, entre os quais:
- a substituição de grandes áreas de florestas por monoculturas, o que favoreceu a proliferação de vários tipos de praga;
- a fragilização dos solos, que se tornaram mais suscetíveis a processos erosivos em decorrência do uso de máquinas pesadas;
- a contaminação dos solos e das águas, em razão do emprego de agrotóxicos.

A Revolução Verde mostrou que, para serem alcançados os objetivos desejados, os avanços tecnológicos precisam ser acompanhados por mudanças na sociedade. Além de não resolver o problema da fome, os impactos ambientais gerados por novas tecnologias trouxeram consequências bastante prejudiciais à natureza e à saúde humana.

Agricultor pulverizando agrotóxico em campo de arroz sem traje de proteção. Samut Prakan, Tailândia, 2019.

Movimentos ambientalistas: despertar da consciência ecológica

No cartaz mostrado nesta página, uma entidade de defesa dos animais faz um apelo pelo fim do tráfico de animais. Você conhece outras ONGs que atuam em defesa da natureza? Qual é a importância das mobilizações realizadas por essas entidades e pelos movimentos ambientalistas? Conte aos colegas o que você pensa sobre isso.

Simultaneamente ao agravamento dos problemas ambientais, causados principalmente pelo modelo de desenvolvimento da sociedade capitalista industrial (baseado no aumento constante do consumo), surgiram vários movimentos em defesa da natureza. A partir das décadas de 1960 e 1970, essas organizações cresceram e passaram a atuar em diversas causas, como a proteção da vida silvestre, o combate à poluição e a defesa das florestas e dos ecossistemas ameaçados.

Em geral, os movimentos ambientalistas ou ecológicos atuam por meio das organizações não governamentais, as ONGs, que têm autonomia e independência em relação ao Estado e são formadas principalmente por representantes da sociedade civil. Os recursos necessários ao funcionamento dessas instituições provêm de doações da sociedade civil, de empresas privadas ou do próprio governo.

Atualmente, existem milhares de ONGs ecológicas espalhadas pelo mundo, muitas das quais atuam no Brasil, como a Fundação SOS Mata Atlântica, Imazon ou a AnimaiSOS. Elas desempenham papel fundamental na sociedade, alertando tanto para os riscos ambientais que ameaçam o planeta como para a necessidade de estabelecer uma forma de convivência mais harmônica com a natureza.

Algumas dessas organizações exercem fortes pressões sobre governos e empresários, denunciando a falta de compromisso com a causa ambiental e protestando contra as empresas poluidoras, que não respeitam as legislações ambientais. Além disso, atuam na educação e conscientização da sociedade sobre questões ambientais.

Cartaz alertando sobre o problema do tráfico de animais no Brasil e no mundo.

Preservação ambiental: Que caminho seguir?

Quando se trata de encontrar uma alternativa para a crise ambiental, as opiniões divergem. Não há consenso nem mesmo entre os movimentos ambientalistas. Conheça, a seguir, a posição que alguns grupos de especialistas assumem diante da questão ambiental.

A corrente ambientalista considerada a mais radical defende o controle do crescimento populacional e a diminuição do ritmo da expansão econômica para resolver os problemas ambientais. É o chamado preservacionismo, que considera que as ameaças à natureza devem ser urgentemente eliminadas. As ideias **preservacionistas** inspiram ações de movimentos ambientalistas, como as do Greenpeace. Para os preservacionistas, as florestas existentes não podem ser exploradas, devendo permanecer intocadas.

O **ecodesenvolvimentismo** prega o uso "sábio da natureza", ou seja, a administração consciente dos recursos naturais. Orienta a mudança nos padrões de comportamento da sociedade, pois acredita que a principal causa da degradação ambiental reside nas características do capitalismo atual. Assim, a exploração cada vez mais intensa dos recursos naturais deveria ser substituída por um modelo de desenvolvimento compatível com a preservação do meio ambiente, por exemplo, explorando as florestas sem comprometer sua existência.

Para a corrente do **ecocapitalismo**, o atual nível de degradação da natureza não chega a ser alarmante a ponto de colocar em risco a vida humana no planeta. Considera viável a exploração dos recursos naturais, acreditando que os problemas ambientais podem ser resolvidos com o desenvolvimento de novas tecnologias, assegurando assim a preservação da natureza. Para os ecocapitalistas, as florestas devem ser aproveitadas e substituídas por reflorestamento.

1. Qual das três principais correntes de pensamento sobre a preservação ambiental você considera mais coerente? Explique por quê.
2. Descubra a opinião dos colegas sobre essa polêmica questão, e, em seguida, conversem sobre o ponto de vista de cada um.

Preservação do conhecimento das comunidades tradicionais

Atualmente, existe um aspecto que se apresenta como fundamental para assegurar uma boa relação com a natureza: a preservação do conhecimento acumulado pelas chamadas comunidades tradicionais. E quem faz parte dessas comunidades?

No caso do Brasil, são consideradas **comunidades tradicionais** os diferentes povos indígenas; as comunidades de pescadores do litoral e dos rios do interior; os povos que vivem da extração de plantas das matas, campos e florestas; os quilombolas, descendentes de africanos que vivem em áreas rurais; entre outros. Esses grupos desenvolveram, ao longo de sua história, um profundo conhecimento sobre o território que ocupam, ou seja, sobre o clima, os solos, os rios, as plantas, os animais e os minerais. São conhecimentos voltados para técnicas de plantio e de uso de ervas, para a produção de artesanato, para a preparação de alimentos e de medicamentos naturais, entre outras aplicações.

A preservação desses saberes é essencial para garantirmos um relacionamento mais harmonioso com o meio ambiente, já que muitas das técnicas utilizadas por esses povos e comunidades podem ser a chave, por exemplo, para a recuperação de áreas degradadas, para o desenvolvimento de novos tipos de defensivos agrícolas naturais e para a produção de medicamentos para tratar doenças que ainda não têm cura. Dessa forma, podemos afirmar que os conhecimentos das comunidades tradicionais se constituem em um verdadeiro **patrimônio cultural** para toda a humanidade.

ZOOM

O texto a seguir destaca o caso de comunidades ribeirinhas de pescadores em um município do estado do Acre que, por meio da aplicação dos conhecimentos tradicionais, associados a técnicas de manejo, possibilitaram a retomada da pesca nos rios da região. Leia com atenção.

Conhecimento tradicional a serviço da pesca no Acre

Charles Guimarães dos Santos, 36 anos, faz da pesca o seu sustento. Morador do município de Feijó, no Acre, ele carrega nas costas a experiência de mais de 30 anos na profissão, aprendida com o avô, que segundo ele é "o maior pescador de pirarucu da região". Ainda criança, aprendeu a identificar cada espécie de peixe, conhecer o local onde vivem e se reproduzem, e a manusear as melhores ferramentas para o trabalho.

Essas são lições valiosas aprendidas a partir do conhecimento tradicional utilizado há muito tempo por pescadores do município, como o avô de Charles. Mesmo sem equipamentos avançados, eles desbravavam os cerca de 50 lagos do município em busca do pirarucu e de outras espécies que pudessem alimentar suas famílias.

A falta de organização e controle sobre a pesca fez com que as populações de peixes caíssem de forma significativa na região, interferindo na produtividade e na qualidade de vida de pescadores e moradores. "Há quem diga que o que Deus criou, o homem não consegue apagar, mas aqui vimos que isso não é verdade. O homem consegue acabar com tudo", diz Charles, ao relatar o acelerado ritmo da exploração nos lagos de Feijó, a partir dos anos 60, que colocou em risco o pirarucu e outras espécies de peixe.

Era preciso unificar o conhecimento tradicional com um manejo de pesca eficiente, que garantisse a sobrevivência das espécies e a manutenção da qualidade de vida dos moradores do município. "Percebemos que precisávamos fazer algo, senão nossos peixes iriam acabar. Nos organizamos e estabelecemos acordos de pesca, grupos de manejo no nosso município e fundamos a Colônia de Pescadores, que atualmente já possui 470 pescadores cadastrados", explica Charles, que atualmente exerce o cargo de presidente da Colônia.

O pirarucu (nome científico *Arapaima gigas*) é considerado o maior peixe de escamas de água doce das Américas. Reserva de Desenvolvimento Sustentável Amanã, no estado do Amazonas, 2018.

A prática dessa ação coletiva trouxe mudanças significativas ao nível da comunidade. De acordo com Antonio Oviedo, especialista do Programa Amazônia do WWF-Brasil, organização que tem trabalhado com pesca na Amazônia há 16 anos, a partir desta mobilização, os pescadores reconheceram que eles tinham mais capacidade e poder ao trabalharem de forma coletiva ao invés de modo isolado. "A coesão do grupo apresentou um potencial para a implantação de medidas de adaptação às mudanças ambientais. Para se ter ideia, em 2014, o monitoramento do manejo apontou um aumento de 50% nas populações de pirarucu. A pesca sustentável foi restabelecida, práticas tradicionais se mantiveram e nossa compreensão sobre o pirarucu foi aprimorada porque o conhecimento ecológico tradicional guiou a ciência", explica. [...]

BRANDÃO, Frederico. Conhecimento tradicional [...]. *WWF-Brasil*, Brasília, DF, 30 abr. 2015. Disponível em: www.wwf.org.br/?45502. Acesso em: 7 fev. 2020.

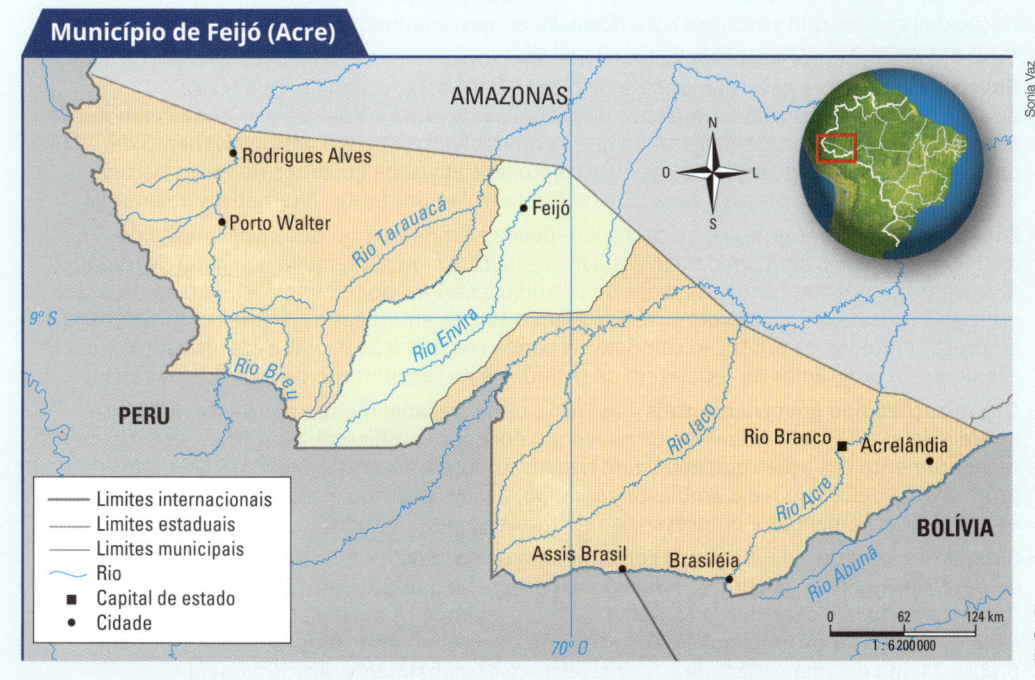

Município de Feijó (Acre)

Fonte: IBGE. *Atlas geográfico escolar*. 8. ed. Rio de Janeiro: IBGE, 2018. p. 156.

Em busca de um desenvolvimento sustentável

A realização de importantes eventos ambientalistas internacionais comprova a preocupação de setores da sociedade com as questões ambientais.

Esses eventos têm sido fundamentais para discutir e denunciar as agressões ao meio ambiente e promover, entre os países, acordos e ações para solucionar tais problemas.

1972 — Conferência das Nações Unidas sobre o Homem e o Meio Ambiente, Estocolmo, Suécia.

1992 — Conferência das Nações Unidas sobre Meio Ambiente e Desenvolvimento (Eco-92), Rio de Janeiro, Brasil.

2002 — Cúpula Mundial sobre Desenvolvimento Sustentável, Joanesburgo, África do Sul.

2011 — Conferência da ONU sobre Mudanças Climáticas, Durban, África do Sul.

Ações sustentáveis: o papel de cada um

Para que o desenvolvimento sustentável seja implantado em escala planetária, é necessária a realização de projetos que envolvam a participação de governantes, empresários, organizações e cidadãos em geral. São ações que exigem o papel de:

- **Governos** – na esfera governamental, a discussão deve estar voltada para a busca de soluções que amenizem os impactos ambientais nos próprios países, seja com a elaboração de legislação mais rigorosa e a garantia de sua aplicação, seja com o desenvolvimento de projetos que visem à proteção do meio ambiente. Iniciativas de governos de vários países buscam, por exemplo, projetos para substituir o petróleo por fontes alternativas de energia.

- **Empresas** – o setor empresarial, por sua vez, deve se empenhar no desenvolvimento de tecnologias que não agridam o meio ambiente e na recuperação daquilo que já foi degradado. A substituição dos combustíveis a base de petróleo e carvão, por exemplo, eliminaria uma das principais causas da poluição atmosférica. Além disso, as empresas devem se comprometer a empregar métodos de produção compatíveis com a conservação da natureza, investindo, por exemplo, em programas de reciclagem de resíduos e na recuperação de áreas degradadas.

- **Organizações não governamentais** – as ONGs têm um papel muito importante no que se refere à defesa do meio ambiente, promovendo educação ambiental, pesquisa e, especialmente, monitoramento das ações que impactam negativamente a natureza. Existem ONGs que promovem a defesa do meio ambiente apoiando, acompanhando e assessorando a execução de projetos governamentais e empresariais realizados no mundo todo.

- **Cidadão** – a participação individual constitui uma das condições fundamentais para o alcance do desenvolvimento sustentável. Para isso, é necessário que cada um adote uma postura ativa, tomando parte nas decisões da comunidade e observando os lugares, como o bairro e a cidade, a fim de identificar os problemas neles existentes. Ao ser atuante, todo cidadão coloca em prática o lema de uma sociedade sustentável: pensar globalmente, agir localmente.

As conclusões desses encontros comprovam que a preservação da natureza depende do compromisso dos países para implantar programas de desenvolvimento sustentável. Segundo a ONU, entende-se por **desenvolvimento sustentável** o modelo de desenvolvimento econômico que busca atender às necessidades da sociedade atual sem comprometer a sobrevivência das gerações futuras. Conheça os principais eventos ambientalistas realizados nas últimas décadas, por meio da linha do tempo abaixo.

2015
Cúpula das Nações Unidas sobre o Desenvolvimento Sustentável, Nova York, EUA.

2012
Conferência das Nações Unidas sobre Desenvolvimento Sustentável (Rio+20), Rio de Janeiro, Brasil.

2017
Conferência das Nações Unidas sobre Mudanças Climáticas (COP23), Bonn, Alemanha.

MÃOS À OBRA

Ações pelo meio ambiente

O que você acha de contribuir com ações pelo meio ambiente? São muitas as formas pelas quais podemos atuar. Existem ações maiores, como filiar-se a uma ONG ambiental ou atuar em movimentos comunitários; no entanto, cada um de nós pode buscar o desenvolvimento sustentável tomando atitudes simples no dia a dia, coletiva ou individualmente. Veja algumas ações possíveis e mãos à obra!

- Economize água e divulgue a importância de não deixar torneiras mal fechadas e de consertar vazamentos.
- Economize energia elétrica e divulgue a importância do aproveitamento da luz natural durante o dia.
- Observe o trânsito e anote as placas de veículos poluidores para denunciar essa irregularidade.
- Proteste contra alguma agressão ao meio ambiente e denuncie-a em jornais e emissoras de rádio. Divulgue também as soluções possíveis para esse problema.
- Crie uma campanha, ou uma *hashtag*, para incentivar as outras pessoas a protestarem nas redes sociais.
- Escreva para os responsáveis pela poluição, como diretores de fábricas poluidoras e donos de frotas de ônibus e caminhões, e também para os órgãos de defesa ambiental, exigindo o controle da emissão de elementos poluentes na natureza.
- Realize campanhas de doação de livros e revistas que tratem de problemas ambientais.

ATIVIDADES

Reviso o capítulo

1. Qual é o pensamento dominante na sociedade capitalista sobre o meio ambiente? Explique.

2. Quais são as correntes ambientalistas que têm mais afinidade com a ideia de desenvolvimento sustentável? Explique-as.

3. Quais foram os principais impactos ambientais causados por ações tomadas na Revolução Verde?

4. O que é desenvolvimento sustentável?

5. Qualquer dia, a natureza
   Com toda a certeza há de reclamar
   Com razão, a atitude do homem
   na terra com os rios
   E os peixes do mar.
   [...]

   O HOMEM e a natureza. Intérprete: Blindagem. Compositor: João Lopes da Silva. *In*: CARA & Coroa. Curitiba: MNF Brazil, 1998. © Villa Bigua Artes.

   Qual é o tema dessa canção? Cite um trecho que comprove sua resposta.

6. As ONGs são importantes defensoras das causas ambientais. Responda às questões a seguir.
   a) Existem ONGs de defesa ambiental que atuam no lugar onde você mora?
   b) Que problemas ambientais poderiam ser identificados por uma ONG em seu município?
   c) De que maneira você poderia ajudar a resolver esses problemas?

7. "A nave espacial Terra não transporta passageiros. Somos todos tripulantes."

   Marshall McLuhan (1911-1980), sociólogo canadense.

   A ideia contida nessa frase tem relação com o lema "Pensar globalmente, agir localmente"? Explique essa relação dando um exemplo de como podemos contribuir para o desenvolvimento sustentável.

AQUI TEM GEOGRAFIA

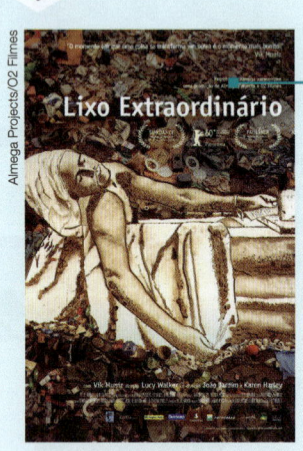

Assista

Lixo extraordinário
Direção de Lucy Walker. Reino Unido/Brasil, 2011 (100 min).

No documentário, o artista plástico Vik Muniz acompanha o dia a dia de catadores de materiais recicláveis em um dos maiores aterros sanitários do mundo: o Jardim Gramacho, no município do Rio de Janeiro. Lá, ele se aproxima desses trabalhadores e propõe, pela arte, mudar a vida deles.

Leia

A cultura do supérfluo: lixo e desperdício na sociedade de consumo
Pólita Gonçalves (Coleção Desafios do século XXI, Garamond).

Acesse

Ministério do Meio Ambiente (MMA)
Disponível em: www.mma.gov.br/. Acesso em: 7 fev. 2020.

Programa das Nações Unidas para o Meio Ambiente (Pnuma)
Disponível em: https://www.unep.org/pt-br/sobre-onu-meio-ambiente. Acesso em: 12 mar. 2021.

World Wide Fund for Nature (WWF)
Disponível em: www.wwf.org.br. Acesso em: 7 fev. 2020.

Analiso infográficos

8. O consumo regular de peixes e frutos do mar é recomendado para que se mantenha uma dieta saudável. Mas algumas dessas espécies correm perigo. Você sabia disso? De acordo com especialistas, cerca de 110 milhões de toneladas de animais aquáticos são retiradas dos nossos oceanos e mares anualmente.

Analise o infográfico e veja o que ocorreu com o bacalhau, uma espécie de pescado.

Pesca do bacalhau: da escassez ao retorno dos estoques

1 Século XVI a 1960: bacalhau era a espécie mais capturada no Atlântico, superando 200 mil toneladas. Chegou a mais de 60% do total pescado na região do Canadá em 1988.

2 1950 e 1960: fim da pesca tradicional (barcos menores com linha e anzol ou armadilhas com redes), com surgimento de grandes barcos pesqueiros que usavam o método de arrasto (redes que percorrem grandes extensões do oceano), elevando a captura do bacalhau.

3 1960: ampliação dos limites da pesca pelo governo do Canadá prejudicou o ciclo reprodutivo do bacalhau, levando a uma queda no número de indivíduos abaixo dos níveis considerados sustentáveis.

4 1992: banimento da pesca do bacalhau do Norte, afetando cerca de 27 mil pescadores. O bacalhau do Norte permaneceu na lista de espécies ameaçadas por muitos anos.

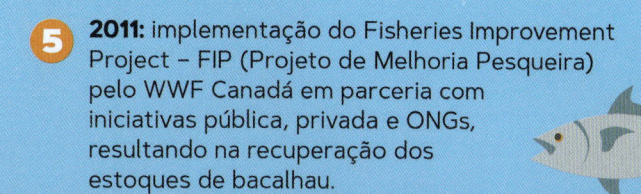

5 2011: implementação do Fisheries Improvement Project – FIP (Projeto de Melhoria Pesqueira) pelo WWF Canadá em parceria com iniciativas pública, privada e ONGs, resultando na recuperação dos estoques de bacalhau.

6 2016-2019: recuperação dos estoques e certificação MSC para a pesca na região de Newfoundland, indicando o sucesso das medidas de reimplementação das populações do bacalhau, permitindo novamente a pesca da espécie, desde que de forma sustentável.

WWF-BRASIL. *Guia de consumo responsável de pescado*. São Paulo, 2 abr. 2019.
Disponível em: www.wwf.org.br/?70483/WWF-Brasil-lanca-Guia-de-Consumo-Responsavel-de-Pescado#. Acesso em: 7 fev. 2020.

a) De acordo com as informações do infográfico, qual foi o período em que ocorreu a maior exploração do bacalhau no Oceano Atlântico?

b) Quando e como a pesca do bacalhau mudou com a utilização do "arrasto"?

c) O que ocorreu com a espécie de bacalhau explorada após o governo canadense aumentar os limites da pesca na região?

d) Quais foram as consequências da implementação de cotas de pesca de bacalhau no ano de 1992, após cerca de 24 anos?

e) Explique resumidamente o título do infográfico. Cite também se houve e como foi a participação do governo, empresas, organizações e cidadãos no exemplo estudado.

UNIDADE 3
EUROPA

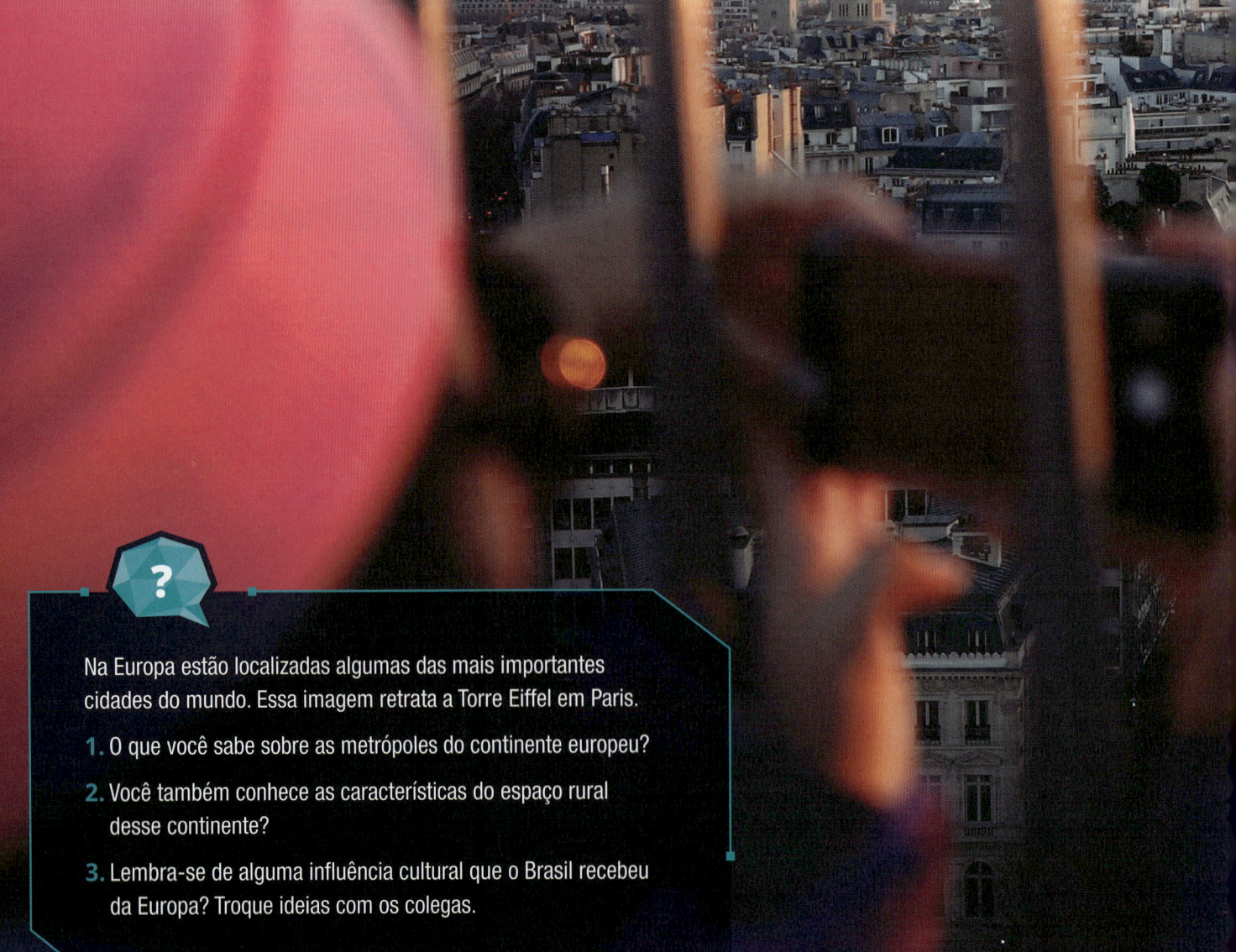

Na Europa estão localizadas algumas das mais importantes cidades do mundo. Essa imagem retrata a Torre Eiffel em Paris.

1. O que você sabe sobre as metrópoles do continente europeu?
2. Você também conhece as características do espaço rural desse continente?
3. Lembra-se de alguma influência cultural que o Brasil recebeu da Europa? Troque ideias com os colegas.

Nesta unidade você vai aprender:
- os aspectos naturais do continente europeu;
- os problemas de poluição ambiental e as propostas de solução;
- as desigualdades socioeconômicas e a distribuição da população;
- os movimentos nacionalistas e separatistas;
- a estrutura etária da população;
- o que é imigração e xenofobia;
- as atividades econômicas, vias de transporte e espaços urbano e agrário;
- como se formou o bloco econômico europeu;
- o espaço geográfico russo e sua influência geopolítica.

Turista tirando fotografia da Torre Eiffel em Paris, França, 2018.

CAPÍTULO 5

Quadro natural da Europa

O território europeu é formado por diferentes países, com variadas paisagens. Como quase todo o continente europeu se encontra na zona temperada norte do planeta – ou seja, entre o Trópico de Câncer e o Círculo Polar Ártico –, o clima temperado predomina. Em regiões de maiores latitudes, como a parte setentrional dos países escandinavos, o clima é frio e polar. Na parte sul, na região costeira, predomina o clima mediterrâneo. Desse modo, é possível a ocorrência de paisagens diversas como se vê nas fotografias. O que você sabe sobre a interdependência entre a dinâmica climática e as outras características naturais nas regiões da Europa? Observe as imagens e perceba quais são as principais características climáticas mostradas em cada uma delas.

Setentrional: localizado ao norte.

Na imagem, é possível notar a presença de vegetação de coníferas, com árvores de folhas finas, característica de climas temperados frios. Lapônia, Finlândia, 2019.

Na imagem é possível identificar vegetação baixa e esparsa, típica do clima mediterrâneo. Alta Córsega, França, 2018.

A alteração da coloração das folhagens é uma característica marcante do outono em climas temperados. Hampshire, Inglaterra, 2018.

Observe o planisfério a seguir.

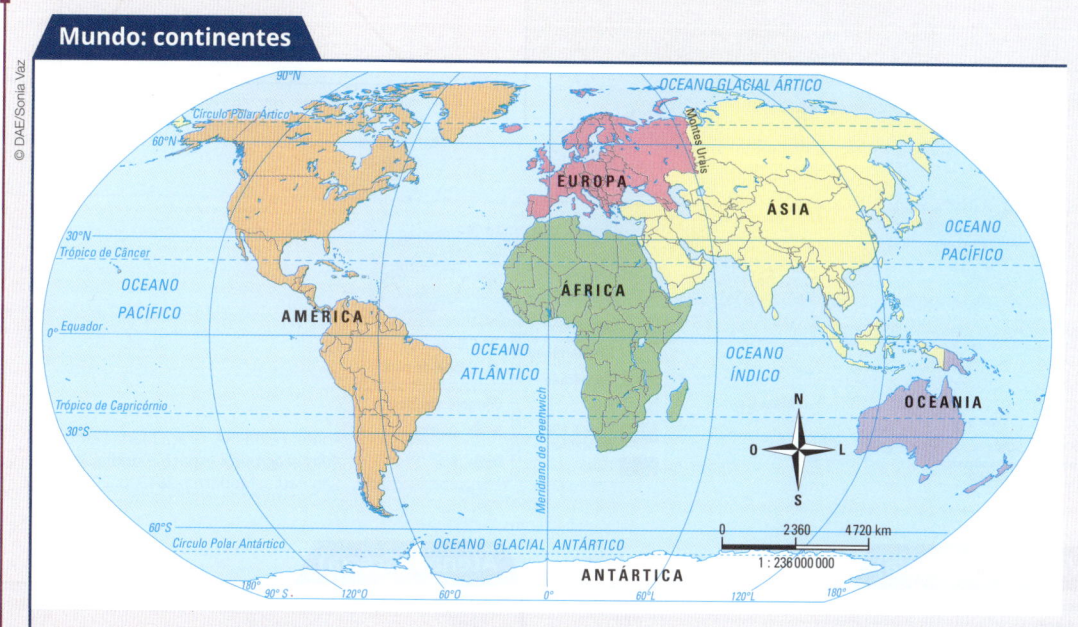

Mundo: continentes

Fonte: IBGE. *Atlas geográfico escolar*. 8. ed. Rio de Janeiro: IBGE, 2018. p. 34.

Ao observar o planisfério, é possível perceber que a Europa e a Ásia formam um território contínuo, por isso são consideradas um único continente, denominado **Eurásia**, combinação dos nomes Europa e Ásia.

No entanto, do ponto de vista histórico-cultural, a Europa e a Ásia são estudadas como continentes distintos, devido às particularidades existentes entre seus povos. A formação cultural dos europeus foi muito influenciada pelas antigas civilizações grega e romana, distintas das civilizações chinesa, indiana e árabe, as quais predominaram na formação cultural dos asiáticos.

Em razão dessa diversidade, a Europa e a Ásia foram regionalizadas por geógrafos, historiadores e cartógrafos em continentes específicos, separados por um limite natural: os Montes Urais.

Esses montes formam uma cordilheira que se estende, pelo território russo no sentido norte-sul. Ao sul, as montanhas do Cáucaso e o Mar Negro completam a delimitação da Europa em sua porção oriental. O continente europeu tem ainda como limite ocidental o Oceano Atlântico e, no sentido norte-sul, vai do Oceano Glacial Ártico ao Mar Mediterrâneo.

Vista dos Montes Urais em Magnitogorsk, Rússia, 2019.

Natureza e clima da Europa

A diversidade de paisagens da Europa é fortemente influenciada pelas características do clima. A dinâmica climática, por sua vez, é também condicionada pela posição geográfica e pela influência de outros fatores naturais, como o relevo, as correntes marítimas e os efeitos da maritimidade e continentalidade. Analise as informações contidas no mapa e nos climogramas abaixo e nos textos da página seguinte.

Europa: clima

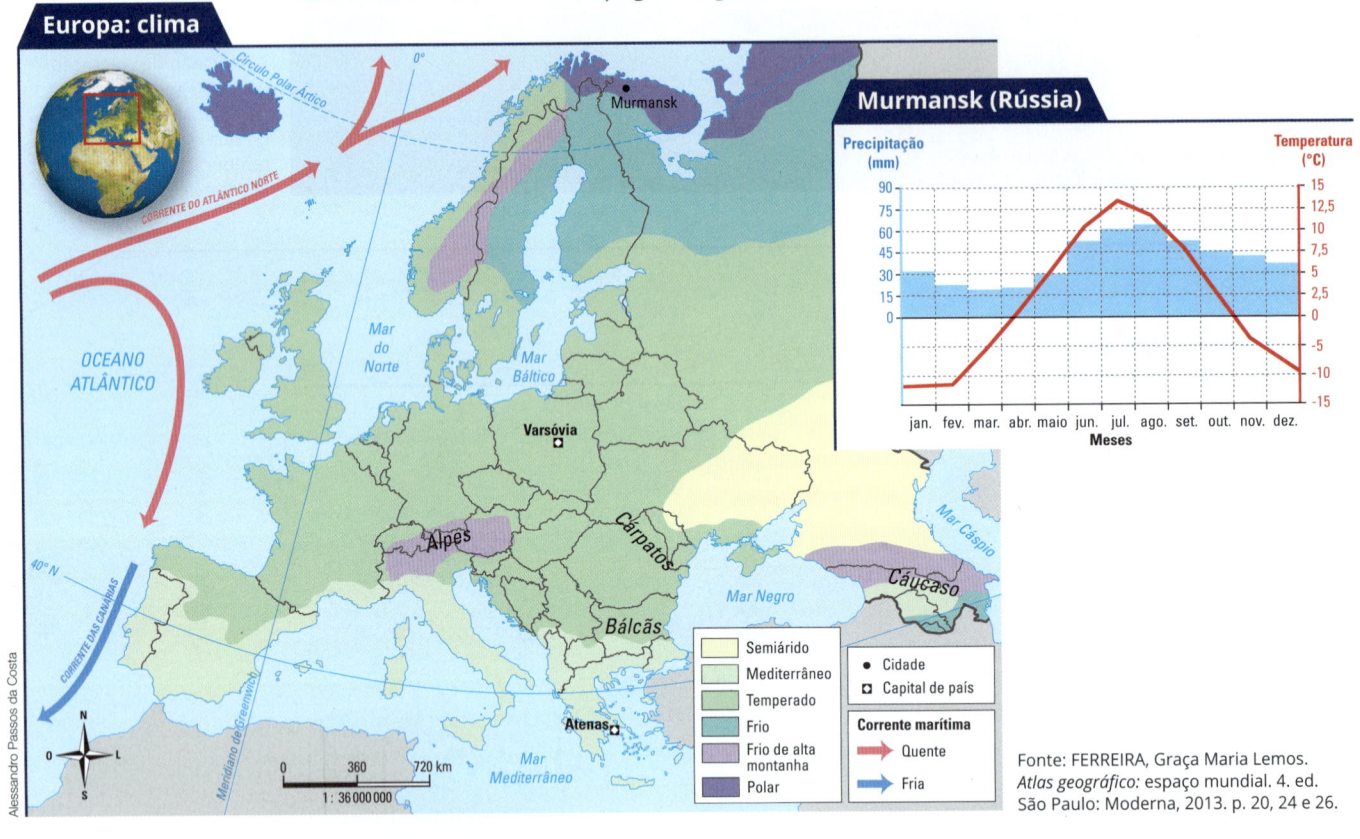

Legenda:
- Semiárido
- Mediterrâneo
- Temperado
- Frio
- Frio de alta montanha
- Polar
- Cidade
- Capital de país
- Corrente marítima: Quente / Fria

Fonte: FERREIRA, Graça Maria Lemos. *Atlas geográfico*: espaço mundial. 4. ed. São Paulo: Moderna, 2013. p. 20, 24 e 26.

Murmansk (Rússia)

Varsóvia (Polônia)

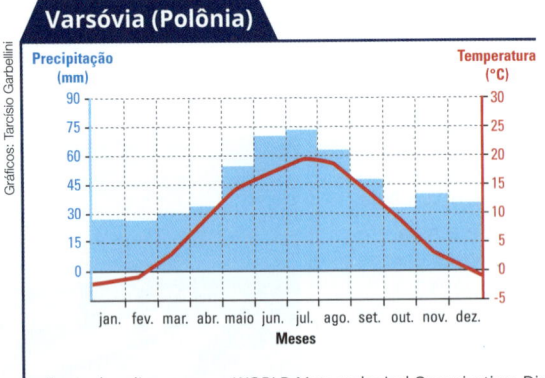

Atenas (Grécia)

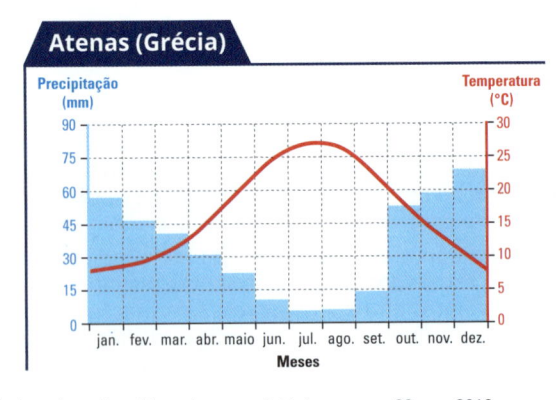

Fonte dos climogramas: WORLD Meteorological Organization. Disponível em: http://worldweather.wmo.int/. Acesso em: 22 nov. 2019.

1. Localize no mapa as cidades cujos climogramas foram representados e observe a posição geográfica de cada uma delas em relação ao território europeu.

2. Quais são as semelhanças e as diferenças entre as temperaturas médias das três localidades durante o ano? Os meses mais quentes são os mesmos? E os mais frios?

3. Quais são os meses mais chuvosos nessas cidades? Quais são os meses mais secos?

- **Relevo**: o predomínio de planícies no centro-norte do continente europeu facilita a penetração das frentes frias polares, provenientes do Ártico, tornando o clima nessa região mais frio, sobretudo no inverno. Por sua vez, o relevo mais irregular da parte sul do continente, com a presença de elevadas cadeias montanhosas, como Alpes, Bálcãs, Cárpatos e Cáucaso, barra a entrada das massas de ar tropicais, provenientes do norte da África, dando origem ao clima mediterrâneo, mais quente e seco do que em outras porções da Europa.

O clima mediterrâneo do litoral espanhol, com verões quentes, atrai milhares de turistas anualmente, como no caso da praia de Torrevieja, representada nesta foto de 2019.

- **Correntes marítimas**: a parte ocidental da Europa é bastante influenciada pela chamada Corrente Marítima do Atlântico Norte. Como essa corrente origina-se na Corrente Marítima do Golfo do México, que é quente, ela traz calor e umidade para vários países do continente, tornando os invernos menos rigorosos.

Ainda que se localize em uma região de clima temperado, o Reino Unido é muito influenciado pela corrente marítima quente do Atlântico Norte. Essa corrente fornece calor e umidade para a atmosfera, provocando bastante precipitação durante o ano, como prova a foto de Londres, em 2016.

- **Efeito de maritimidade**: o litoral europeu é bastante recortado, com diversas baías, enseadas e mares interiores, motivo pelo qual em boa parte do continente ocorre o efeito de maritimidade. A proximidade com a massa de água oceânica torna as amplitudes térmicas diárias, mensais e anuais bem menores do que as registradas no interior do continente (efeito de continentalidade). Isso deixa o clima das áreas litorâneas mais ameno, com verões e invernos menos rigorosos do que os registrados em regiões interioranas.

A porção central da Rússia é bastante influenciada pelo efeito da continentalidade, que proporciona condições climáticas acentuadas. Durante o inverno as temperaturas diminuem bastante em razão do maior resfriamento das áreas continentais, provocando, por exemplo, fortes nevascas, como se comprova nesta foto de Moscou, Rússia, em 2019.

Vegetação da Europa

As características climáticas da Europa, além de outros fatores determinantes, como o relevo e os tipos de solo, proporcionam a existência de formações vegetais diversificadas no continente, porém com predomínio daquelas adaptadas ao clima temperado. É importante saber que a diversidade de formações vegetais nativas da Europa encontra-se parcial ou totalmente alterada pela ação humana.

Europa: devastação florestal e áreas remanescentes

A intervenção da sociedade europeia em suas paisagens naturais remonta há mais de 2 mil anos, e a vegetação foi o elemento da natureza que mais sofreu alterações. Na Antiguidade, gregos e romanos, por exemplo, derrubaram florestas inteiras para abrir áreas de cultivo, estradas e usar a madeira na construção de embarcações, pontes e edifícios nas cidades, que cresciam em número e tamanho.

Durante a Idade Média, o advento do arado de tração animal colaborou para a expansão das lavouras. Contudo, foi com a Revolução Industrial que as transformações se intensificaram, com as extensas florestas temperadas reduzidas a pequenas e esparsas áreas de bosques. Atualmente, há uma grande preocupação, sobretudo entre os países-membros da União Europeia, em se preservar ou recuperar as áreas de florestas e de bosques remanescentes e também aumentar a cobertura vegetal nos territórios. De acordo com o Eurostat, que é o órgão oficial de estatísticas do bloco europeu, as áreas recuperadas vêm crescendo a uma taxa média de 5% ao ano na última década.

Observe a imagem. Ela mostra, em segundo plano, lenhadores derrubando uma área de floresta na França, no final da Idade Média, para garantir o suprimento de madeira e abrir novas áreas para cultivo. Iluminura de Pierre de Crescens, intitulada *Colheita e corte de feno*, retirada do livro *Livre des prouffitz champestres et ruraulx*, publicado no século XV.

Observe nos mapas as principais formações vegetais originais e as áreas de vegetação alteradas e remanescentes no continente europeu.

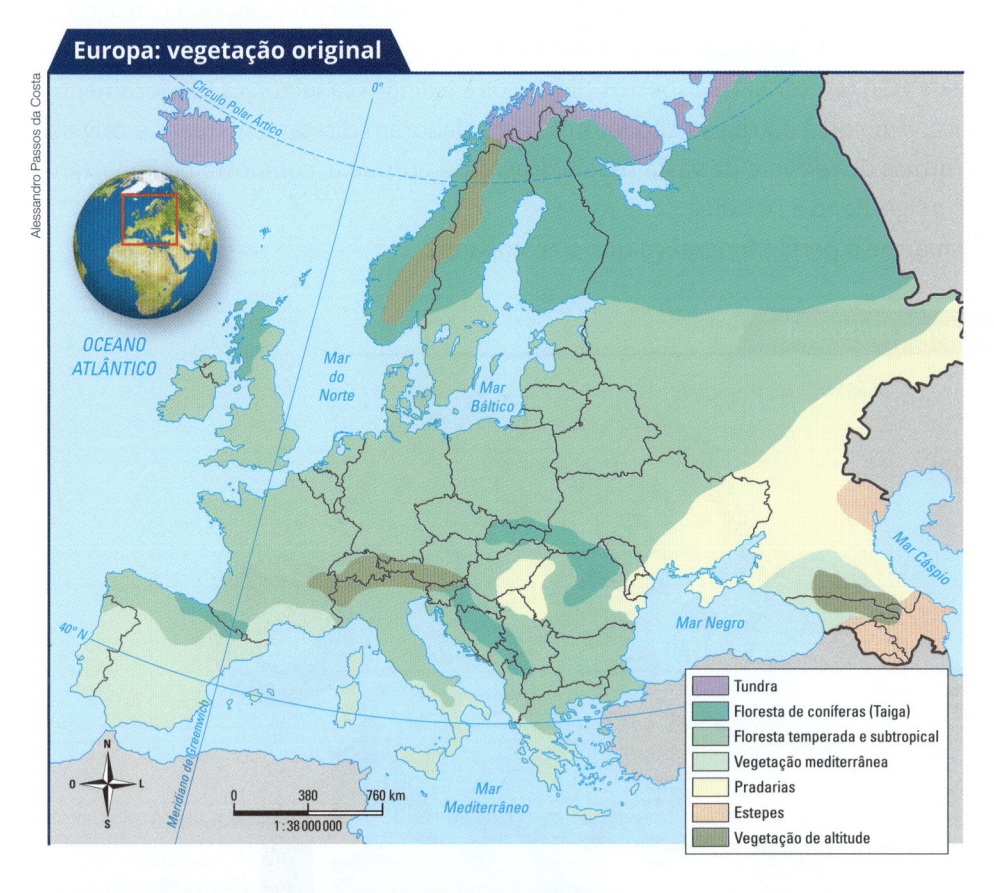

Europa: vegetação original

Legenda:
- Tundra
- Floresta de coníferas (Taiga)
- Floresta temperada e subtropical
- Vegetação mediterrânea
- Pradarias
- Estepes
- Vegetação de altitude

Escala 1:38 000 000

?

1. Quais são as formações vegetais encontradas no continente europeu?
2. O que é possível observar nos mapas a respeito das formações vegetais originais e remanescentes do território europeu?
3. Analise a situação atual da formação vegetal. A que conclusão você chegou? Explique. Escute as respostas dos colegas.

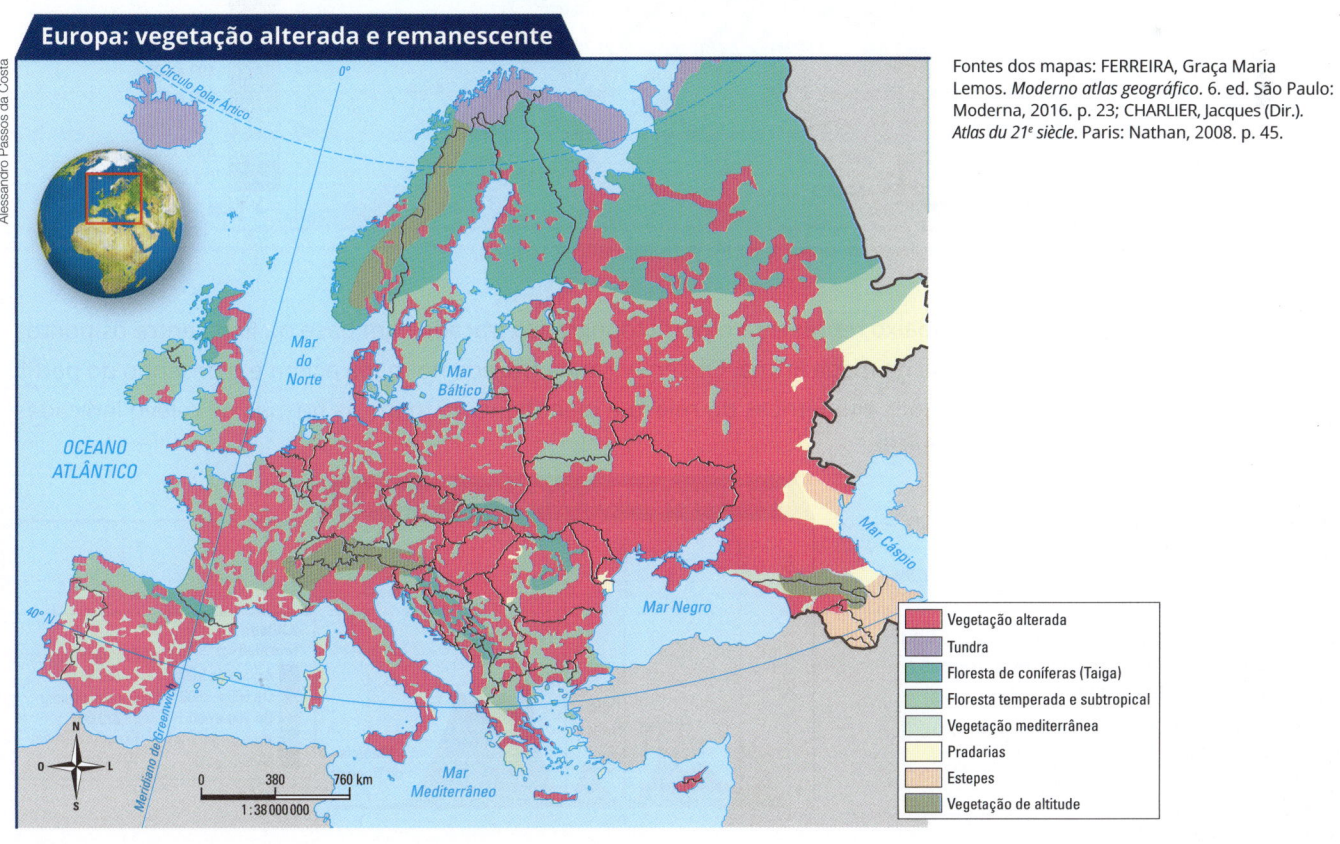

Europa: vegetação alterada e remanescente

Legenda:
- Vegetação alterada
- Tundra
- Floresta de coníferas (Taiga)
- Floresta temperada e subtropical
- Vegetação mediterrânea
- Pradarias
- Estepes
- Vegetação de altitude

Escala 1:38 000 000

Fontes dos mapas: FERREIRA, Graça Maria Lemos. *Moderno atlas geográfico*. 6. ed. São Paulo: Moderna, 2016. p. 23; CHARLIER, Jacques (Dir.). *Atlas du 21ᵉ siècle*. Paris: Nathan, 2008. p. 45.

Relevo e hidrografia da Europa

Assim como acontece com o clima e a vegetação, as relações entre o relevo e a hidrografia ocorrem de maneira muito particular no continente europeu.

A grande extensão territorial, os aspectos climáticos e a dinâmica tectônica (deslocamento de placas, vulcanismo etc.) da região são fatores que colaboram diretamente para a origem das diversas formas de relevo e da vasta rede hidrográfica europeia, composta de importantes rios, como Volga, Reno e Danúbio.

Observe o mapa e o perfil topográfico que o acompanha.

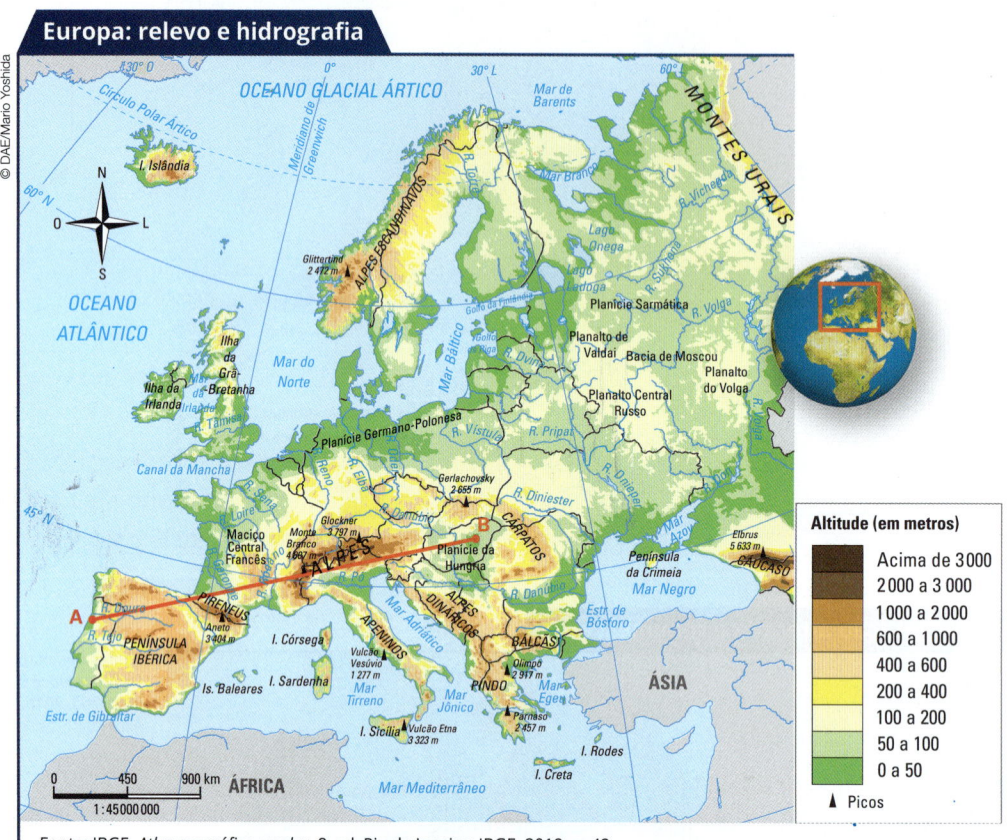

Fonte: IBGE. *Atlas geográfico escolar*. 8. ed. Rio de Janeiro: IBGE, 2018. p. 42.

A figura abaixo representa o perfil topográfico traçado com base na linha entre os pontos A e B indicada no mapa acima. Observe a linha traçada no mapa acima e o desenho do perfil. Veja as variações altimétricas do relevo e identifique no mapa as formas de relevo indicadas ao longo do perfil.

?

1. Identifique no mapa as principais planícies, planaltos e cadeias de montanhas da Europa. Identifique também os principais picos e sua altitude.
2. Observe e identifique os principais rios que fluem no território dos países europeus e anote no caderno o nome deles.
3. Descreva o relevo apresentado no perfil topográfico.

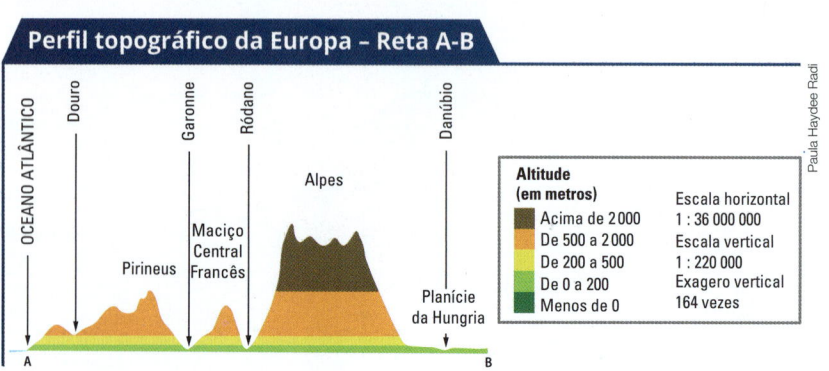

Formas do relevo europeu

De acordo com sua análise do mapa e do perfil do relevo da Europa da página anterior, diga: quais são as formas que mais se destacam?

Saiba mais a respeito das principais formas de relevo do continente europeu.

Planícies: são formas de relevo predominantes no continente europeu, abrangendo cerca de 70% do território. Têm origem na deposição de sedimentos, em eras geológicas recentes, trazidos por rios ou lagos naturais. Exemplos: planícies Russa, Germano-Polonesa e Húngara.

Vista da extensa planície sedimentar Germano-Polonesa, em Piekari Slaskie, Polônia, 2018.

Planaltos e maciços antigos: compõem-se de regiões intensamente desgastadas pelo processo erosivo desde eras geológicas remotas, por isso têm forma de relevo aplainadas e arredondadas e com altitudes modestas. Exemplos: a Meseta Espanhola e o Maciço Central Francês.

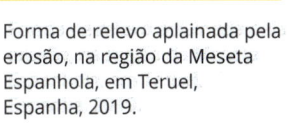

Forma de relevo aplainada pela erosão, na região da Meseta Espanhola, em Teruel, Espanha, 2019.

Cadeias montanhosas: são formadas por grandes dobramentos modernos, ou seja, geologicamente mais recentes que as demais formas de relevo, e decorrem do encontro das placas tectônicas localizadas, em geral, ao sul do continente. A instabilidade tectônica causada pela movimentação dessas placas faz dessa região da Europa a mais atingida por atividades sísmicas (terremotos) e vulcanismo. Exemplos de cadeias montanhosas: os Alpes, na França, Áustria, Itália, Suíça e Alemanha; os Bálcãs, na Sérvia, Bulgária e Macedônia; e o Cáucaso, na Armênia, Geórgia e Rússia.

A imponência da cadeia de montanhas dos Alpes, em Salzburgo, Áustria, 2019.

Poluição das águas e dos solos na Europa

Há milênios, os europeus utilizam a riqueza de seus recursos hídricos. Contudo, nos dois últimos séculos, sobretudo após a Segunda Revolução Industrial, a disponibilidade de água doce dos rios e lençóis subterrâneos tornou-se um grave problema para vários países europeus. Isso porque, nesse período, o consumo de água pela população e para uso agrícola e industrial ocorreu de forma abusiva.

Além disso, o desperdício e a poluição dos rios e do solo, e consequentemente dos aquíferos, comprometeram as reservas europeias para as próximas décadas. Como decorrência desse processo, em alguns países o metro cúbico de água é o mais caro entre as nações desenvolvidas.

Diante da possibilidade da falta de água, os governos e o Parlamento europeus têm adotado, nos últimos anos, várias medidas de controle e de manejo a fim de preservar seus mananciais. Entre essas medidas foram feitas campanhas tanto contra o desperdício doméstico e industrial quanto voltadas para a despoluição de rios e a preservação da vegetação em áreas de nascente.

FIQUE LIGADO!

Rio Tâmisa, Londres (Reino Unido)

O Tâmisa tem quase 350 km de extensão e um longo histórico de poluição. As águas deixaram de ser consideradas potáveis ainda em 1610, por conta da falta de saneamento básico da Inglaterra. Ocorriam até mesmo mortes por cólera. Em 1858, no entanto, reuniões parlamentares precisaram ser suspensas por conta do mau cheiro das águas, o que levou os governantes a resgatar a vida do rio apelidado como "Grande fedor". Na época foi colocada em prática uma alternativa sem êxito, já que o sistema que coletava o esgoto despejava os dejetos recolhidos no rio a certa distância abaixo da cidade. Apenas entre 1964 e 1984 novas ações de revitalização surtiram efeito. Foram criadas duas estações de tratamento de esgoto com investimentos de 200 milhões de libras. Quinze anos depois, um incinerador passou a dar destino aos sedimentos vindos do tratamento das águas, gerando energia para as duas estações. Fora isso, hoje dois barcos percorrem o Tâmisa de segunda a sexta e retiram 30 toneladas de lixo por dia.

HAYDÊE, Lygia. 7 cidades que despoluíram seus rios e podem nos inspirar. *Exame*, 13 set. 2016. Disponível em: https://exame.abril.com.br/mundo/7-cidades-que-despoluiram-seus-rios-e-podem-inspirar-brasil/. Acesso em: 22 jan. 2020.

Embora o Rio Tâmisa esteja atualmente muito mais limpo, seu processo de despoluição ainda não terminou. Obras de recuperação, como a construção de redes de esgoto e limpeza de efluentes, continuam ocorrendo e o investimento na limpeza do rio deve durar por muitos anos. Na imagem, Rio Tâmisa com Catedral de São Paulo ao fundo. Londres, Reino Unido, 2019.

MUNDO DOS MAPAS

Mapas temáticos

Os **mapas temáticos** são importantes fontes de informação para os leitores, já que neles são empregados regras e elementos da simbologia cartográfica, como cores, hachuras, pontos, linhas e símbolos. Esses tipos de mapa são chamados de temáticos, porque focam na análise de um fenômeno geográfico específico (um **tema**). Há diferentes tipos de mapas temáticos, focados em fenômenos econômicos, ambientais, demográficos ou físico-naturais.

Observe os mapas a seguir.

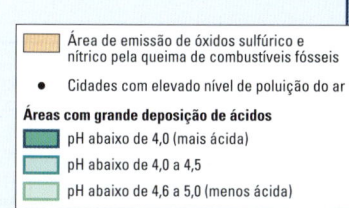

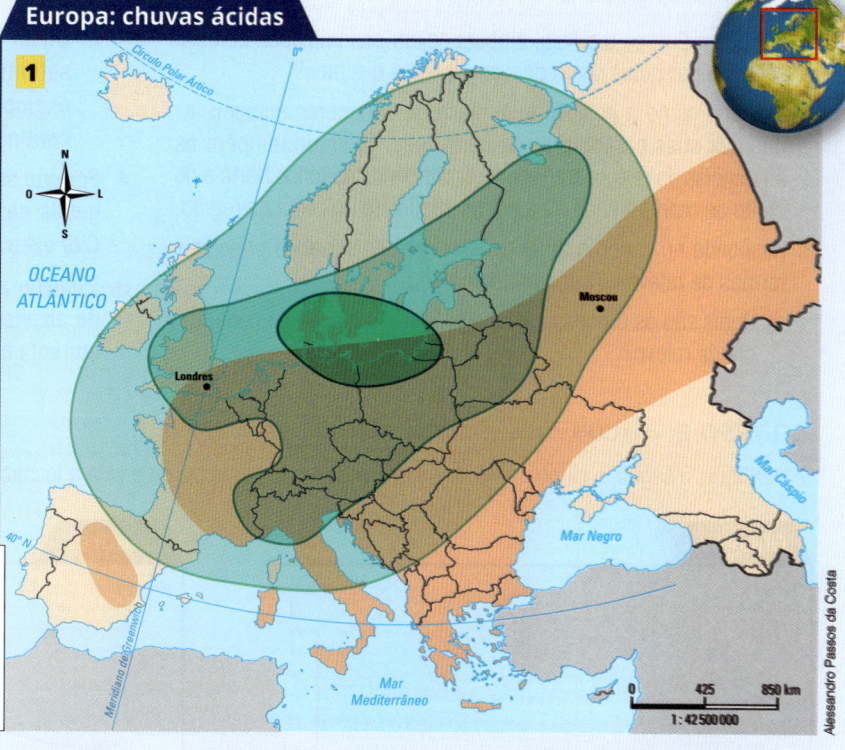

Europa: chuvas ácidas

Legenda:
- Área de emissão de óxidos sulfúrico e nítrico pela queima de combustíveis fósseis
- Cidades com elevado nível de poluição do ar

Áreas com grande deposição de ácidos:
- pH abaixo de 4,0 (mais ácida)
- pH abaixo de 4,0 a 4,5
- pH abaixo de 4,6 a 5,0 (menos ácida)

Escala 1: 42 500 000

Fonte: FERREIRA, Graça Maria Lemos. *Atlas geográfico*: espaço mundial. 4. ed. São Paulo: Moderna, 2013. p. 30.

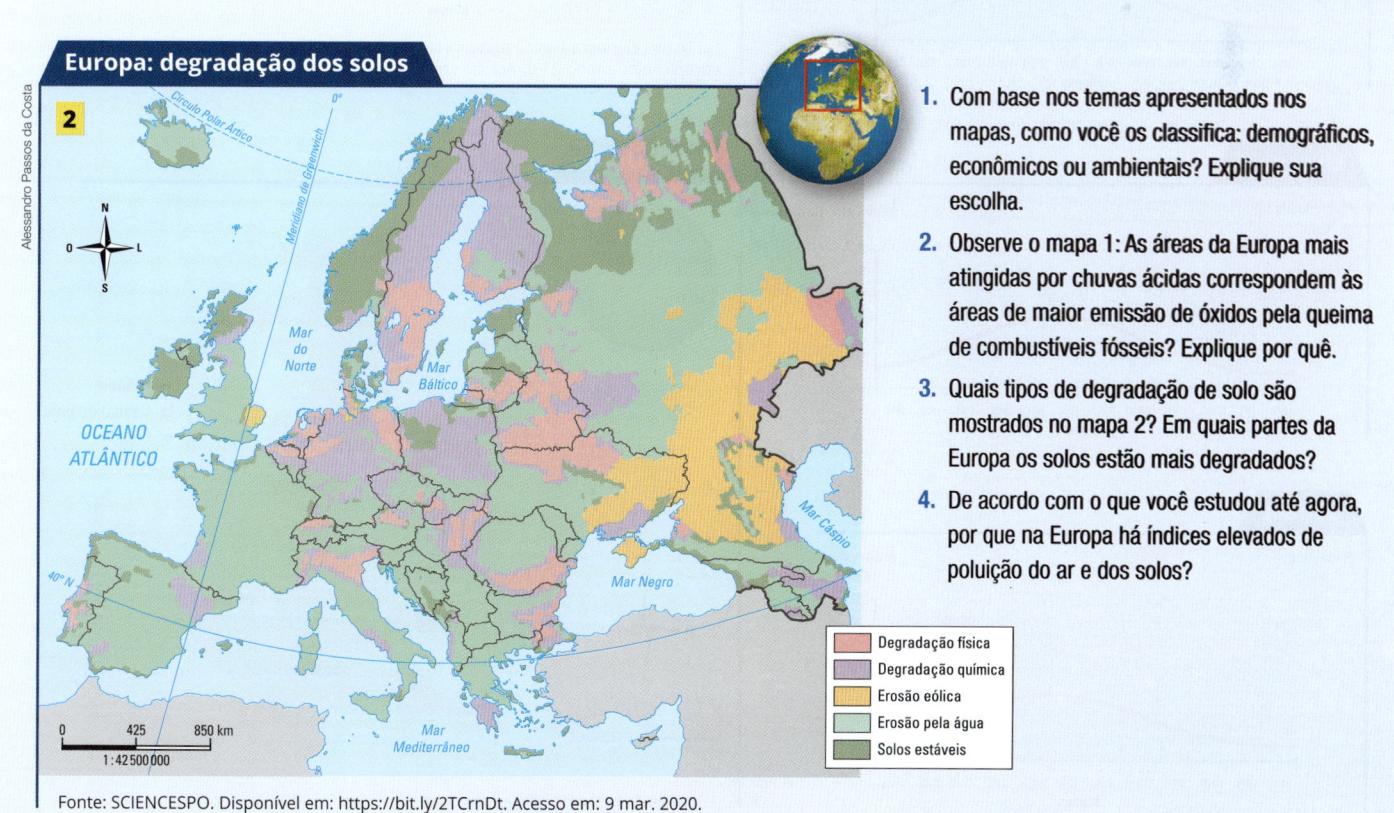

Europa: degradação dos solos

Legenda:
- Degradação física
- Degradação química
- Erosão eólica
- Erosão pela água
- Solos estáveis

Escala 1: 42 500 000

Fonte: SCIENCESPO. Disponível em: https://bit.ly/2TCrnDt. Acesso em: 9 mar. 2020.

1. Com base nos temas apresentados nos mapas, como você os classifica: demográficos, econômicos ou ambientais? Explique sua escolha.

2. Observe o mapa 1: As áreas da Europa mais atingidas por chuvas ácidas correspondem às áreas de maior emissão de óxidos pela queima de combustíveis fósseis? Explique por quê.

3. Quais tipos de degradação de solo são mostrados no mapa 2? Em quais partes da Europa os solos estão mais degradados?

4. De acordo com o que você estudou até agora, por que na Europa há índices elevados de poluição do ar e dos solos?

ATIVIDADES

Reviso o capítulo

1. Por que a Europa e a Ásia, embora sejam denominadas Eurásia, são regionalizadas como dois continentes distintos?

2. Explique como a posição geográfica do continente europeu influencia suas características climáticas. Explique também as influências do relevo, da corrente marítima do Atlântico Norte e do efeito de maritimidade e da continentalidade no clima da região.

3. Responda no caderno às questões a seguir, sobre as principais formas de relevo do continente europeu.

    a) Quais são os processos geológicos de formação de cada forma de relevo?

    b) Quais formas de relevo mais se destacam na porção setentrional do continente? E na porção meridional? Dê exemplos das formas predominantes em cada parte do continente.

4. Por que se pode afirmar que há muito tempo as formações vegetais europeias encontram-se alteradas pela ação humana? Cite exemplos.

5. Explique as causas e as consequências dos sérios problemas de abastecimento de água que boa parte dos países europeus enfrenta na atualidade.

Analiso gráficos

6. Verifique, a seguir, o climograma de quatro cidades do Reino Unido e veja a localização de cada uma delas no mapa.

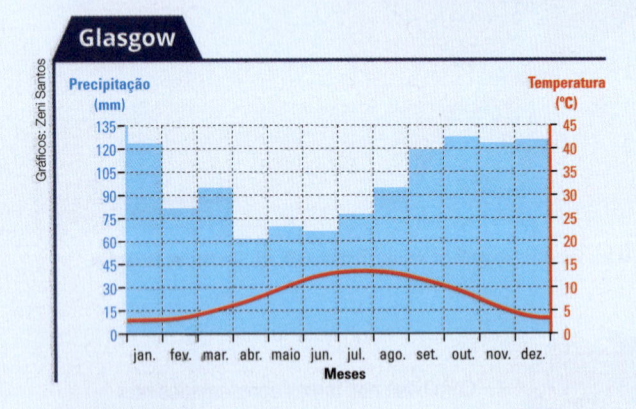

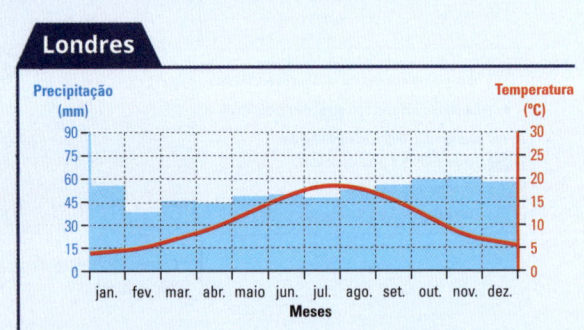

Gráficos: Zeni Santos

Fonte dos climogramas: Climate-Data.org. Disponível em: https://pt.climate-data.org/europa/reino-unido-213/. Acesso em: 22 jan. 2020.

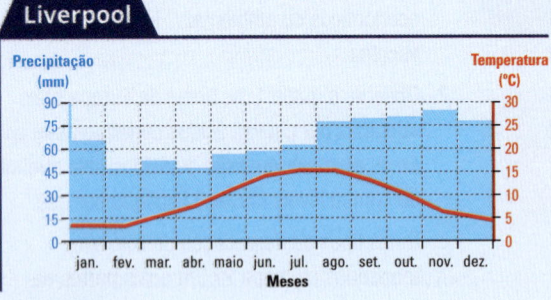

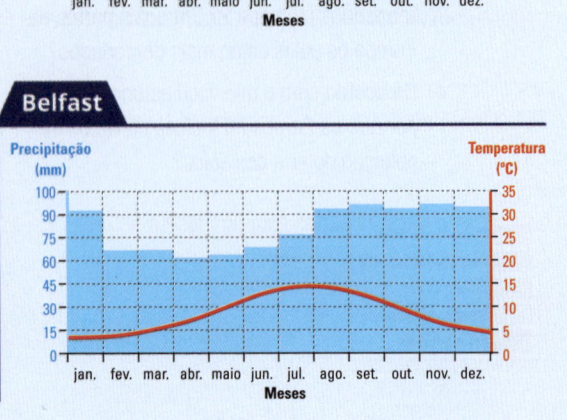

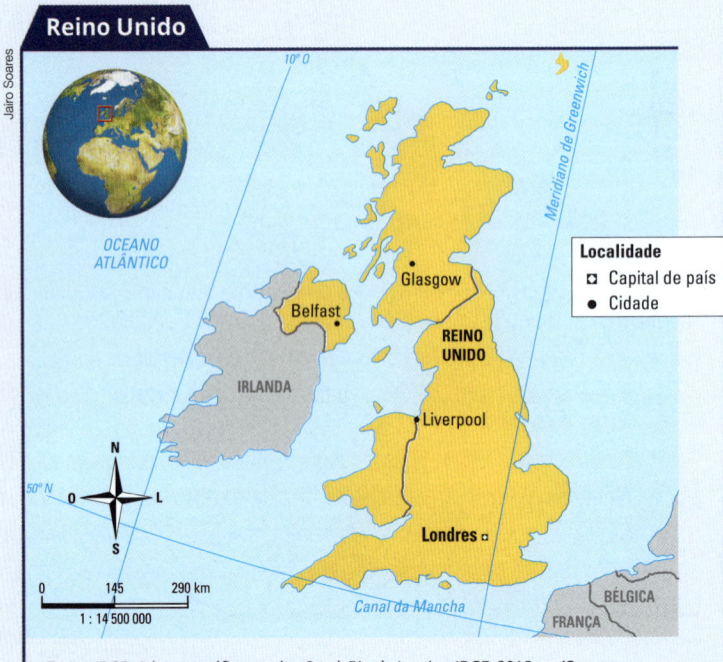

Fonte: IBGE. *Atlas geográfico escolar*. 8. ed. Rio de Janeiro: IBGE, 2018. p. 43.

Agora, analisando cada gráfico, responda:
a) Qual é a característica de cada localidade em relação à precipitação e à temperatura?
b) Qual das localidades é mais chuvosa durante o inverno?
c) Qual delas é mais chuvosa nos meses do verão?
d) Qual delas é mais quente nos meses do verão?
e) Por que as localidades no Reino Unido apresentam essa particularidade climática?

Pesquiso e elaboro *slides*

7. Na página 66, você verificou os principais rios que fluem no território europeu. O continente europeu tem uma extensa rede hidrográfica, composta de rios de grande, médio e pequeno portes. Ainda que não apresentem a mesma extensão e volume de água dos rios localizados nas regiões tropicais do planeta – como os cursos de água brasileiros –, os rios europeus são intensamente aproveitados como vias de navegação, pois ligam países vizinhos ou regiões de um mesmo país. Também são utilizados na irrigação de lavouras, no abastecimento da população urbana e na produção industrial.

São exemplos de rios importantes da Europa o Volga, em território russo; o Dnieper, na Ucrânia; o Danúbio, que banha nove países europeus; o Reno, na Alemanha; o Sena, na França; e o Tâmisa, na Inglaterra.

Por um sistema de canais, o alto curso do Danúbio, em território alemão, está ligado ao Rio Reno, o que facilita a comunicação entre regiões distantes do continente europeu por meio fluvial. Veja, no mapa a seguir, a localização da hidrovia Reno-Danúbio, importante via de transporte que atravessa o território europeu, ligando o porto de Roterdã, nos Países Baixos, ao Mar Negro.

Hidrovia Reno-Danúbio

O Rio Danúbio, com cerca de 2 860 km de extensão, banha partes da Alemanha (país onde nasce), Áustria, Eslováquia, Hungria, Croácia, Sérvia, Bulgária, Ucrânia e Romênia (onde está sua foz, no Mar Negro). Por ligar a porção central da Europa à sua porção oriental, com intenso movimento de cargas e passageiros, é chamado de rio transeuropeu. Golubac, Sérvia, 2019.

Fonte: HONORARY Consulate of Romania. Disponível em: www.roconsulboston.com/Pages/InfoPages/Commentary/EURoFactSheet.html. Acesso em: 22 jan. 2020.

Agora que você já conhece um pouco da importância do Rio Danúbio, forme um grupo com os colegas e, juntos, escolham um dos rios do continente europeu para pesquisa (com exceção do Danúbio).

a) Concluída a pesquisa, respondam às questões a seguir.
- O que é uma hidrovia? Para quais setores das atividades econômicas a hidrovia é importante? Existem muitas hidrovias no continente europeu?
- Qual é a extensão do rio pesquisado? Ele é utilizado como hidrovia?
- Além das hidrovias, quais são as formas de aproveitamento hídrico pela população e nas atividades econômicas do rio pesquisado?
- Há algum tipo de problema ambiental nesse rio? Como ele afeta a vida da população em seu entorno?
- Existe algum tipo de ação para conservação das águas desse rio? Qual ou quais?

b) Pesquisem também um mapa que mostre o percurso total do rio e fotografias para ilustrar os aspectos levantados pelo grupo. Montem o texto da pesquisa com as imagens em um programa de apresentação de *slides*. Apresentem na sala de aula para o restante da turma.

CAPÍTULO 6

Europa: população, política e cultura

Existem vários aspectos de ordem social, cultural, política e econômica que tornam a sociedade europeia bastante diversa. Um dos aspectos importantes que podemos destacar é a diferença socioeconômica entre a população dos países desse continente. Com base nela, é possível dividir as nações europeias em dois conjuntos:

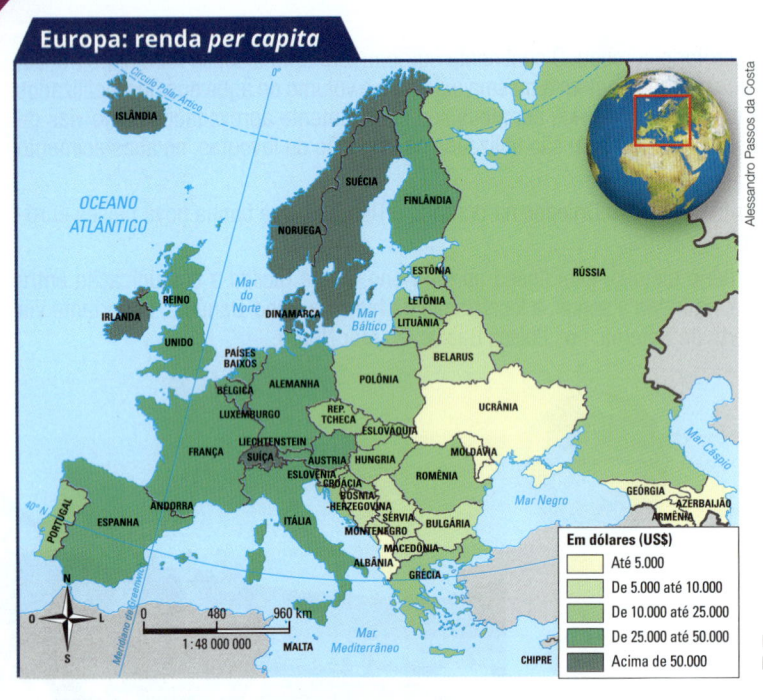

Europa: renda *per capita*

- as nações capitalistas ricas, altamente industrializadas, com alta renda *per capita* (superior a US$ 26 mil), cuja população usufrui, de maneira geral, de elevado padrão de vida;

- as nações de renda *per capita* anual mais baixa (inferior a US$ 9 mil), que correspondem, em sua maioria, aos antigos países socialistas europeus.

A diferença de renda *per capita* entre os países europeus pode ser verificada no mapa ao lado.

Fonte: BANCO MUNDIAL. Disponível em: https://bit.ly/2vIF4rp. Acesso em: 6 set. 2019.

CONEXÕES COM HISTÓRIA

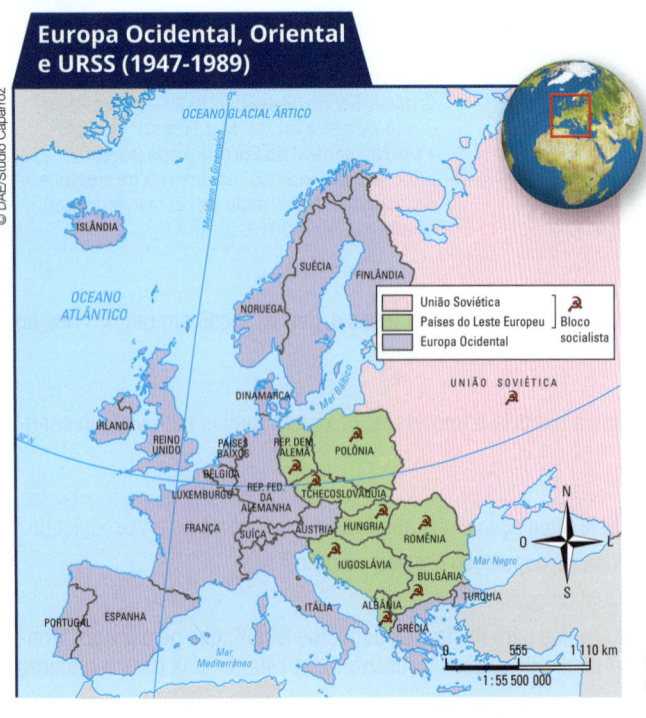

Europa Ocidental, Oriental e URSS (1947-1989)

As diferenças políticas e ideológicas na Europa do século XX

Ao longo de quase toda a segunda metade do século XX, a Europa foi marcada pelas diferenças ideológicas que dividiram o continente em dois conjuntos: de um lado, o da Europa Ocidental, que reunia os países capitalistas, ajustados aos interesses estadunidenses; de outro, o da Europa Oriental, ou Leste Europeu, denominação dada aos países socialistas sob a tutela soviética.

Tal realidade perdurou até o final da década de 1980 e início da década de 1990, quando o regime socialista da União Soviética entrou em colapso, processo que culminou com sua extinção em 1991.

O término do regime socialista implicou a fragmentação do império soviético, originando novos países independentes, como Lituânia, Estônia, Ucrânia, Armênia e Rússia (antigo centro do poder soviético). O mapa ao lado apresenta a divisão do continente europeu naquele contexto histórico.

Fonte: ARRUDA, Jobson de A. *Atlas histórico básico*. 17. ed. São Paulo: Ática, 2011. p. 32.

Continente densamente povoado

Observe o mapa.

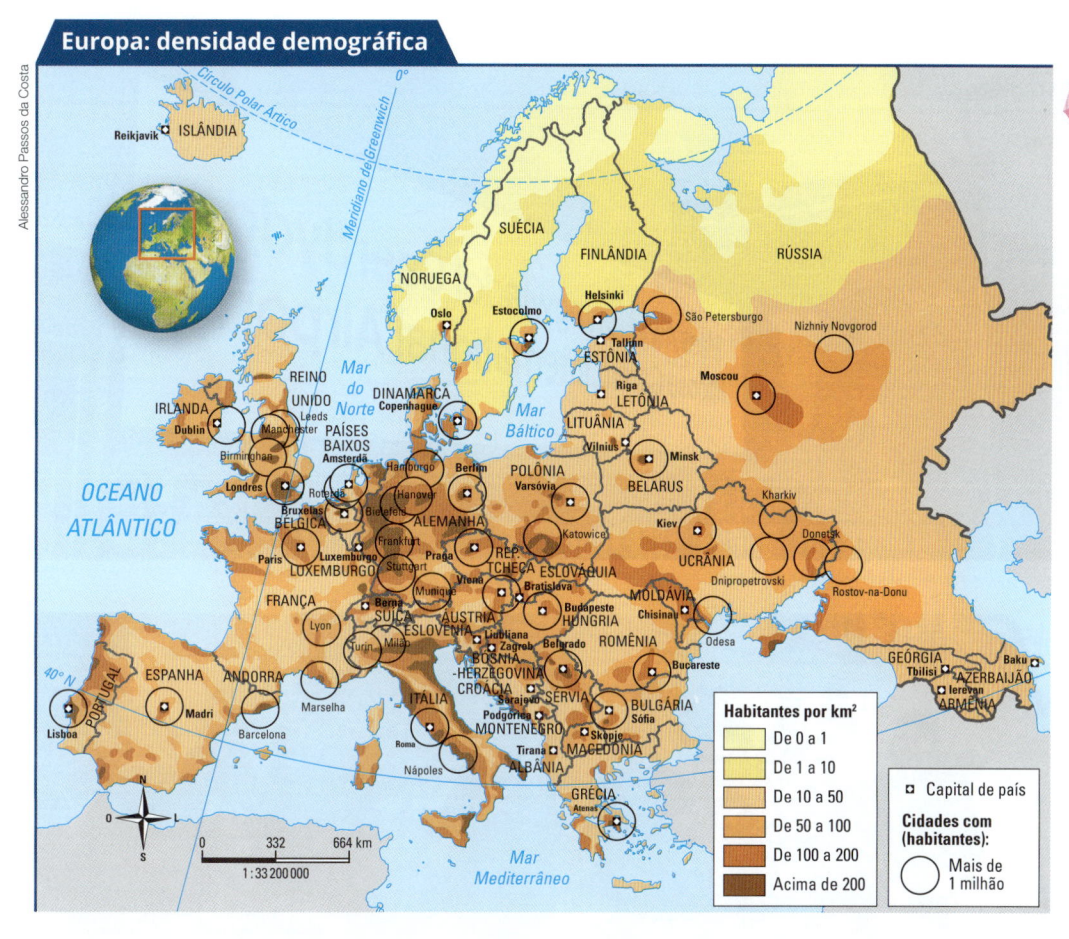

Europa: densidade demográfica

Fonte: ATLAS Geográfico Mundial. 2. ed. São Paulo: Fundamento, 2014. p. 39.

?
1. Quais são as regiões da Europa com as maiores densidades demográficas?
2. Quais são as regiões com menores densidades demográficas?
3. As áreas de maior densidade demográfica estão próximas das capitais ou de outras cidades?
4. Como se configura a densidade demográfica nas áreas litorâneas?

A Europa é um dos continentes mais populosos e povoados do mundo. Seus 49 países reúnem cerca de 740 milhões de habitantes, distribuídos em uma área de aproximadamente 10 milhões de quilômetros quadrados, com densidade demográfica média de 74 hab./km².

Na realidade, a distribuição da população é bastante irregular (é possível verificar o fato no quadro ao lado), tanto entre os países como no interior do território de cada um deles. Em extensas áreas, por exemplo, existem mais de 200 hab./km², densidade demográfica encontrada apenas na Índia e na China, os países mais populosos do mundo. Na Europa, essas áreas se localizam, em geral, nas grandes aglomerações urbano-industriais, ou seja, nas regiões economicamente mais desenvolvidas do continente, como o Vale do Rio Reno, na Alemanha, e o do Rio Pó, na Itália, e as metrópoles de Londres, na Inglaterra, e de Paris, na França.

As menores densidades demográficas, inferiores a 10 hab./km², são encontradas nas regiões frias e montanhosas dos Alpes e no norte da Península Escandinava, onde ainda predominam as florestas de coníferas e de vegetação de tundra. De certa forma, os fatores naturais configuram-se como elementos limitadores para o povoamento mais efetivo dessas áreas.

DENSIDADE DEMOGRÁFICA MÉDIA DE ALGUNS PAÍSES EUROPEUS (2019)

País	Hab./km²
Bélgica	372,8
Países Baixos	502,3
Reino Unido	270,3
Alemanha	234,4
Itália	202,3
França	117,7
Grécia	87,0
Finlândia	18,0
Noruega	14,2
Islândia	3,3

Fonte: ONU. World Population Prospects 2019. In: UNITED NATIONS. Genebra, 2019. Disponível em: https://population.un.org/wpp/Download/Standard/Population/. Acesso em: 6 set. 2019.

Povos e culturas da Europa

Observe as fotografias. O que mostram essas imagens? Que características sociais e culturais podem ser destacadas?

A transmissão dos elementos culturais de um povo às gerações mais novas garante a preservação de sua identidade. Na fotografia, temos a placa do Aeroporto de Cardiff, no País de Gales, escrita nos dois idiomas oficiais: galês e inglês. Foto de 2018.

Jovens em procissão religiosa na cidade de Málaga, Espanha. Foto de 2018.

Pessoas participando da tradicional festa alemã Oktoberfest, em Munique. Foto de 2019.

O continente europeu abriga grande diversidade de povos, alguns com culturas muito distintas e outros com traços bem semelhantes. Essas diferenças e semelhanças referem-se principalmente à religião e à língua e, de modo geral, aos costumes desses povos.

Na Europa, boa parte da população é composta de católicos romanos, mas há também uma parcela significativa de protestantes. As exceções são países como Grécia, onde os cristãos ortodoxos constituem a maioria, e Inglaterra, na qual predomina a religião anglicana.

No que se refere à língua, existem países nos quais se fala mais de um idioma. Na Suíça, por exemplo, são reconhecidas como línguas oficiais o francês, o alemão e o italiano. Já na Bélgica, fala-se o francês, o flamengo e o alemão. De certa forma, a língua se destaca como elemento cultural formador de nacionalidades, pois ela cria identidades e fortalece as relações entre as pessoas. É principalmente por meio da língua que são expressas as ideias e transmitidas as tradições de um povo.

Flamengo: dialeto derivado do holandês.

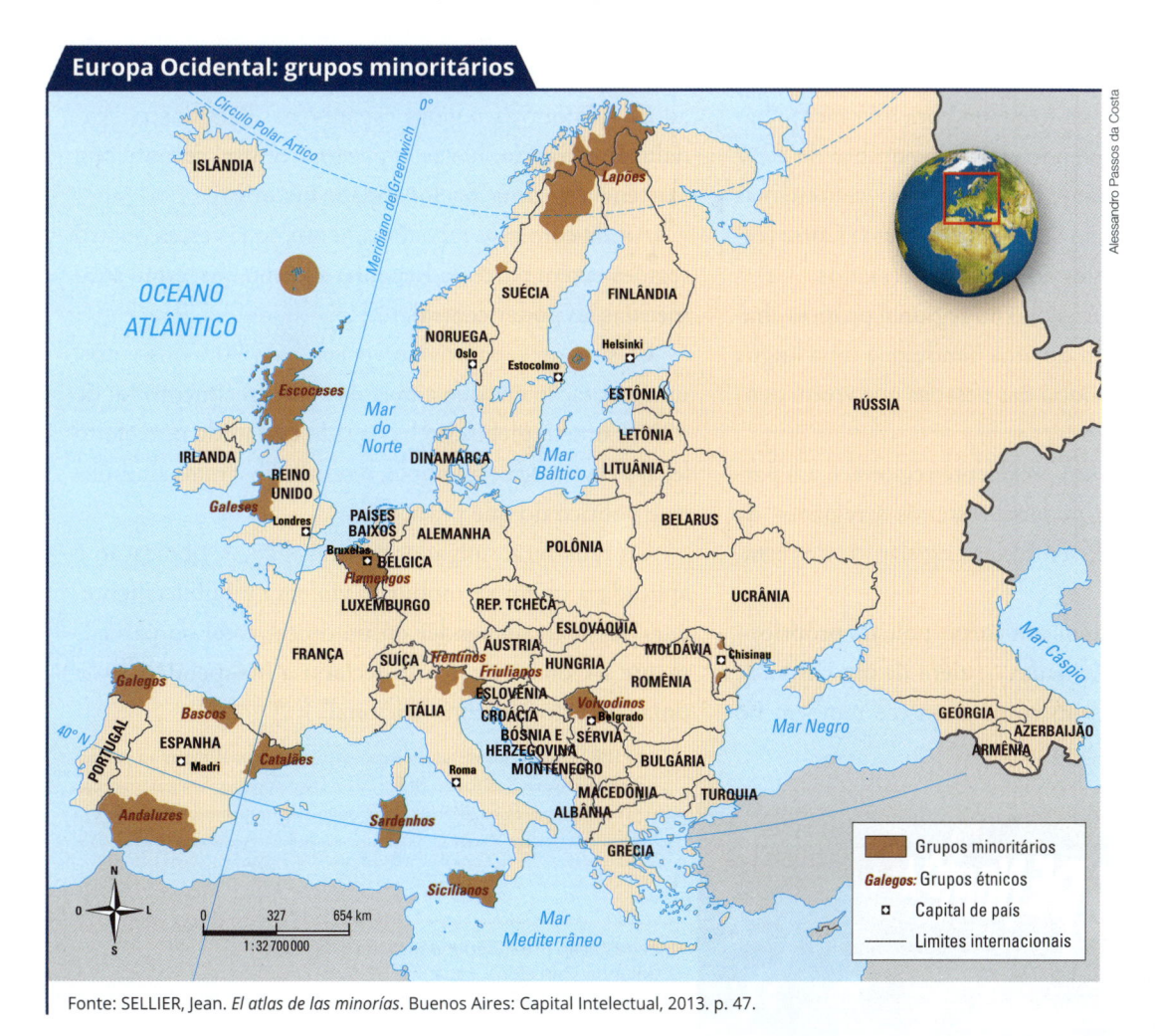

A língua também tem sido um elemento cultural importante para a preservação das tradições de povos que constituem **grupos minoritários** no interior de determinados países europeus. Esse é o caso do povo basco, na Espanha e na França; dos bretões e corsos, também na França; dos sicilianos, na Itália; e dos lapões, no norte da Noruega, Suécia e Finlândia. Essas minorias não têm soberania sobre o território que habitam, pois vivem sob o governo de grupos nacionais majoritários. No entanto, não perderam sua identidade cultural, formada pelo passado histórico comum. Veja no mapa a seguir a localização territorial de grupos minoritários que vivem submetidos ao governo de alguns Estados europeus.

Europa Ocidental: grupos minoritários

Fonte: SELLIER, Jean. *El atlas de las minorías*. Buenos Aires: Capital Intelectual, 2013. p. 47.

Movimentos nacionalistas e separatistas

Existem vários grupos minoritários espalhados por diversas regiões do continente europeu. Nessas regiões, eclodem os **nacionalismos**, ou seja, movimentos de minorias nacionais que reivindicam autonomia política parcial ou independência total nos territórios que habitam.

Os participantes desses movimentos consideram que a autonomia ou a soberania política das nações a que pertencem proporcionará maior liberdade para que expressem sua cultura, além de gerar maior desenvolvimento econômico e melhor qualidade de vida. Muitos desses grupos acreditam que as regiões que habitam são desassistidas pelo governo central dos Estados a que estão submetidos.

Os integrantes de movimentos nacionalistas, também denominados movimentos **separatistas**, realizam manifestações e atos políticos na tentativa de sensibilizar a opinião pública nacional e internacional em favor de sua causa.

Os governos dos países em que esses grupos atuam tentam protelar ao máximo a solução para os graves problemas políticos internos que os atingem, pois não admitem a possibilidade de perder parte de seus territórios para minorias nacionais. Veja a seguir o exemplo do movimento separatista catalão, na Espanha.

ZOOM

Como o separatismo catalão pauta a política espanhola

[...] Os independentistas da Catalunha – região mais rica da Espanha, na fronteira com a França – haviam realizado um referendo em 1º de outubro de 2017 para se separar do restante do país. O "sim" venceu, mas o referendo foi declarado ilegal pela Suprema Corte [espanhola] e seus líderes estão sendo processados.

A Catalunha tem um governo regional próprio chamado Generalitat, além de uma bandeira e uma língua própria, falada pela maioria das pessoas que vivem dentro do território catalão.

A Generalitat tem um presidente regional e um parlamento próprio, com poderes restritos à região – da mesma forma que as Assembleias Legislativas dos estados brasileiros.

A região também tem um corpo policial próprio – mas não tem Forças Armadas –, além de um corpo de bombeiros próprio, assim como acontece também no modelo brasileiro de segurança pública.

O nível de autonomia da Catalunha é semelhante ao de três outras regiões espanholas: País Basco, Andaluzia e Galícia. Nelas, o governo central reconhece a existência de uma "nacionalidade histórica".

Ainda com esse reconhecimento, todas essas quatro regiões fazem parte da Espanha e, como tais, estão submetidas ao poder central. [...]

O "sim" ao separatismo venceu com 90% dos votos, numa votação em que a taxa de comparecimento foi de 42%. Como o plebiscito havia sido declarado sem efeito legal pela Justiça espanhola, o resultado é mais simbólico e político do que prático.

Os réus serão julgados por rebelião. A tipificação é aplicada a quem se mobilize "violenta e publicamente" para "revogar, suspender ou modificar total ou parcialmente a Constituição" ou "declarar a independência de uma parte do território nacional". [...]

CHERLEAUX, João Paulo. Como o separatismo catalão pauta a política espanhola. *Nexo*, São Paulo, 18 fev. 2019. Disponível em: www.nexojornal.com.br/expresso/2019/02/18/Como-o-separatismo-catal%C3%A3o-pauta-a-pol%C3%ADtica-espanhola. Acesso em: 6 set. 2019.

Manifestação pró-independência da Catalunha. Barcelona, Espanha, 2019.

Estrutura etária e qualidade de vida

Compare os gráficos apresentados a seguir.

Alemanha: pirâmide etária

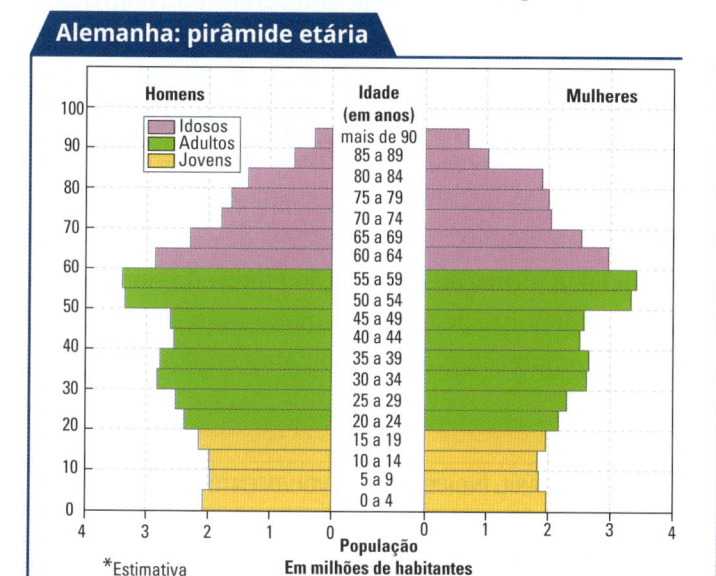

África do Sul: pirâmide etária

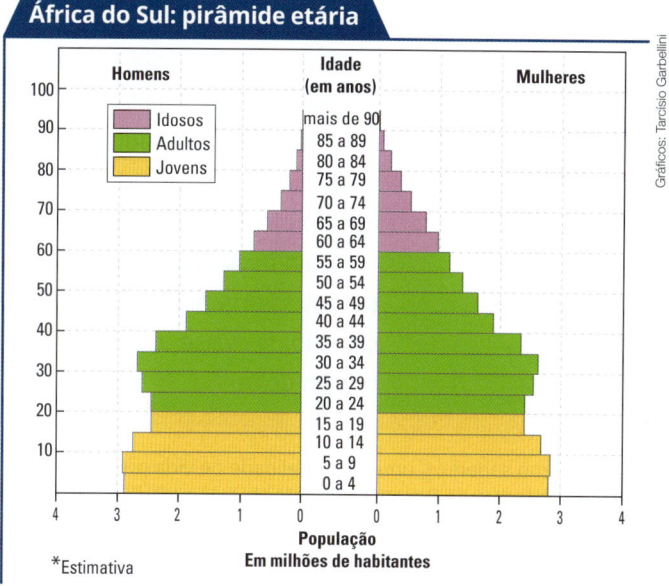

Fonte dos gráficos: ONU. World Population Prospects 2019. Disponível em: https://bit.ly/2vbZEA6. Acesso em: 9 mar. 2020.

1. Em qual dos países representados nos gráficos há maior proporção de crianças e jovens no total da população? Em qual deles há maior proporção de adultos e idosos?
2. Com base nessa comparação, qual dos países apresenta maior taxa de mortalidade? Em qual deles a expectativa de vida é maior?

Comparando a estrutura etária da população de países europeus ricos e industrializados com a de países subdesenvolvidos ou em desenvolvimento, como os citados nos gráficos, podemos perceber que essas nações diferem na proporção de idosos, adultos e jovens no total populacional.

O número reduzido de jovens na Europa rica e desenvolvida é uma característica ligada à baixa taxa de natalidade (proporção de pessoas que nascem). Atualmente, enquanto nas nações subdesenvolvidas a taxa de natalidade média é de 3% (3 nascimentos para cada grupo de 100 habitantes), nos países europeus desenvolvidos essa taxa é pouco maior que 1%.

Por isso, no caso dos países europeus, o índice de crescimento natural (a diferença entre a taxa de natalidade e a de mortalidade) da população é bastante baixo. Esse índice revela a proporção em que aumenta a população de um país.

Número médio de filhos por mulher (1970-2020)

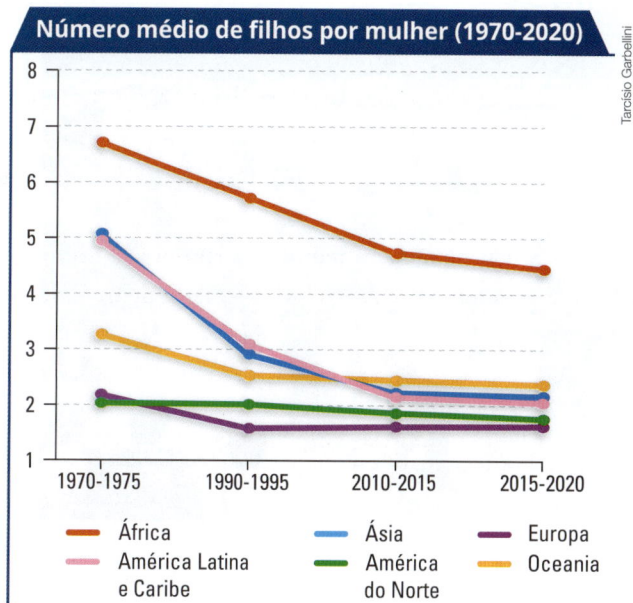

Fonte: ONU. Disponível em: http://esa.un.org/. Acesso em: 31 out. 2019.

O intenso processo de industrialização e urbanização do continente europeu provocou mudanças no comportamento social, sobretudo no que se refere à procriação. A entrada em massa das mulheres no mercado de trabalho durante o século XX e os altos custos com alimentação, vestuário e educação são alguns dos motivos que levaram muitas famílias a optar por diminuir o número de filhos, fato que resultou na redução das taxas de natalidade e do número médio de filhos por mulher nessa região. Essa também tem sido uma tendência mundial, como se observa no gráfico.

Elevada proporção de adultos e idosos

A proporção de adultos e idosos na população dos países europeus é bem maior que a verificada nos países subdesenvolvidos ou naqueles em desenvolvimento. O elevado número de idosos é resultado do aumento da expectativa de vida da população, que, na Europa, saltou de 68 anos, em média, na década de 1950, para cerca de 81 anos no início da década de 2020.

Esse aumento na longevidade da população foi proporcionado, especialmente, pelo modelo de sociedade adotado por esses países, que privilegia, entre outros aspectos, a melhoria da qualidade de vida de seus habitantes, ou seja, a distribuição mais igualitária da renda e o acesso pleno aos serviços de saúde, educação e cultura.

Além dessa **política de bem-estar social**, a formação e a atuação efetiva de sindicatos e de outras organizações civis promoveram a conquista de melhor remuneração e maior participação da classe trabalhadora no lucro das empresas, o que tornou mais equitativa a distribuição de renda.

1. Como sabemos, uma boa qualidade de vida pressupõe alto Índice de Desenvolvimento Humano (IDH), o que pode ser verificado em todos os países da Europa desenvolvida. Verifique na tabela o IDH de alguns países europeus e compare-o com o do Brasil.

EUROPA E BRASIL: ÍNDICE DE DESENVOLVIMENTO HUMANO – 2017

País	IDH	País	IDH
Noruega	0,953	Bélgica	0,916
Suíça	0,944	França	0,901
Alemanha	0,936	Espanha	0,891
Suécia	0,933	Itália	0,880
Países Baixos	0,931	Portugal	0,847
Reino Unido	0,922	Brasil	0,759
Finlândia	0,920		

Fonte: PNUD. *Relatório de Desenvolvimento Humano 2018*. Disponível em: www.br.undp.org/content/brazil/pt/home/library/idh/relatorios-de-desenvolvimento-humano/relatorio-do-desenvolvimento-humano-2018.html. Acesso em: 22 jan. 2020.

FIQUE LIGADO!

Envelhecimento da população: uma questão que preocupa

Nas últimas décadas, o ritmo acelerado do crescimento da população idosa e as baixas taxas de natalidade vêm preocupando o governo de vários países da Europa desenvolvida, pois o aumento do número de idosos no total da população significa maiores gastos com aposentadoria e serviços de saúde, tornando necessário o recolhimento de mais impostos.

Outra grave consequência do número elevado e crescente de idosos é a diminuição da **População Economicamente Ativa (PEA)**, representada, de maneira geral, pela parcela de adultos, o que gera carência de mão de obra. Apesar da crise econômica em alguns países europeus, a quantidade de jovens que ingressam no mercado de trabalho é insuficiente para suprir a demanda, visto que, a cada ano, boa parte dos trabalhadores se aposenta.

Esse fato leva os governos a permitirem, ou mesmo estimularem, a entrada de mão de obra estrangeira em seus países, assunto que estudaremos detalhadamente nas páginas seguintes.

Aposentadorias dignas garantem aos idosos europeus a possibilidade de viver de forma saudável e ativa. Aula de dança para idosos em Paris, França, 2019.

Imigrantes na Europa

Em sua opinião, que tipos de consequências socioeconômicas podem ocorrer devido à diminuição da população economicamente ativa de um país? Converse com os colegas a respeito disso.

A diminuição da PEA nos países europeus gera uma demanda por mão de obra estrangeira. Isso estimula o fluxo de imigrantes para esses países.

Nas últimas décadas, grandes fluxos migratórios de países subdesenvolvidos da África, da Ásia (sobretudo das ex-colônias) e da América Latina têm se direcionado principalmente para os países europeus mais industrializados, como França, Bélgica, Alemanha, Itália e Reino Unido. De acordo com dados da Organização das Nações Unidas (ONU), em 2017 existiam aproximadamente 78 milhões de imigrantes internacionais no continente europeu.

Desde a década de 1990, também é grande o fluxo migratório para as nações mais desenvolvidas da Europa de trabalhadores vindos dos antigos países socialistas, como Sérvia e Montenegro, da Hungria e dos países da ex-União Soviética.

Observe, no gráfico a seguir, que, em vários países da Europa, os imigrantes representam uma parcela expressiva da PEA.

Proporção de imigrantes na PEA de países europeus – 2019

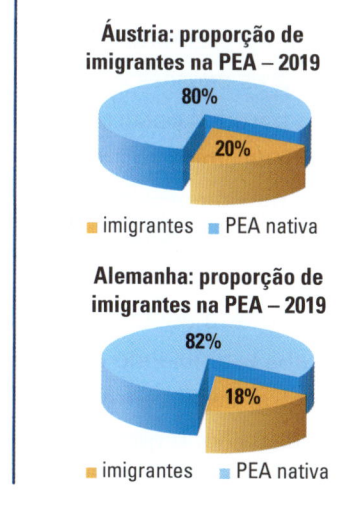

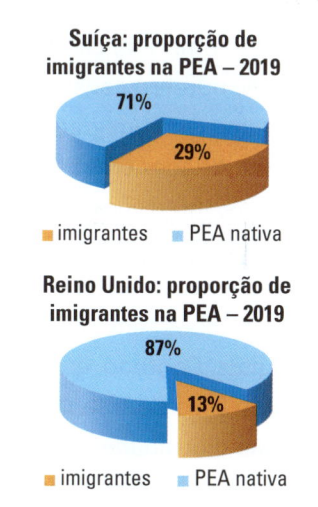

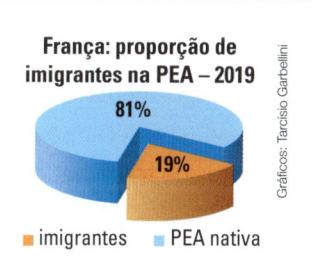

Áustria: proporção de imigrantes na PEA – 2019
- PEA nativa: 80%
- imigrantes: 20%

Suíça: proporção de imigrantes na PEA – 2019
- PEA nativa: 71%
- imigrantes: 29%

França: proporção de imigrantes na PEA – 2019
- PEA nativa: 81%
- imigrantes: 19%

Alemanha: proporção de imigrantes na PEA – 2019
- PEA nativa: 82%
- imigrantes: 18%

Reino Unido: proporção de imigrantes na PEA – 2019
- PEA nativa: 87%
- imigrantes: 13%

Gráficos: Tarcísio Garbellini

Fontes: OCDE. *Immigrants by labour force status*. Disponível em: https://bit.ly/2W5t4dY; OCDE. Labour force. Disponível em: https://bit.ly/2vdcez6. Acessos em: 9 mar. 2020.

Imigração e mercado de trabalho

Os trabalhadores imigrantes buscam novas oportunidades de trabalho e melhores condições de vida nos países europeus. Em geral, boa parte da população imigrante supre a demanda por mão de obra em áreas que exigem menor qualificação profissional, como a construção civil, os serviços em bares, restaurantes, hotéis, entre outros; e no trabalho rural, principalmente em época de colheita.

Na maioria das vezes, os imigrantes não têm contrato de trabalho e recebem remuneração abaixo da que costuma ser paga no mercado. Outra parcela significativa de imigrantes, embora menor, assume cargos técnicos e científicos em universidades, institutos de pesquisa e empresas privadas.

Professor imigrante africano dá aulas de alemão para alunos estrangeiros. Munique, Alemanha, 2013.

Xenofobia e racismo

Discurso xenófobo volta às ruas sem censura em vários países da Europa

DISCURSO xenofobia volta às ruas sem censura em vários países da Europa. *G1*, Rio de Janeiro, 28 ago. 2018. Disponível em: https://glo.bo/38Gxyud. Acesso em: 9 mar. 2020.

Xenofobia e migração: os africanos são europeus só para o futebol

AHARONIAN, Aram. Xenofobia e migração: os africanos são europeus só para o futebol. *Carta Maior*, Porto Alegre, 20 jul. 2018. Disponível em: https://bit.ly/2TNlHFs. Acesso em: 9 mar. 2020.

As reportagens acima mostram o crescimento dos movimentos de repúdio a estrangeiros em diversos países da Europa. Até o final da década de 1980, esses países absorveram, sem muitas restrições, as correntes migratórias provenientes dos países europeus mais pobres e do mundo subdesenvolvido.

Desde essa época, várias transformações econômicas provocaram progressivo aumento de demissões. Tais transformações, ligadas ao processo de globalização, incluem medidas como a abertura dos mercados e a reestruturação das empresas, sobretudo pela introdução em massa da automação industrial.

Durante a década de 2010, países como França, Itália e Espanha apresentaram taxa de desemprego média em torno de 14%, número considerado alto para os padrões europeus. Com isso, cresceram as reações contrárias à imigração, pois tanto partidos políticos como sindicatos de trabalhadores e outras entidades civis associaram a falta de emprego ao grande número de trabalhadores estrangeiros. Intensificaram-se, então, os movimentos de **grupos xenófobos**, que se apoiam em doutrinas racistas, repudiam explícita e violentamente a presença de estrangeiros e exigem do governo que sejam repatriados.

A pressão política dos grupos xenófobos tem levado muitos governos a adotar medidas que restringem a entrada de imigrantes. Contudo, esse controle acaba estimulando o crescimento da imigração clandestina e o tráfico de trabalhadores. Ao entrar ilegalmente em um país, os imigrantes enfrentam muitas dificuldades para encontrar trabalho, o que favorece seu envolvimento com o tráfico de drogas e a prostituição.

▸ **Doutrina racista:** conjunto de ideias que considera certos grupos étnicos superiores aos demais.

▸ **Repatriação:** ocorre quando autoridades de um país obrigam um imigrante a retornar à sua pátria.

Cresce em toda a Europa o número de movimentos xenófobos, muitos dos quais praticam atentados contra imigrantes. Na foto, protestos contra imigrantes em Berlim, Alemanha, 2018.

FIQUE LIGADO!

A ciência derrubando preconceitos

A University College London (UCL), na Inglaterra, realizou, em 2017, um estudo científico envolvendo pesquisadores de diversas áreas do conhecimento que acabou derrubando vários dos argumentos preconceituosos dos grupos xenófobos da Europa e de outros países desenvolvidos. O estudo mostra que os imigrantes estrangeiros que estudam ou trabalham colaboram positivamente para o crescimento econômico dos países que os receberam. Veja:

Cada 1% da população de imigrantes representa **2% de aumento do PIB** *per capita* do país receptor.

Imigrantes que estudam medicina colaboram para o fortalecimento do sistema de saúde do país receptor. Na Inglaterra, **26% dos médicos que atuam no sistema público de saúde são estrangeiros**.

Imigrantes que vivem em países desenvolvidos **injetaram US$ 613 bilhões na economia de seus países de origem em 2017, minimizando novas ondas migratórias**.

Mulheres imigrantes têm taxas de fecundidade inferiores das nativas dos países que as recebem. As imigrantes que viviam na França, Alemanha, Espanha, Suécia, Suíça e Inglaterra, no ano de 2017, tinham taxa de fecundidade inferior a 2,1 filhos por mulher.

O valor das contribuições feitas por imigrantes, na forma de recolhimento de **impostos, é maior que os gastos com benefícios** (saúde, aposentadoria, prestação de serviços básicos etc.) com esses trabalhadores pelo governo.

Fonte: DESTRI, Luisa. Saúde global em movimento. *Pesquisa Fapesp*, 11 fev. 2019. Disponível em: https://revistapesquisa.fapesp.br/2019/02/11/saude-global-em-movimento/. Acesso em: 9 set. 2019.

ATIVIDADES

Reviso o capítulo

1. Que critérios são utilizados para regionalizar a Europa? Quais são as diferenças entre esses critérios e os empregados até o final da década de 1980?

2. Por que a taxa de natalidade dos países europeus é baixa?

3. Quais podem ser as consequências econômicas para os países europeus que apresentam baixo índice de crescimento natural?

4. [...] é uma língua que constitui o falante, que cresce junto com ele e assim ganha forma. Dessa maneira ela entrelaça-se à cultura, à história e aos costumes sociais de um povo específico, tornando-se um fenômeno que estabelece comunicação. [...]

   SOUZA, Paulo Roberto de Farias. *Língua como identidade cultural de um povo*: uma análise a partir do filme Narradores de Javé. Disponível em: https://bit.ly/3cJisY9. Acesso em: 9 mar. 2020.

   Com base na ideia transmitida pela citação, justifique esta afirmação: A conservação da identidade linguística é fundamental para as minorias nacionais europeias.

5. Escreva um texto expondo seu ponto de vista sobre as ações violentas cometidas por grupos separatistas e a posição do governo em relação ao separatismo nos países de atuação desses grupos.

6. Liste os fatores que seriam necessários para garantir à população idosa brasileira a qualidade de vida já conquistada pelos habitantes da Europa desenvolvida.

Interpreto textos

7. Leia o texto a seguir.

Imigrantes fazem bem à economia, conclui estudo

Um dos maiores argumentos dos presidentes e primeiros-ministros que barram a entrada de refugiados nos países que governam é o de que o fluxo de imigrantes pode arruinar a economia de uma nação. No entanto, um estudo publicado hoje (20) na revista *Science Advances* comprovou que abrigar pessoas à procura de asilo está longe de ser um fardo econômico.

[...]

Os cientistas focaram no estudo as mudanças no PIB *per capita*, na taxa de desemprego, nos gastos públicos e nos impostos arrecadados. Isso em cenários de ampla entrada de muitos refugiados que afirmavam não poder retornar à sua terra natal por medo de perseguição. Depois de coletar esses dados, os pesquisadores criaram modelos comparativos para verificar as diferenças encontradas. O primeiro padrão ilustrava uma economia sem grandes variações na migração, enquanto o outro continha informações sobre a economia após um período de fluxo migratório de refugiados.

Os resultados encontrados foram categóricos: a entrada de pessoas em busca de asilo aumentou significativamente o PIB desses países, reduziu o desemprego e melhorou o equilíbrio das finanças públicas. É certo que os governos precisaram de gastos maiores para dar conta de uma quantidade igualmente maior de indivíduos, mas o aumento na arrecadação de impostos foi mais do que o suficiente para compensar essa despesa. [...]

Um bom exemplo para verificar os resultados que os pesquisadores encontraram é a Alemanha, atualmente a maior força econômica da Europa. Em 2015, o país abrigou 890 mil refugiados e recebeu quase 500 mil pedidos de asilo político – o maior número da história da nação. Dos que chegaram em 2015, só 9% estava empregado em 2016. Mas, em 2016, 22% dos refugiados que vieram em 2014 possuíam empregos, e 31% dos que chegaram em 2013 já trabalhavam. Isso mostra que, com o passar do tempo, os asilados passam a contribuir com a mão de obra do país.

[...]

Ainda em 2015, uma pesquisa do Instituto Alemão de Pesquisa Econômica previu que os investimentos atuais em integração podem compensar, nos próximos anos, os gastos com refugiados. Depois disso, o aumento do emprego e do consumo por essas pessoas poderia estimular o crescimento econômico a ponto de, no melhor dos casos, causar um aumento de 1% no PIB alemão até 2025. Dessa forma, percebe-se que a Alemanha respalda conclusão dos cientistas de que o PIB, assim como a economia de forma geral, pode ser ajudado pela entrada de refugiados.

BRITO, Sabrina. Imigrantes fazem bem à economia, conclui estudo. *Veja*, São Paulo, 20 jun. 2018. Disponível em: https://veja.abril.com.br/ciencia/imigrantes-fazem-bem-a-economia-conclui-estudo/. Acesso em: 28 maio 2019.

Agora, de acordo com o texto e com o estudo deste capítulo, responda:

a) O título do texto está de acordo com as informações fornecidas? Explique.

b) De acordo com o texto, por que muitos governantes tendem a barrar a entrada de imigrantes nos países que governam?

c) Por que muitos imigrantes estrangeiros procuram se estabelecer na Europa? De onde provêm as correntes migratórias para esse continente?

d) Explique o que você entendeu do caso da Alemanha citado no texto.

Pesquiso dados e elaboro um painel

8. Observe a imagem.

A dança flamenca, símbolo da cultura espanhola, é muito difundida no mundo. Como a dança e a música expressam a cultura de um povo? Para responder a essa questão, forme um grupo com alguns colegas e, juntos, pesquisem a dança flamenca, destacando os seguintes aspectos:

a) a origem da dança flamenca (usem um mapa para indicar os locais pesquisados);

b) as categorias da dança;

c) os grupos de dança flamenca no Brasil;

d) os expoentes da dança e da música flamenca no mundo e no Brasil.

Reúnam todas as informações e algumas ilustrações e/ou fotos dessa dança e apresentem à turma o trabalho final na forma de painel.

Apresentação de dança flamenca na Plaza de España. Sevilha, Espanha, 2017.

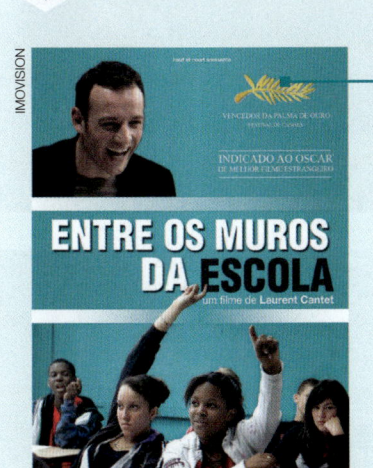

AQUI TEM GEOGRAFIA

Assista

Entre os muros da escola
Direção de Laurent Cantet. França, 2008 (128 min).

O filme mostra o trabalho de um professor francês com seus alunos imigrantes e filhos de imigrantes. No decorrer do filme, notam-se as dificuldades encontradas tanto pelas crianças quanto pelo professor na busca, cada um à sua maneira, de serem aceitos.

Leia

Xenofobia: medo e rejeição ao estrangeiro
Durval Muniz de Albuquerque Júnior (Cortez).

CAPÍTULO 7

Espaço geográfico europeu

Uma das características mais marcantes do espaço geográfico da Europa é a existência de paisagens intensamente humanizadas. As modificações no espaço desse continente se devem ao expressivo desenvolvimento econômico alcançado pela maioria dos países. Observe as fotografias abaixo. Elas mostram paisagens que podem revelar aspectos importantes a respeito da organização do espaço geográfico europeu. Que aspectos são esses? Que elementos, naturais ou culturais, levou-o a refletir sobre isso? O que você sabe de cada um desses lugares? Comente em sala de aula.

A expansão da atividade industrial iniciada na Primeira Revolução Industrial (estudada na Unidade 1) provocou, nos últimos dois séculos e meio, muitas transformações nas áreas urbanas europeias, originando imensas aglomerações e fazendo das fábricas elementos de grande destaque nas paisagens. Parque industrial em Stafford, Inglaterra, 2018.

O desenvolvimento industrial também provocou muitas transformações no espaço rural. As atividades agrárias absorveram diversos recursos técnicos produzidos nas indústrias (máquinas e equipamentos), o que resultou na intensa modernização do campo, com lavouras muito produtivas e grande aproveitamento das terras. Colheita de batatas em Alta Saxônia, Alemanha, 2019.

Com a expansão das atividades econômicas e o crescimento das cidades, foi necessária uma interligação efetiva do espaço europeu, conseguida com a construção de uma intrincada rede de transportes formada por ferrovias, canais de navegação e rodovias. Trem de alta velocidade em Córdoba, Espanha, 2019.

Atividade industrial na Europa

O que ocorreu a partir dos séculos XVIII e XIX no processo de industrialização da Europa? Como se sabe, o processo de industrialização europeu ganhou grande impulso nesse período, espalhando-se para outras partes do mundo. Entretanto, além desse continente, apenas os Estados Unidos e, um pouco mais tarde, o Japão conseguiram alcançar o mesmo nível de desenvolvimento industrial. Desde essa época, a atividade fabril progrediu muito, levando vários países da Europa, sobretudo os localizados na parte ocidental do continente, como Inglaterra, Alemanha, França e Itália, a se tornarem os mais industrializados do mundo.

De maneira geral, os países da Europa apresentam hoje um setor secundário extremamente diversificado e evoluído. Por isso, o parque industrial da maioria desses países caracteriza-se pela presença de indústrias de base (siderúrgicas, metalúrgicas e petroquímicas), de indústrias tradicionais (têxteis, alimentícias e moveleiras) e das que empregam alta tecnologia (informática, eletrônica e aeroespacial).

É preciso lembrar, entretanto, que a industrialização de alguns países da Europa, como Portugal, Espanha e Grécia, foi relativamente tardia, o que explica o fato de apresentarem um setor secundário de menor peso quando comparado ao das nações mais desenvolvidas do continente. A maioria dos países europeus tem disparidades pouco acentuadas no aspecto industrial, como mostram o mapa e o gráfico abaixo.

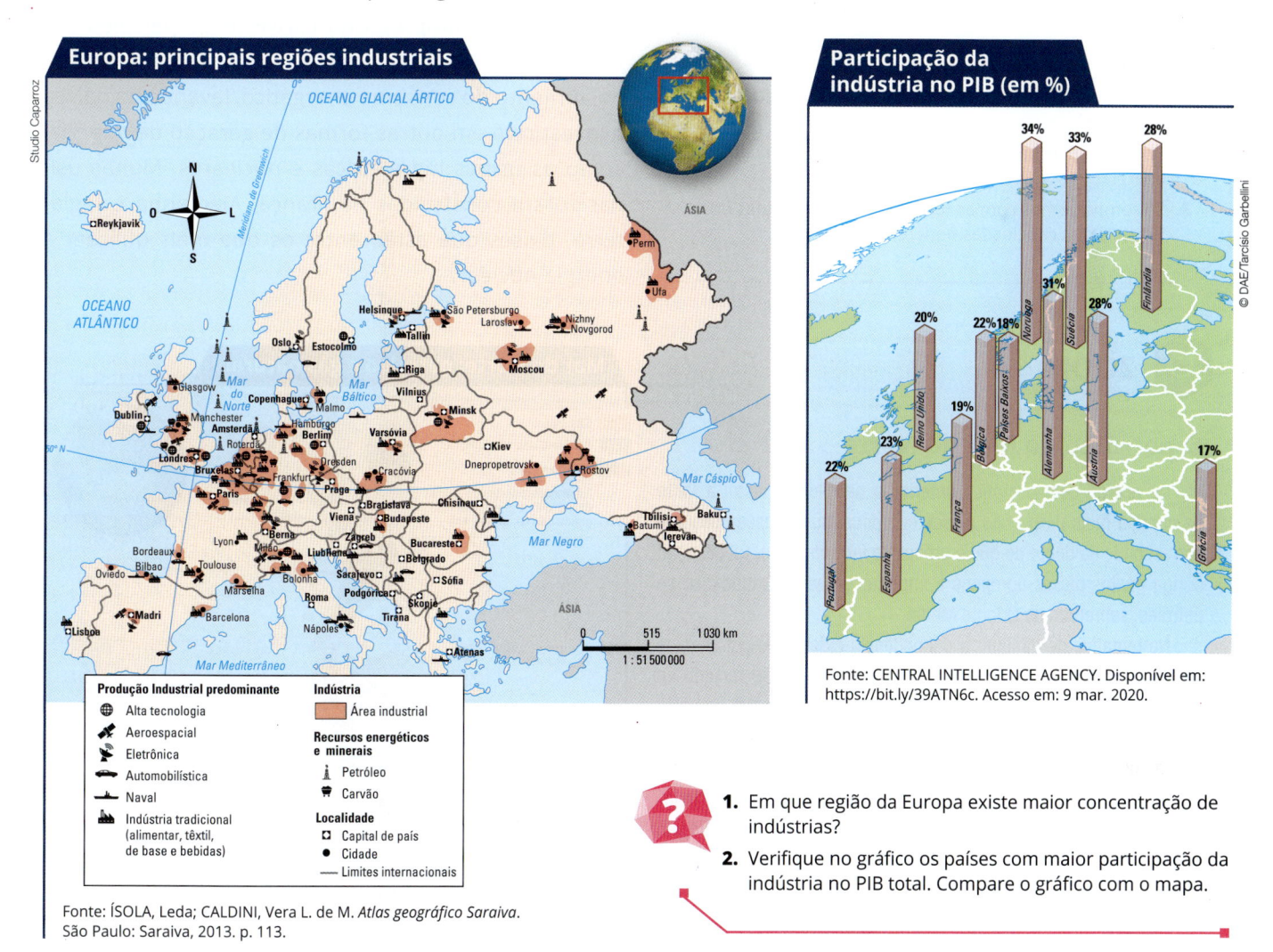

Europa: principais regiões industriais

Fonte: ÍSOLA, Leda; CALDINI, Vera L. de M. *Atlas geográfico Saraiva*. São Paulo: Saraiva, 2013. p. 113.

Participação da indústria no PIB (em %)

- Portugal: 22%
- Espanha: 23%
- Reino Unido: 20%
- França: 19%
- Bélgica: 22%
- Países Baixos: 18%
- Noruega: 34%
- Alemanha: 31%
- Suécia: 33%
- Áustria: 28%
- Finlândia: 28%
- Grécia: 17%

Fonte: CENTRAL INTELLIGENCE AGENCY. Disponível em: https://bit.ly/39ATN6c. Acesso em: 9 mar. 2020.

1. Em que região da Europa existe maior concentração de indústrias?
2. Verifique no gráfico os países com maior participação da indústria no PIB total. Compare o gráfico com o mapa.

Indústria e recursos energéticos

Nas últimas décadas do século XVIII, quando os países europeus iniciaram o processo de industrialização, a energia utilizada para a movimentação das máquinas era obtida basicamente da queima de carvão. Tal fato levou muitas fábricas a se instalarem nas proximidades das áreas em que esse recurso fóssil era encontrado em grande quantidade, razão pela qual algumas regiões mais industrializadas de países como Alemanha, Inglaterra, França e Bélgica localizam-se ao redor das maiores bacias carboníferas do continente europeu.

A partir do final do século XIX, o petróleo também passou a ser utilizado como importante fonte de energia, suprindo boa parte da demanda energética, que aumentava rapidamente devido à expansão da atividade industrial. Além de gerar energia nas usinas termelétricas, esse recurso tornou-se essencial para o desenvolvimento do setor de transportes. Por causa dessa vasta aplicabilidade, o petróleo passou a ser considerado uma fonte de energia imprescindível para manter o funcionamento dos grandes parques industriais europeus.

Contudo, o emprego do carvão e do petróleo em larga escala não foi suficiente para suprir a demanda do aumento do consumo energético, levando os países a investirem em outras formas de geração de energia, como as usinas hidrelétricas e nucleares. Muitas usinas foram construídas na França, Alemanha e Inglaterra, países que estão entre os que mais utilizam a energia nuclear.

Europa*: fontes de energia

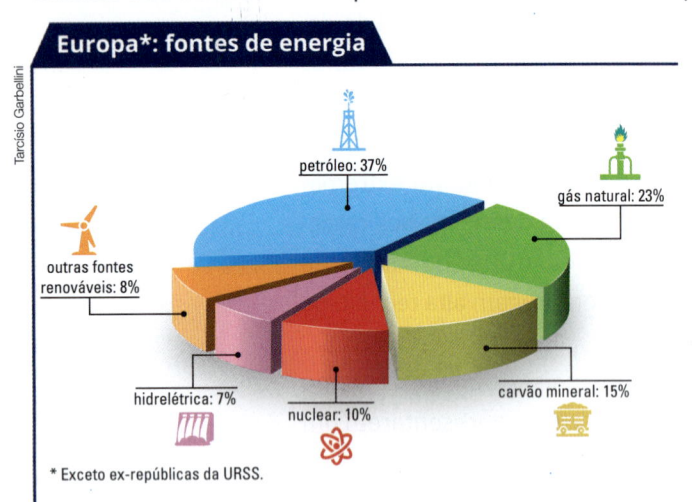

- petróleo: 37%
- gás natural: 23%
- carvão mineral: 15%
- nuclear: 10%
- outras fontes renováveis: 8%
- hidrelétrica: 7%

* Exceto ex-repúblicas da URSS.

Fonte: BP. *British Petroleum Statistical Review of World Energy 2018*. Disponível em: www.bp.com. Acesso em: 9 set. 2019.

Observe o gráfico e responda:
1. Qual é a principal fonte de energia utilizada pelos países europeus?
2. Por que a Europa tem essa configuração de consumo de energia?
3. Se compararmos com as fontes de energia usadas no Brasil, a que conclusões poderemos chegar?

ZOOM

O petróleo no Mar do Norte

De acordo com o gráfico anterior, o petróleo constitui a fonte de energia mais usada nos países europeus, porém esse consumo corresponde ao dobro do que é produzido internamente. Tal situação obriga muitos países europeus a importar grandes quantidades de petróleo, sobretudo do Oriente Médio.

Na tentativa de diminuir a dependência externa de petróleo, os países europeus procuram aumentar a extração desse recurso no próprio continente. A descoberta de grandes jazidas no Mar do Norte foi um importante passo para atingir esse objetivo, e a região ocupa hoje a posição de maior produtora de petróleo da Europa.

As principais jazidas petrolíferas exploradas no Mar do Norte localizam-se na plataforma continental de apenas alguns países, como o Reino Unido, que explora o maior número de jazidas na região, a Dinamarca, a Noruega e os Países Baixos. Observe o mapa.

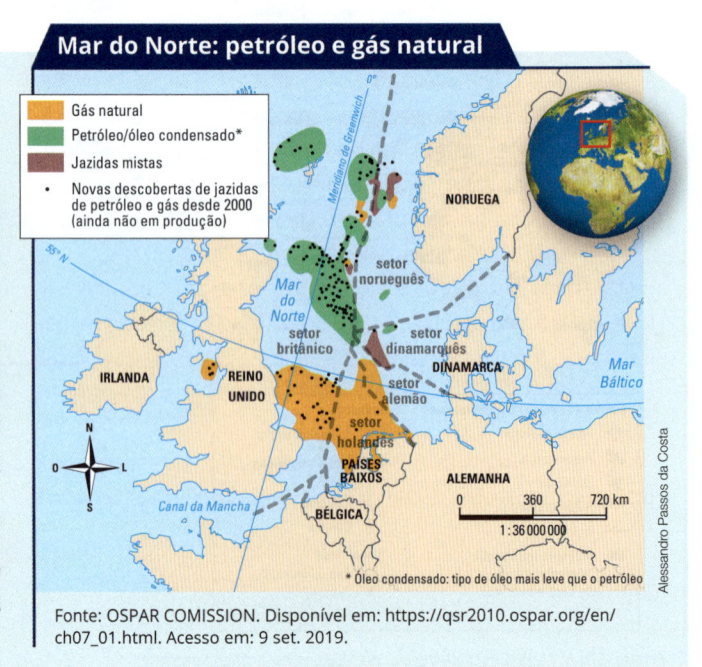

Mar do Norte: petróleo e gás natural

- Gás natural
- Petróleo/óleo condensado*
- Jazidas mistas
- · Novas descobertas de jazidas de petróleo e gás desde 2000 (ainda não em produção)

Escala 1 : 36 000 000

* Óleo condensado: tipo de óleo mais leve que o petróleo.

Fonte: OSPAR COMISSION. Disponível em: https://qsr2010.ospar.org/en/ch07_01.html. Acesso em: 9 set. 2019.

Indústria, energia e questão ambiental na Europa

Observe o gráfico.

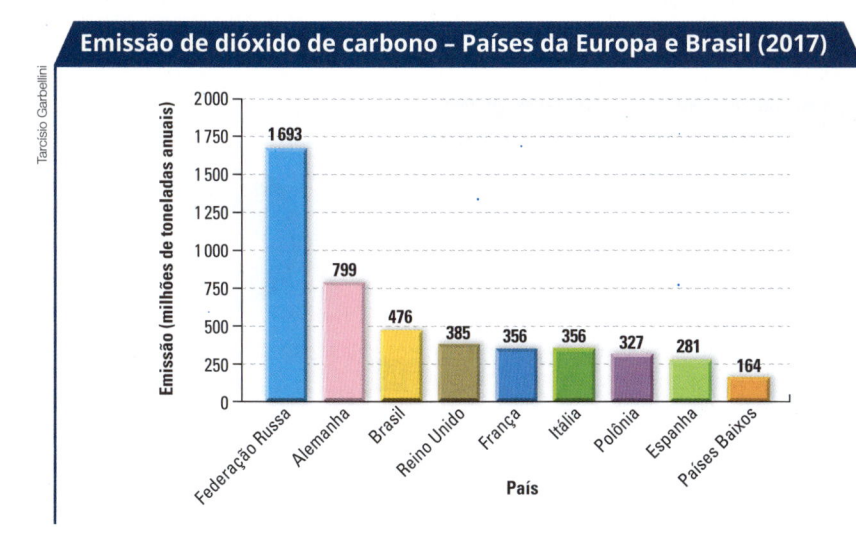

Emissão de dióxido de carbono – Países da Europa e Brasil (2017)

Emissão (milhões de toneladas anuais):
- Federação Russa: 1 693
- Alemanha: 799
- Brasil: 476
- Reino Unido: 385
- França: 356
- Itália: 356
- Polônia: 327
- Espanha: 281
- Países Baixos: 164

Fonte: GLOBAL CARBON ATLAS. Disponível em: www.globalcarbonatlas.org/en/CO2-emissions. Acesso em: 29 maio 2019.

?
1. Ao analisar o gráfico, o que é possível concluir sobre a emissão de dióxido de carbono pelos países europeus e pelo Brasil?
2. Cite alguns problemas ambientais decorrentes da emissão desse gás na atmosfera.

A expansão da atividade industrial na Europa exigiu a utilização crescente de energia. Como grande parte dessa energia provém da queima de combustíveis fósseis (petróleo, carvão e gás natural), as indústrias desses países têm sido responsáveis por grande parcela dos gases poluentes, como o <u>dióxido de carbono</u>, lançados na atmosfera terrestre, como observamos no gráfico.

> **Dióxido de carbono:** gás que resulta da respiração animal, da queima de florestas e de combustíveis fósseis como o petróleo e o carvão.

FIQUE LIGADO!

Os gases poluentes causam uma série de problemas ambientais. Um dos mais graves é a chuva ácida (reveja o mapa da página 69). Sua formação ocorre por causa da reação química do dióxido de carbono e de outros gases – expelidos sobretudo pelas fábricas e pelos automóveis – com a água da atmosfera. Nesse processo, a acidez da água aumenta. Ao se precipitar na forma de chuva, essa água acarreta graves consequências ao meio ambiente. Por exemplo, em alguns lagos da Europa atingidos pela chuva ácida, praticamente não há mais condições de vida para peixes e outros animais aquáticos, sensíveis às alterações químicas da água. Além disso, essas chuvas elevam a acidez dos solos, o que compromete o desenvolvimento das plantas. Extensas áreas de florestas na Alemanha, Suíça e nos Países Baixos já foram destruídas pela ação da chuva ácida. A acidez queima as árvores, cujas folhas adquirem um tom amarelado e caem.

Os países mais desenvolvidos da Europa enfrentam ainda outros problemas ambientais decorrentes da geração de resíduos industriais, alguns de alta periculosidade, como o lixo nuclear. Em razão da intensificação desses problemas, surgiu nesses países uma forte consciência ecológica. Muitos partidos políticos e organizações não governamentais (ONGs) passaram a atuar em defesa da natureza com o propósito de assegurar sua preservação. Essas atitudes ganharam forte apoio da opinião pública.

Floresta no interior da Polônia com árvores desfolhadas e doentes em razão da chuva ácida, em 2019.

Indústria e urbanização na Europa

O mapa abaixo mostra a taxa de população urbana em alguns países europeus. Compare os dados com a informação sobre o Brasil. Que hipóteses podemos levantar analisando esses dados? Como se configura o espaço geográfico desses países? Pense a respeito dessas questões.

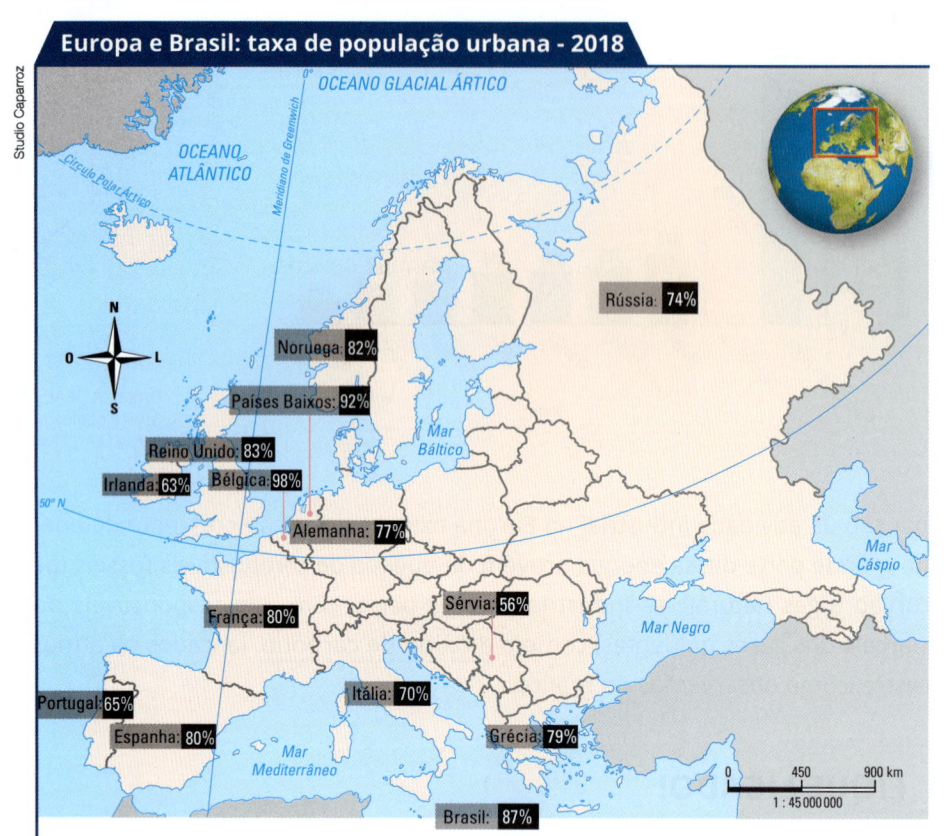

Europa e Brasil: taxa de população urbana - 2018

- Rússia: 74%
- Noruega: 82%
- Países Baixos: 92%
- Reino Unido: 83%
- Irlanda: 63%
- Bélgica: 98%
- Alemanha: 77%
- Sérvia: 56%
- França: 80%
- Portugal: 65%
- Itália: 70%
- Espanha: 80%
- Grécia: 79%
- Brasil: 87%

Escala 1 : 45 000 000

Fonte: ONU. *World Urbanization* Prospects 2018. *In*: UNITED NATIONS. [*S. l.: s. n.*], 2018. Disponível em: https://population.un.org/wup/Country-Profiles/. Acesso em: 10 set. 2019.

Os dados acima revelam que a população da maioria dos países da Europa é predominantemente urbana. Esse enorme contingente de pessoas vivendo nas cidades deve-se, em grande parte, ao intenso processo de industrialização iniciado no século XVIII, época em que o continente assistiu ao nascimento da atividade industrial, como já estudamos.

Com o avanço da industrialização, as fábricas instaladas nas cidades passaram a atrair grande número de trabalhadores rurais, o que aumentou rapidamente a população urbana. Ao mesmo tempo, as indústrias produziam instrumentos agrícolas cada vez mais elaborados, propiciando a modernização das propriedades rurais e, consequentemente, a dispensa da mão de obra empregada no campo.

Dessa forma, até o final do século XIX, quase toda a Europa vivenciou um intenso êxodo rural, o qual, em grande parte, foi responsável pelo crescimento acelerado dos maiores centros urbanos, principalmente daqueles com predomínio da atividade industrial. Após esse período, o processo se estagnou na maioria dos países europeus.

Hoje, muitos deles parecem ter alcançado o limite máximo de urbanização, com população urbana acima de 80% do total. Outros, no entanto, que ainda apresentam nível menor de industrialização ou baixo índice de modernização no campo, têm taxa de urbanização bem inferior, como é o caso de Portugal, onde pouco mais de 65% da população vive em cidades.

Densa e complexa rede urbana

O intenso processo de urbanização ocorrido nos países mais desenvolvidos da Europa originou uma rede urbana bastante densa e complexa, caracterizada pela existência de muitas cidades, de centros pequenos e médios a metrópoles.

Com a concentração populacional nessas cidades, o espaço europeu tornou-se bastante articulado, havendo um crescente intercâmbio comercial e político entre seus centros urbanos, especialmente entre as metrópoles. Isso ocorre pelo fato de esses centros urbanos reunirem grande parte das atividades econômicas, sediando muitas empresas multinacionais, grandes bancos, redes atacadistas e importantes bolsas de valores.

Essas cidades também desempenham um papel influente no cenário político internacional, pois, em muitas delas, localizam-se algumas das principais organizações supranacionais, como a Organização para a Cooperação e o Desenvolvimento Econômico (OCDE), situada em Paris, França; a Organização Mundial do Comércio (OMC), instalada em Genebra, Suíça; e a Organização das Nações Unidas para Agricultura e Alimentação (FAO), sediada em Roma, Itália.

A região mais urbanizada da Europa estende-se por cerca de 1 500 quilômetros, em uma faixa que vai de Londres, no sul da Inglaterra, a Milão, no norte da Itália. É nessa grande porção que ocorrem os fluxos mais intensos de mercadorias, pessoas, informações e capitais. Desse modo, a região abriga a mais densa rede de transportes e comunicações do continente. Observe o mapa.

Paisagem urbana de Berlim. Com as cidades vizinhas, esta metrópole alemã forma uma grande aglomeração urbana, com cerca de 6 milhões de habitantes.

Europa: rede urbana

Fonte: ÍSOLA, Leda; CALDINI, Vera L. de M. *Atlas geográfico Saraiva*. 4. ed. São Paulo: Saraiva, 2013. p. 125.

1. Identifique no mapa as cidades que fazem parte da megalópole europeia.

Espaço agrário da Europa

Propriedades rurais no Condado de Galway, Irlanda, 2019.

A expressiva industrialização da Europa modificou não só a organização do espaço urbano mas também a do espaço agrário.

O desenvolvimento de novas tecnologias aplicadas ao setor agropecuário gerou um intenso processo de modernização do campo. Esse processo foi caracterizado pelo emprego crescente dos mais variados recursos, como tratores, colheitadeiras, fertilizantes, agrotóxicos, sementes e animais geneticamente modificados.

O elevado nível de modernização no campo determinou algumas das características que predominam no espaço agrário dos países europeus mais desenvolvidos. A mecanização das propriedades rurais, por exemplo, proporcionou uma significativa redução do número de trabalhadores no campo. Isso explica o baixo índice da **população ocupada** que trabalha na agricultura, correspondente hoje a 2,2% na França, 1,8% nos Países Baixos, 1,2% na Alemanha, 1% no Reino Unido e menos de 1% na Bélgica. A população ocupada na agricultura é maior apenas nos países menos industrializados, chegando a 5,4% em Portugal e 9,8% na Grécia. No Brasil, esse índice é de 9,3%.

Outro aspecto da modernização do campo está ligado ao aumento da produtividade das lavouras e das criações. A França, por exemplo, principal produtor agrícola do continente europeu, colhe em média 30% de cereais por hectare a mais que o Brasil. Esse fato coloca a Europa na condição de grande produtora agropecuária.

Subsídio: auxílio financeiro, com juros baixos, concedido pelo governo a pessoas ou empresas.

A política agrícola europeia

Os principais fatores que garantem o sucesso da produção agrícola nos países europeus são os programas de apoio e incentivo oferecidos pelo governo, que visam atender aos interesses dos produtores rurais. A concessão de grandes subsídios, por exemplo, proporciona um aumento significativo da rentabilidade da produção, garantindo recursos suficientes para os agricultores investirem continuamente na modernização de suas propriedades.

O governo de cada país também atua no controle de preços como forma de proteger os produtores. Assim, para não enfrentarem a concorrência de países que normalmente oferecem gêneros agrícolas a preços reduzidos, os europeus elevam as taxas de importação cobradas sobre aqueles produtos. Além disso, se os agricultores europeus exportam seus produtos a preços abaixo do custo de produção, o governo se encarrega de cobrir os prejuízos. Entre outros benefícios, essa política agrícola proporciona aos agricultores uma condição de vida satisfatória, situação muito diferente da enfrentada pela maioria dos camponeses dos países subdesenvolvidos, como o Brasil.

Europa: agropecuária

ÍSOLA, Leda; CALDINI, Vera L. de M. *Atlas geográfico Saraiva*. 4. ed. São Paulo: Saraiva, 2013. p. 113.

?
1. Onde se encontra a maior parte de florestas preservadas no continente europeu?
2. Quais são as atividades agropecuárias mais praticadas?
3. Em quais países há uma variedade maior dessas atividades?

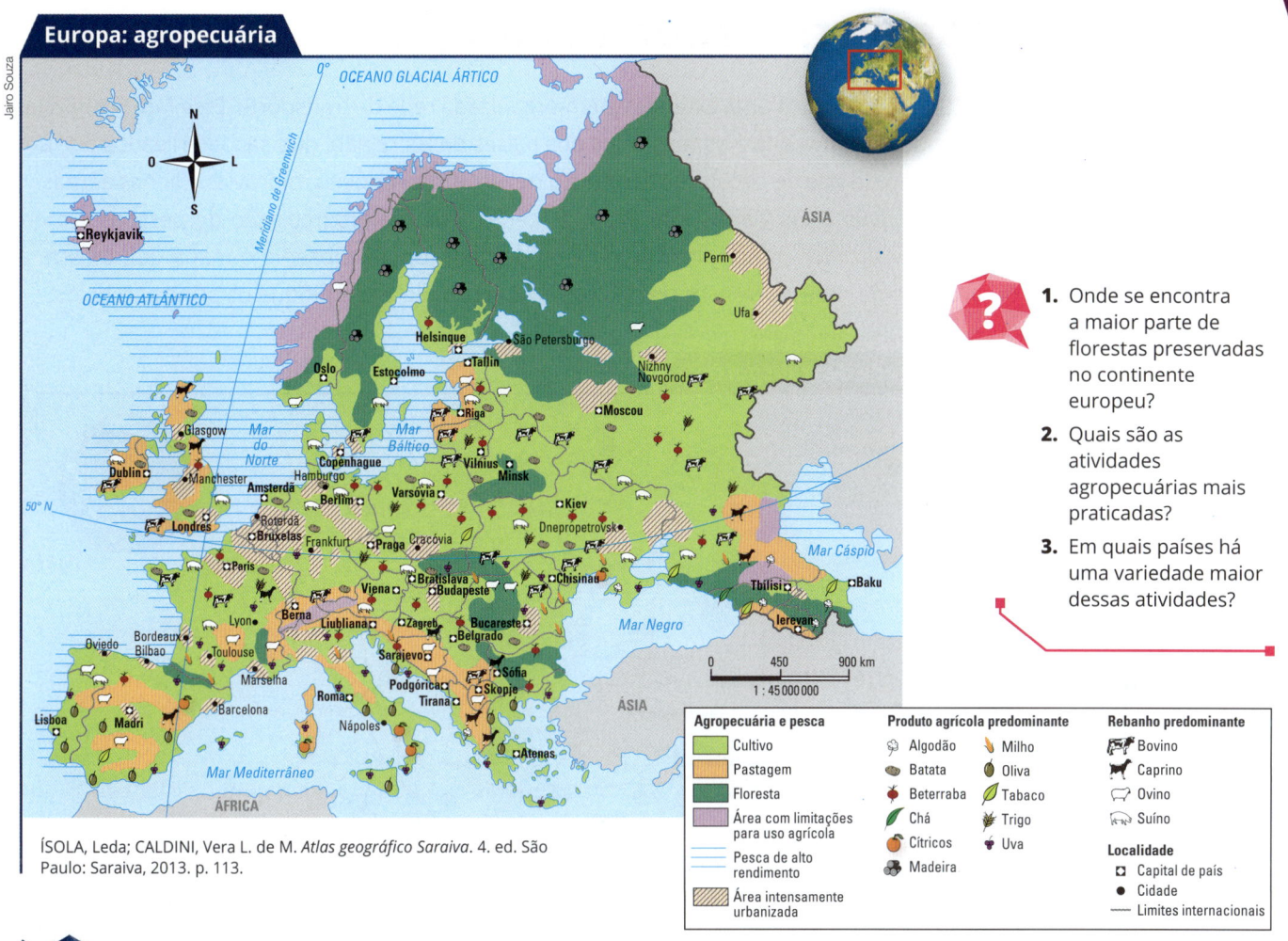

ZOOM

Os pôlderes neerlandeses

Uma importante característica do espaço agrário europeu é o intenso aproveitamento dos solos para a produção agrícola, seja em áreas favoráveis ou mesmo em áreas que, a princípio, pareceriam totalmente inviáveis ao cultivo e à criação. Esse é o caso dos chamados **pôlderes neerlandeses**.

Mais da metade do território dos Países Baixos, cuja extensão é de aproximadamente 42 mil km² (área pouco menor que a do estado do Rio de Janeiro), foi conquistado por meio do aproveitamento de áreas que se encontravam cobertas pelas águas do mar. O procedimento visa expandir as terras destinadas às atividades agrícolas. Para conquistá-las, os neerlandeses vêm desenvolvendo há séculos uma técnica ousada. Observe a ilustração.

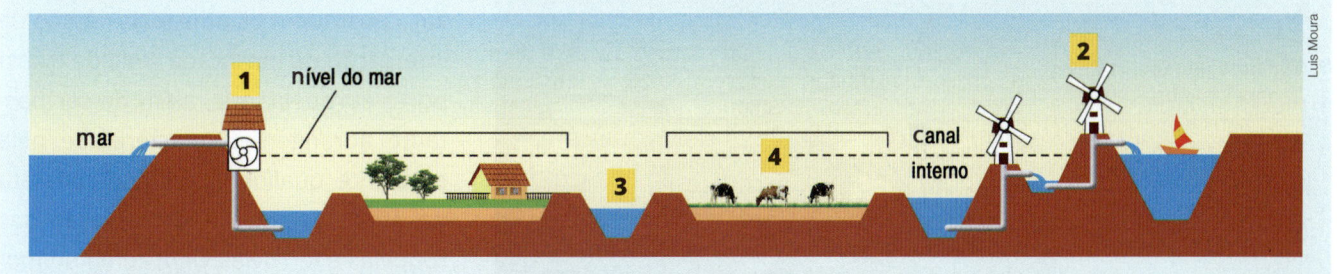

1. Construção de grandes diques em áreas oceânicas, que impedem o avanço das águas de pouca profundidade.
2. A água é represada e drenada com o funcionamento de grandes moinhos de vento.
3. A água é direcionada para dentro dos canais ou para o mar.
4. Os solos secam, são dessalinizados e corrigidos para que possam ser usados no cultivo e nas criações.

Rede de transportes europeia

A Europa conta com uma extensa e bem-organizada rede de transporte. Esse fato proporciona integração efetiva entre os territórios dos países dessa região, que são interligados por um emaranhado de vias de circulação composto de ferrovias, rodovias, hidrovias e linhas aéreas.

Os principais eixos viários interligam os centros de maior circulação de pessoas e mercadorias, localizados principalmente na área da megalópole. Observe o mapa que mostra a organização da rede de transportes no território europeu e identifique os principais eixos.

Europa: rede de transportes

Fonte: ATLAS mundial. Cidade do México: Trilhas, 2009. p. 131.

Vista parcial do Porto de Roterdã. Roterdã, Países Baixos, 2016.

Como é possível perceber no mapa, as metrópoles europeias, como Paris (França), Madri (Espanha) e Milão (Itália), constituem os principais pontos de interseção da intrincada rede de transporte europeia, que, além de ser bastante abrangente, caracteriza-se pela excelente qualidade. Isso se constata no ótimo estado de conservação das rodovias e ferrovias, bem como no moderno aparelhamento dos principais portos e aeroportos da Europa. Tal situação garante maior segurança e eficiência aos serviços de transporte.

Dinamismo regional na Europa

No decorrer deste capítulo, verificamos que o espaço geográfico da Europa reflete o grande dinamismo econômico alcançado, sobretudo por causa do avanço da atividade industrial. Esse espaço, entretanto, não é homogêneo, constatando-se diferenças significativas no nível de desenvolvimento das diversas regiões que o compõem. O mapa a seguir representa, de maneira sintética, parte da realidade do continente europeu, mais precisamente, dentro do bloco econômico da União Europeia.

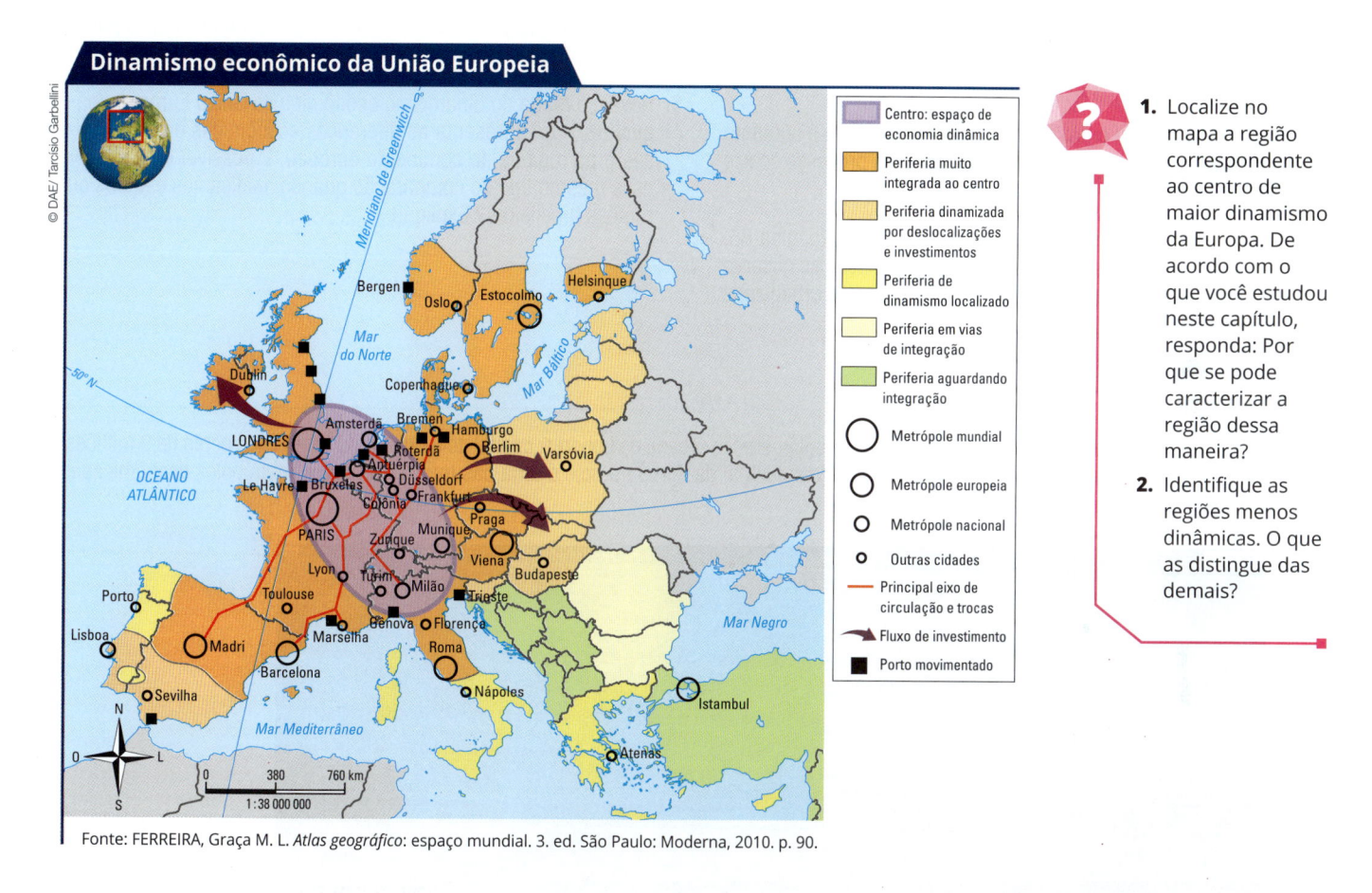

Dinamismo econômico da União Europeia

Fonte: FERREIRA, Graça M. L. *Atlas geográfico*: espaço mundial. 3. ed. São Paulo: Moderna, 2010. p. 90.

?

1. Localize no mapa a região correspondente ao centro de maior dinamismo da Europa. De acordo com o que você estudou neste capítulo, responda: Por que se pode caracterizar a região dessa maneira?

2. Identifique as regiões menos dinâmicas. O que as distingue das demais?

As características do espaço geográfico do continente europeu são bastante diversas. As regiões e os países mais industrializados e urbanizados, como Países Baixos, Bélgica, Suíça e Alemanha, são intensamente povoados e seu nível econômico é mais elevado, integrando-se às áreas que formam o centro dinâmico principal da Europa. Outros importantes centros dinâmicos distribuem-se entre França, Espanha, Portugal e Itália.

Além disso, existem diferenças internas, como acontece na Grã-Bretanha e na Itália. Partes do território dessas nações integram o centro dinâmico e outras compõem regiões secundárias e terciárias. A porção centro-sul da Grã-Bretanha e o norte da Itália, por exemplo, mostram-se altamente industrializados e mais desenvolvidos economicamente, concentrando uma vasta infraestrutura de transportes e comunicações, além dos principais centros urbanos de decisão. Enquanto isso, o norte da Grã-Bretanha e o sul da Itália são basicamente agrícolas, apresentando, portanto, economia menos expressiva.

ATIVIDADES

Reviso o capítulo

1. Escolha uma das alternativas a seguir e, empregando as palavras e expressões nela contidas, explique os principais aspectos da indústria nos países europeus.

   a) Baixa tecnologia, homogeneidade, setor primário, equidade entre países.

   b) Dinamismo, heterogeneidade, setor secundário, desigualdade entre países.

2. Caracterize a relação entre o crescimento industrial e o aumento da população urbana nos países da Europa. Esse processo ocorre atualmente? De que maneira?

3. Compare o mapa das regiões industriais da Europa (página 85) com o mapa da rede urbana (página 89). Que relação se observa entre a concentração industrial e a região altamente urbanizada no espaço europeu? Explique.

4. Em relação às características do espaço agrário dos países da Europa, responda:

   a) Por que é baixa a proporção da PEA empregada no setor primário?

   b) Que relação existe entre modernização, produtividade e política agrícola?

5. Reveja o mapa do dinamismo econômico da União Europeia (página 93), que apresenta as diferenças econômicas entre os países e as regiões do continente europeu. É possível estabelecer esse mesmo tipo de comparação quando analisamos estados ou regiões brasileiras? Explique.

Analiso imagens

6. Na imagem de satélite a seguir, de 2019, observa-se a aglomeração urbana de Londres, capital do Reino Unido, que abriga cerca de 9 milhões de habitantes. Essa cidade foi o primeiro grande centro industrial da Europa e hoje é uma das mais importantes metrópoles econômicas e culturais do continente.

Imagem de satélite de Londres, Reino Unido, 2018.

   a) Explique o que são aglomerações urbanas.

   b) Como é possível identificar a intensa urbanização na região mostrada?

   c) Explique por que pode ocorrer a chuva ácida em aglomerações urbanas e industriais como essa.

Interpreto mapas

7. Os mapas a seguir representam, respectivamente, dados sobre a renda *per capita* da Itália e a divisão regional desse país.

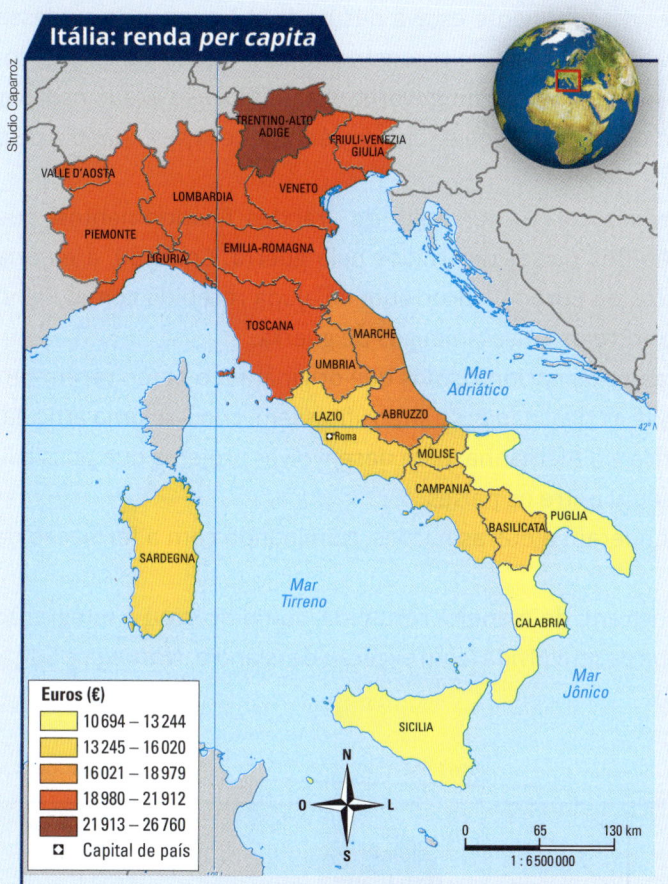

Itália: renda *per capita*

Euros (€)
- 10 694 – 13 244
- 13 245 – 16 020
- 16 021 – 18 979
- 18 980 – 21 912
- 21 913 – 26 760
- ◻ Capital de país

1 : 6 500 000

Fonte: REDDIT. *GDP per capita in Italian municipalities*. Disponível em: www.reddit.com/r/MapPorn/comments/75jlcp/gdp_per_capita_in_italian_municipalities_586x667/. Acesso em: 31 maio 2019.

Itália: regiões

1 : 8 000 000

Fonte: REFERENCE world atlas. 9. ed. Londres: Dorling Kindersley, 2013. p. 106-107.

a) Entre as regiões italianas, identifique as que apresentam PIB *per capita* mais alto.

b) Identifique agora aquelas cujo PIB *per capita* é mais baixo.

c) As regiões italianas com maior dinamismo estão em que parte do país?

d) Reveja o mapa das principais regiões industriais da Europa, na página 85, e responda: Existe relação entre o grau de industrialização e a renda *per capita* nas regiões do território italiano? Justifique sua resposta de acordo com o que você estudou sobre o dinamismo econômico europeu.

AQUI TEM GEOGRAFIA

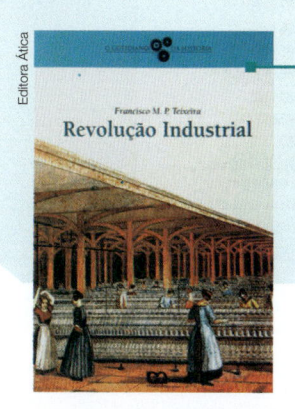

Leia

Revolução Industrial
Francisco M. P. Teixeira (Ática).

Narra o cotidiano de dois personagens em Londres, nas décadas de 1830 e 1840, em plena Revolução Industrial.

Acesse

Portal oficial de turismo da Europa
Disponível em: https://visiteurope.com/pt-br/.
Acesso em: 24 jan. 2020.

CAPÍTULO 8

União Europeia

Ao término da Segunda Guerra Mundial (1939-1945), a Europa estava arruinada e grande parte do setor produtivo dos países do continente estava destruída. Aproveitando-se dessa situação, os Estados Unidos lançaram um projeto de reconstrução das nações europeias, conhecido como **Plano Marshall**. O objetivo maior do governo estadunidense era consolidar sua influência na região, impedindo o avanço do socialismo soviético, que já se expandia pelo Leste Europeu.

A ajuda econômica estadunidense ocorreu por meio de grandes financiamentos, que possibilitaram a rápida recuperação dos países destruídos pela guerra. Contudo, a euforia causada pelo crescimento econômico da Europa, decorrente da ajuda recebida com o Plano Marshall, não eliminou a rivalidade entre os países inimigos de guerra.

Essa situação poderia fazer renascer os nacionalismos que originaram o então recém-terminado conflito. A fim de impedir que as rivalidades se intensificassem, criou-se uma articulação política, sobretudo entre a França e a Alemanha, para desenvolver projetos que possibilitassem a integração econômica e social entre os países.

Desde então, os acordos se estenderam a outras nações, culminando com a formação da atual União Europeia.

O mapa e o quadro a seguir mostram, de maneira resumida, como ocorreu a integração econômica entre os países da Europa desenvolvida (com exceção da Islândia, Noruega e Suíça, que ainda não aderiram ao bloco).

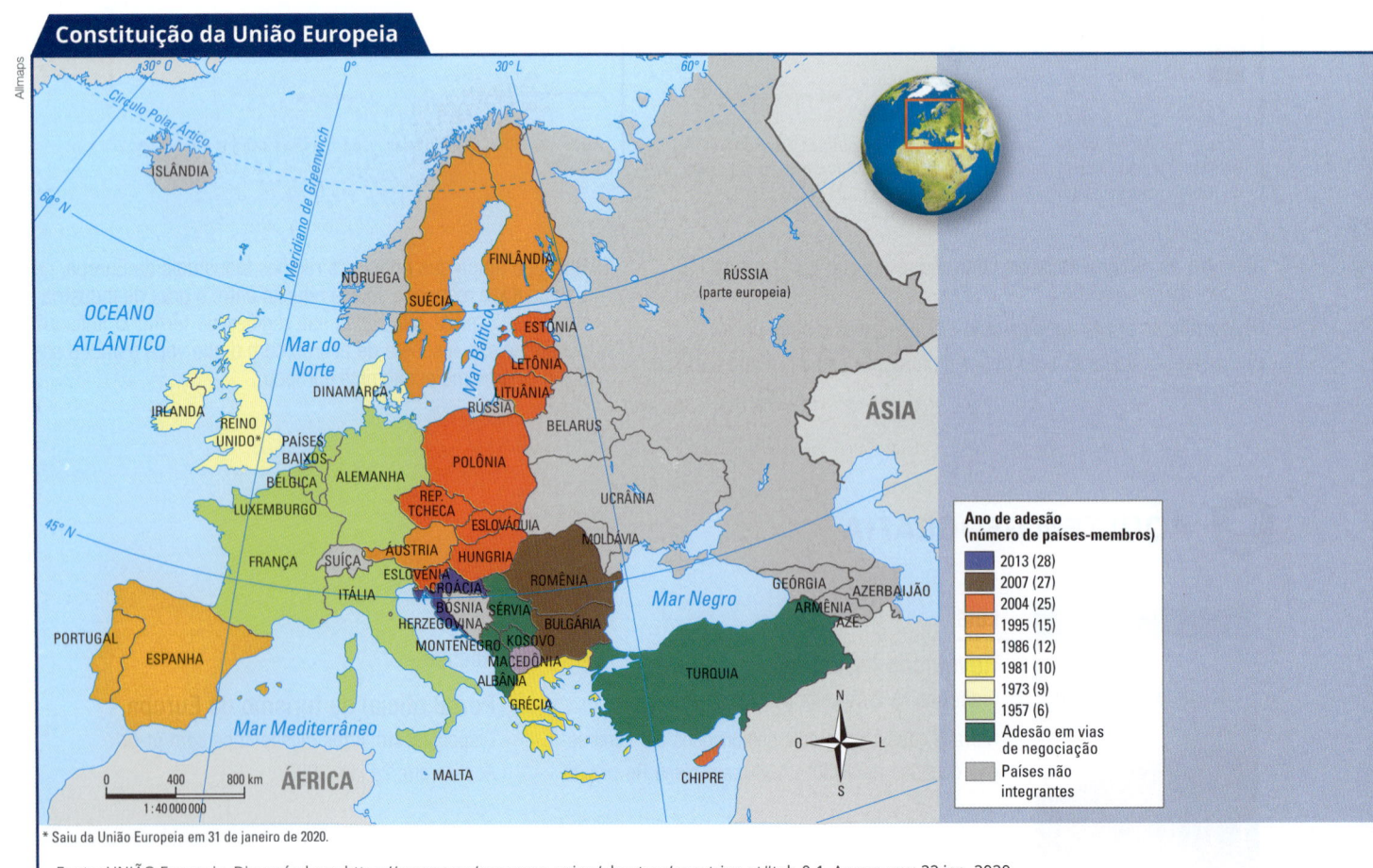

Constituição da União Europeia

Ano de adesão (número de países-membros)
- 2013 (28)
- 2007 (27)
- 2004 (25)
- 1995 (15)
- 1986 (12)
- 1981 (10)
- 1973 (9)
- 1957 (6)
- Adesão em vias de negociação
- Países não integrantes

* Saiu da União Europeia em 31 de janeiro de 2020.

Fonte: UNIÃO Europeia. Disponível em: https://europa.eu/european-union/about-eu/countries_pt#tab-0-1. Acesso em: 22 jan. 2020.

A União Europeia busca hegemonia mundial

A União Europeia, assim como os Estados Unidos e o Japão, constitui uma das principais potências do cenário econômico mundial. A posição de destaque em que se encontra o bloco europeu decorre, principalmente, do fato de seu PIB se equiparar ao dos Estados Unidos e de seu comércio representar cerca de 17% do total mundial.

Essa expressividade econômica alcançada pela União Europeia demonstra que a integração dos países-membros desse bloco obteve grande sucesso. Além de levar a Europa à condição de destaque no quadro econômico mundial, a consolidação da União Europeia é responsável pela nova configuração do panorama geopolítico.

O fortalecimento do bloco, associado ao fim da Guerra Fria, vem contribuindo para o estreitamento dos laços políticos entre os países-membros, condição fundamental para evitar o surgimento de conflitos no continente europeu. A inclusão de antigos países socialistas do Leste Europeu, como Polônia, Hungria e República Tcheca, indica que o bloco se fortalecerá ainda mais num futuro próximo. Assim, é possível que cicatrizes ideológicas, deixadas por décadas de isolamento entre os países da Europa Ocidental (capitalista) e da Oriental (socialista), possam ser eliminadas do continente.

A reunificação das antigas Alemanha Ocidental (capitalista) e Alemanha Oriental (socialista), no final da década de 1980, fez surgir a maior potência econômica da União Europeia e a quarta economia do mundo, atrás apenas dos Estados Unidos, da China e do Japão. Atualmente, a Alemanha abriga importantes centros financeiros, como Berlim (capital do país), Bonn e Frankfurt. Reúne também as mais importantes aglomerações industriais da Europa, como as dos vales dos rios Reno e Ruhr e das cidades de Colônia e Hamburgo. Na foto, fachada do Banco Central Europeu em Frankfurt, Alemanha, 2019.

1951 – Assinatura do Tratado de Paris para a criação da Comunidade Europeia do Carvão e do Aço (Ceca), que reuniu seis países: Alemanha Ocidental, França, Itália, Bélgica, Países Baixos e Luxemburgo. Por meio desse tratado, estabeleceu-se a livre circulação de carvão, ferro e aço entre os países-membros como forma de dinamizar os respectivos parques industriais.

1957 – Assinatura do Tratado de Roma, que transformou a Ceca na CEE (Comunidade Econômica Europeia). Esse tratado assegurou a livre circulação de pessoas, mercadorias (com pagamento de imposto único), serviços e capitais entre os países-membros.

1973 – A CEE aceita a adesão do Reino Unido, da Dinamarca e da Irlanda.

1981 – A Grécia é aceita na CEE.

1986 – Portugal e Espanha se integram à CEE.

1990 – A ex-Alemanha Oriental é incorporada à CEE após sua reunificação com a Alemanha Ocidental.

1993 – Entra em vigor o Tratado de Maastricht (nos Países Baixos), que substitui a denominação CEE por União Europeia. O tratado prevê o aprofundamento da integração entre os países-membros, tanto no âmbito econômico quanto no político e no militar.

1995 – A União Europeia recebe a adesão de mais três países: Áustria, Finlândia e Suécia.

2004 – Mais dez países foram aceitos nesse ano, o que consolidou a União Europeia como o mais importante bloco econômico do mundo.

2007 – Bulgária e Romênia aderem à União Europeia.

2013 – A Croácia se integra à União Europeia.

Desafios econômicos, políticos e sociais

Leia os títulos das reportagens abaixo. Que tipos de problema elas revelam? São problemas comuns a outros países do mundo ou são exclusivos da União Europeia? Troque ideias com os colegas.

A difícil luta contra a epidemia de desemprego jovem no sul da Europa

COBO, María Antonia Sanchez-Vallejo. A difícil luta contra a epidemia de desemprego jovem no sul da Europa. *El País*, Madri, 24 abr. 2018. Disponível em: https://brasil.elpais.com/brasil/2018/04/19/internacional/1524154571_113071.html. Acesso em: 16 set. 2019.

Crise na Itália agrava risco de uma recessão profunda na Europa

HOROWITZ, Jason; EWING, Jack. Crise na Itália agrava risco de uma recessão profunda na Europa. *Estadão*, São Paulo, 12 fev. 2019. Disponível em: https://internacional.estadao.com.br/noticias/nytiw,crise-na-italia-agrava-risco-de-uma-recessao-profunda-na-europa,70002713613. Acesso em: 16 set. 2019.

Os títulos das reportagens revelam alguns dos problemas que precisam ser resolvidos para que a União Europeia continue se consolidando como um megabloco de países, apesar de já se configurar como a iniciativa de integração econômica mais antiga e bem-sucedida em âmbito mundial.

- **Desigualdades econômicas entre os países-membros:** enquanto alguns países, como a Alemanha, a Bélgica e a França, são altamente industrializados e servidos por moderna rede de transporte, outros, como Portugal, Grécia e os recentes integrantes ex-socialistas do Leste Europeu, são menos articulados à rede viária europeia e mantêm nas atividades primárias e terciárias suas maiores fontes de divisas.

- **Problemas políticos e sociais:** no cenário político, a atuação de grupos terroristas separatistas e a ascensão ao poder de partidos xenófobos têm posto em risco a democracia em alguns países da União Europeia. Em relação aos problemas sociais, as taxas de desemprego e o crescente índice de pobreza nos países-membros vêm gerando sérias

Protestos e manifestações contra a política econômica da União Europeia são muito frequentes nos países-membros e até mesmo nos possíveis candidatos a ingressar no bloco. A adoção de medidas que visam à diminuição dos gastos públicos para acelerar os índices de crescimento econômico, por exemplo, tem motivado a eclosão de inúmeros protestos de cidadãos alemães (foto A, de 2019) contra banqueiros. Na França, são comuns as manifestações de agricultores contra a política agrícola (foto B, de 2019). Esses são apenas alguns exemplos de como a opinião pública dos países da União Europeia está dividida e, em muitos casos, insatisfeita com as decisões dos dirigentes do bloco.

preocupações. Calcula-se que, hoje, a taxa média de desemprego na União Europeia seja de 6,4% do total da PEA, o que representa aproximadamente 16 milhões de desempregados.

- **Retração do mercado de trabalho:** a modernização dos setores industrial e de serviços e a transferência de empresas europeias para os países subdesenvolvidos contribuíram para a diminuição dos postos de trabalho e dos valores dos salários. Consequentemente, os governos dos países-membros são obrigados a destinar mais recursos para assistir à população mais pobre, que cresce gradativamente.

- **Diminuição dos subsídios agrícolas:** o fim do protecionismo para as atividades agropecuárias e a liberação da entrada de produtos agrícolas mais baratos no mercado europeu, por exemplo, vêm contrariando os interesses dos produtores rurais de vários países-membros. Esses produtores se sentem lesados pela diminuição do apoio financeiro oferecido pelo governo e pela abertura do mercado interno à concorrência estrangeira.

- **Cortes nos gastos públicos:** os governos dos países-membros devem adotar uma série de medidas econômicas com o objetivo de reduzir o déficit público. Entre essas medidas estão: cortes nos gastos com serviços sociais, como educação e saúde; redução do quadro de funcionários públicos; ampliação do tempo de serviço dos trabalhadores, aumentando a idade mínima para se aposentar. Isso significa a perda de benefícios sociais conquistados, sobretudo, nas últimas cinco décadas pelos trabalhadores desses países.

- **Saída do Reino Unido do bloco:** em junho de 2016, os cidadãos do Reino Unido votaram a favor da saída da União Europeia. Esse movimento ficou conhecido na imprensa mundial como Brexit, contração das palavras em inglês *Britain* e *exit*. Várias são as consequências da saída do Reino Unido para a comunidade europeia; contudo, talvez a mais importante seja na área econômica, com diminuição das transações comerciais entre os ingleses e os demais europeus e vice-versa, resultando em perda do PIB para a comunidade e para o Reino Unido.

Déficit público: desequilíbrio no orçamento público que ocorre quando o Estado gasta mais do que arrecada.

ATIVIDADES

Reviso o capítulo

1. Qual foi o objetivo dos Estados Unidos ao oferecer ajuda financeira aos países europeus no período posterior à Segunda Guerra Mundial?

2. Por que a França e a Alemanha buscaram a integração econômica e social da Europa após a Segunda Guerra?

3. Por que a União Europeia pode ser considerada um modelo para a formação dos demais blocos econômicos na atualidade?

4. O que foi o Tratado de Maastricht?

5. Quais são os problemas políticos e econômicos enfrentados pelos países-membros da União Europeia?

6. Cite algumas informações contidas no capítulo que explicam por que a União Europeia pode ser classificada como uma das principais potências econômicas do mundo.

Construo e analiso gráficos

7. Com os dados do quadro abaixo, elabore três gráficos no caderno ou em uma folha de papel: um para os Estados Unidos, um para o Japão e outro para a União Europeia. Os gráficos podem ser de colunas ou de barras.

EXPORTAÇÕES E IMPORTAÇÕES DE BENS E SERVIÇOS (2017)			
Balança comercial	EUA	UE	Japão
Exportações (em bilhões de US$ – 2017)	2 308	3 131	878
Importações (em bilhões de US$% – 2017)	2 925	2 896	860
Saldo comercial (em bilhões de US$ – 2017)	−617	235	18

Fonte: WORLD TRADE ORGANIZATION. *Trade Profiles 2018*. Disponível em: www.wto.org/english/res_e/booksp_e/trade_profiles18_e.pdf. Acesso em: 16 set. 2019.

Concluídos os gráficos, faça uma descrição para comparar os dados apresentados. Em seguida, responda às questões no caderno.

a) Qual das economias tem, atualmente, mais relações comerciais com outros países?

b) A União Europeia se apresenta como uma ameaça à hegemonia econômica estadunidense? Por quê?

Analiso textos

8. Leia com atenção o texto a seguir e observe o mapa.

Uma gigantesca cachoeira de dezenas de quilômetros rompeu o cume rochoso que unia a Inglaterra e o continente europeu há quase 500 mil anos, provocando uma inundação tão grande quanto o Canal da Mancha e criou a ilha da Grã-Bretanha [...].

Uma equipe internacional de geólogos fez um verdadeiro trabalho de detetive para conseguir encaixar as peças desse "dominó" que intriga seus colegas de profissão há mais de um século.

A pesquisa resgatou um conjunto de moluscos marinhos em sedimentos costeiros da Era Glacial, de 450 mil anos, quando grande parte do Hemisfério Norte estava coberta por uma espessa placa gelada e o nível do mar era mais baixo do que hoje em dia.

Naquele momento, o Canal da Mancha estava seco e, segundo os cientistas, se elevava até um cume rochoso calcário que unia a Grã-Bretanha ao continente através do que hoje em dia se conhece como Estreito de Dover. [...]

"A ruptura dessa ponte terrestre entre Dover e Calais [noroeste da França] foi indiscutivelmente um dos acontecimentos mais importantes da história da Grã-Bretanha, contribuindo para formar a identidade insular da nação até a atualidade", declarou Sanjeev Gupta, geólogo do Imperial College London [...].

"Sem esse dramático episódio, a Grã-Bretanha ainda faria parte da Europa. Foi o Brexit 1.0, um Brexit pelo qual ninguém votou", acrescentou. [...]

O "Brexit 1.0" aconteceu em dois tempos. Primeiro, aconteceu a ruptura da barreira rochosa e, depois, um segundo grande acontecimento, causado provavelmente pelo transbordamento de outros lagos menores, segundo o estudo.

Se não fosse por esse golpe geológico do destino, a Grã-Bretanha ainda estaria ligada ao continente, como a Dinamarca.

BREXIT geológico: como a Grã-Bretanha se transformou em uma ilha. *In*: GRUPO UOL. *Uol Tilt*, São Paulo, 4 abr. 2017. Disponível em: www.uol.com.br/tilt/ultimas-noticias/afp/2017/04/04/brexit-geologico-como-a-gra-bretanha-se-transformou-em-uma-ilha.htm. Acesso em: 16 set. 2019.

Canal da Mancha

Fonte: IBGE. *Atlas geográfico escolar*. 8. ed. Rio de Janeiro: IBGE, 2018. p. 43.

a) Observe o mapa e identifique a localização do Canal da Mancha, da Ilha de Grã-Bretanha e dos países que fazem parte dela, das cidades de Dover e Calais, do território francês e do Estreito de Dover.

b) Quais profissionais trabalharam na pesquisa?

c) O que a pesquisa investigou?

d) De acordo com o que você estudou neste capítulo, explique a frase: "Foi o Brexit 1.0, um Brexit pelo qual ninguém votou".

Pesquiso notícias atuais

9. Reúna-se com dois ou três colegas e, juntos, pesquisem, em jornais e revistas impressas ou na internet, informações atuais sobre a União Europeia, como a situação do euro em relação ao dólar, a adesão de um novo país ao bloco (caso tenha ocorrido recentemente) e sobretudo a respeito das consequências do Brexit. Incluam no trabalho recortes ou fotocópias de imagens (fotografias, gráficos, mapas etc.) que ilustrem os acontecimentos ou os dados citados.

Apresentem a pesquisa na forma de noticiário. Para isso, criem o nome do canal de notícias, ressaltem os títulos dos artigos escolhidos e colem o texto e as imagens distribuindo-os de modo que facilite a leitura. Não se esqueçam de incluir, em um cabeçalho, as datas das notícias e o dia da finalização do trabalho.

A turma pode reunir todos os jornais em um único painel de notícias e expô-lo no mural da escola.

CAPÍTULO 9

Rússia

Parte do território da Rússia localiza-se no continente europeu, mas a maior porção do país se estende pelo continente asiático. Ao todo são aproximadamente 17 milhões de quilômetros quadrados, extensão de terras cerca de duas vezes maior que a área do Brasil.

A vastidão do território russo reúne grande diversidade de características naturais, como extensas planícies, cadeias montanhosas, rios caudalosos, lagos, mares interiores e imensas florestas. Nesse território também se encontram climas variados, destacando-se os climas frio e polar.

As condições climáticas e a exploração das potencialidades naturais (jazidas minerais, recursos energéticos fósseis, áreas agricultáveis etc.) são fatores fundamentais na organização do espaço geográfico russo, sobretudo no que diz respeito à distribuição dos 144 milhões de habitantes entre as regiões do país. Observe o mapa a seguir.

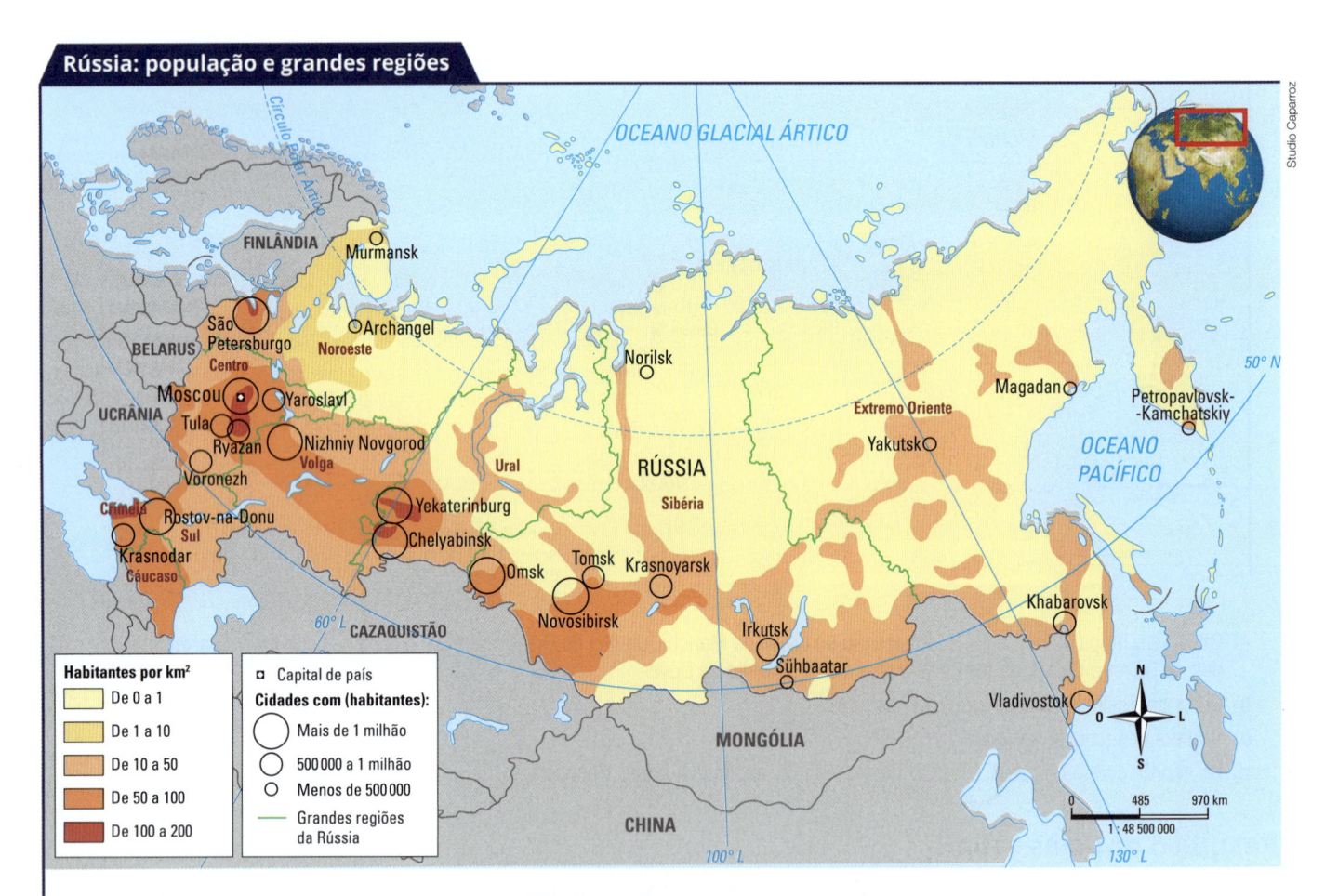

Rússia: população e grandes regiões

Fontes: 32% of all FDI into Russia now heads to its Far East. *In*: RUSSIA briefing. [*S. l.: s. n.*], 19 jun. 2019. Disponível em: www.russia-briefing.com/news/32-fdi-russia-now-heads-far-east.html/. Acesso em: 7 set. 2019; ATLAS geográfico mundial: com o Brasil em destaque. São Paulo: Fundamento, 2014. p. 39 e 85.

Regiões Centro, Noroeste e Volga: compreendem, na maior parte, a porção europeia da Rússia. São as regiões que concentram a maior densidade demográfica do país e as mais desenvolvidas economicamente. Nelas, predominam as pradarias e as florestas de clima temperado. Essas formações vegetais, assim como seu solo muito fértil, encontram-se bastante alteradas pela ação humana.

Regiões Sul, Cáucaso e Crimeia: correspondem à parte sudoeste do país, menos desenvolvida do que as regiões Centro, Noroeste e Volga, e onde vivem várias minorias étnicas, muitas delas de religião muçulmana. Há predomínio dos bosques e das pradarias de clima subtropical.

Regiões Ural, Sibéria e Extremo Oriente: correspondem à parte centro-oriental do país, ou seja, à porção asiática, que representa três quartos do território. Constituem grande fronteira econômica, pois abrigam boa quantidade de recursos naturais. Há predomínio da vegetação de tundra nas áreas de clima polar e de taiga (floresta de coníferas) nas áreas de clima frio.

Os contrastes econômicos e populacionais de um país de dimensões continentais: de um lado, o novo centro financeiro da populosa Moscou (foto A, de 2018), com seus 12 milhões de habitantes; de outro, casas no vilarejo de Tayaty, na Sibéria (foto B, de 2019), uma das regiões menos povoadas da Rússia.

CONEXÕES COM HISTÓRIA

Fim da potência soviética

O imenso território russo é remanescente da antiga União Soviética, conjunto de países que, da década de 1920 até o início da década de 1990, esteve subordinado ao regime socialista liderado pelo governo central russo.

No início da década de 1990, a União Soviética foi desmembrada em 15 países, sendo a Rússia a principal herdeira do poderio político, militar e econômico. Os demais países, à exceção das três repúblicas bálticas – Estônia, Letônia e Lituânia –, formaram a organização denominada Comunidade de Estados Independentes (CEI). O principal objetivo da criação da CEI era fortalecer as relações comerciais entre os países-membros.

Com a dissolução da União Soviética, em 1991, a Federação Russa, como a Rússia também passou a ser chamada, e os demais países que eram socialistas enfrentaram uma crise profunda, pois saíram de uma economia planificada e precisaram se adaptar à economia de mercado.

Filas para compra de alimentos racionados pelo governo durante a crise econômica. Moscou, Rússia, 1991.

Atividade industrial na Rússia

1. Observe no mapa ao lado a localização das regiões industriais, das produtoras de matérias-primas extrativas e agrícolas e das regiões naturais. Que relações podemos estabelecer entre elas? Converse sobre isso com os colegas.

Organização do espaço geográfico russo

Fonte: ÍSOLA, Leda; CALDINI, Vera L. de M. *Atlas geográfico Saraiva*. 4. ed. São Paulo: Saraiva, 2013. p. 113 e 131.

Com a dissolução da União Soviética, a Rússia herdou a maior parte do imenso parque industrial soviético, construído, sobretudo, próximo às grandes fontes de matéria-prima. Por isso, de modo geral, as indústrias não estão concentradas em uma única porção do território.

Na parte ocidental, as indústrias encontram-se em torno dos grandes centros urbanos, como Moscou, São Petersburgo, Novgorod e Volgogrado. Em razão de seu grande mercado consumidor, essa região reúne um setor industrial diversificado, com fábricas de automóveis, eletrodomésticos, máquinas industriais e agrícolas, além de indústria têxtil, de vestuário, de alimentos etc.

Próximo aos Montes Urais, ainda na Rússia ocidental, onde há abundância de jazidas de ferro, petróleo e gás natural, os grandes centros urbanos, como Perm e Chelyabinsk, concentram indústrias siderúrgicas, metalúrgicas e petroquímicas. Hoje, a Rússia é a terceira produtora mundial de recursos energéticos fósseis, cujas exportações representam cerca de 63% desse tipo de comercialização no país. Outros importantes centros industriais de base estão localizados na Sibéria, próximos às maiores jazidas de carvão.

Desde que passou a adotar a economia de mercado, o governo russo incentiva a entrada de capital estrangeiro no país. Também busca melhorar a qualidade dos produtos industrializados para que possam concorrer no mercado internacional. O emprego de alta tecnologia no parque industrial vem melhorando a produtividade e a qualidade dos bens de consumo da Rússia. Na imagem, linha de montagem de automóveis em uma fábrica de São Petersburgo, Rússia, 2019.

Transportes e integração do espaço russo

A existência de centros industriais em diversas regiões da Rússia exigiu a implantação de uma extensa rede de transporte, formada principalmente por ferrovias e hidrovias.

O país abriga uma das maiores redes ferroviárias do mundo, com estradas de ferro que ligam pontos distantes do território. Entre elas, destacam-se a Transcaspiana, com mais de 3 mil quilômetros de percurso, e a Transiberiana, a ferrovia mais longa do mundo, com cerca de 10 mil quilômetros de extensão, que liga Moscou a Vladivostok, próximo à fronteira com a China. Além disso, é de grande importância o complexo hidroviário dos rios Don e Volga, cujos cursos são interligados por canais fluviais.

A opção dos antigos governos socialistas por priorizar o transporte ferroviário e o hidroviário deve-se, especialmente, ao baixo custo, pois eles facilitam a grande circulação de pessoas e mercadorias entre regiões e centros urbanos de um país com dimensões continentais.

O transporte rodoviário, por sua vez, não recebeu muito investimento, havendo, por isso, uma rede de estradas de rodagem bastante limitada. Contudo, o aumento da produção automobilística a partir da década de 1990 promoveu a expansão significativa da malha rodoviária russa, sobretudo nas regiões ocidentais do país.

Ainda com relação à infraestrutura, outros elementos imprescindíveis para abastecer os distantes centros industriais russos são a gigantesca rede de oleodutos e gasodutos e as dezenas de usinas termelétricas, hidrelétricas e nucleares espalhadas pelo país.

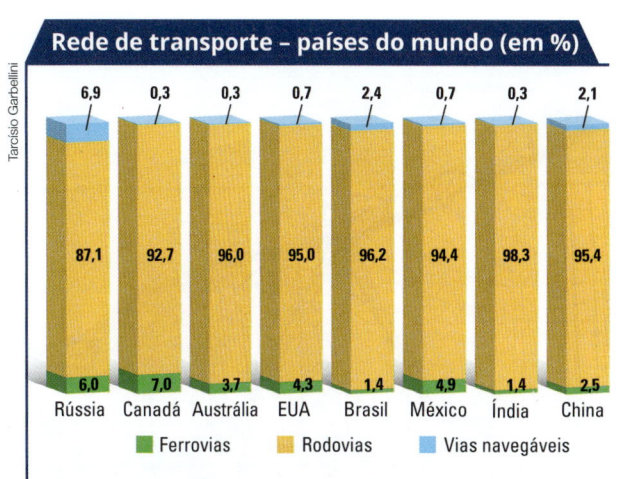

Rede de transporte – países do mundo (em %)

País	Ferrovias	Rodovias	Vias navegáveis
Rússia	6,0	87,1	6,9
Canadá	7,0	92,7	0,3
Austrália	3,7	96,0	0,3
EUA	4,3	95,0	0,7
Brasil	1,4	96,2	2,4
México	4,9	94,4	0,7
Índia	1,4	98,3	0,3
China	2,5	95,4	2,1

Fonte: CIA. Disponível em: https://bit.ly/38zIOJ6. Acesso em: 9 mar. 2020.

1. Observe o gráfico acima e responda: Se o transporte hidroviário e o ferroviário são os mais econômicos em consumo de combustível, quais desses países apresentam uma infraestrutura de transporte mais eficiente e vantajosa em relação ao custo do transporte? Como você avalia a situação do Brasil?

ZOOM

A ferrovia Transiberiana

A Transiberiana é considerada a ferrovia mais extensa do mundo, ligando a capital, Moscou, na Europa, à cidade russa de Vladivostok, no extremo oriente asiático. Apresenta-se como uma rota estratégica para o transporte de cargas e de passageiros entre a Rússia e países vizinhos, como China, Mongólia, Coreia do Norte e Coreia do Sul. As composições destinadas a passageiros podem levar de oito a dez dias para fazer o percurso todo, cuja extensão é de cerca de 9 300 km no sentido leste-oeste. Por isso, durante a viagem o passageiro passa por oito fusos horários diferentes. Muitos turistas sonham um dia viajar pela Transiberiana. E você, toparia uma aventura como essa?

Trem percorrendo a ferrovia Transiberiana. Sibéria, Rússia, 2016.

Espaço agrário na Rússia

A Rússia desponta na atualidade como uma das principais produtoras agrícolas do mundo. A maior parte de sua produção se concentra na região ocidental e no Cáucaso (veja novamente o mapa da página 102). Dois elementos naturais têm grande influência na distribuição das atividades agrícolas: o clima e o solo.

Na Rússia ocidental, o clima temperado e a extensa mancha de solo fértil (o *tchernozion*) proporcionam a realização de duas colheitas anuais, com o predomínio de culturas de trigo, aveia, cevada e girassol, além de batata e beterraba açucareira. No Cáucaso, o clima mais quente possibilita o desenvolvimento de culturas subtropicais, como algodão, chá, vinha, oliveiras e frutas cítricas.

Área de ocorrência de solo *tchernozion*, em Volgogrado, na Rússia, em 2019. Nessas áreas são bastante difundidas as plantações de girassol, aveia e trigo, por exemplo, que se desenvolvem bem em clima temperado.

A pecuária é bem desenvolvida em ambas as regiões, com destaque para as criações de ovinos e bovinos. Na Sibéria, no entanto, em razão do clima frio e polar, o solo fica coberto de neve de oito a dez meses no ano. Por isso, a produção agrícola nessa região é bem restrita, adquirindo maior importância a atividade extrativa madeireira e o pastoreio nômade.

Ainda que seja considerada um dos celeiros do mundo, a Rússia não produz o suficiente para abastecer seu mercado interno, necessitando assim importar grande quantidade de alimentos. Por outro lado, o setor agrícola do país vem crescendo de forma constante com a ajuda financeira do governo aos produtores rurais, sobretudo para a compra de insumos, como máquinas agrícolas, adubos e fertilizantes, com o objetivo de diminuir a dependência das importações.

A partir do final da década de 1990, as antigas formas de produção, baseadas na coletivização das terras, foram substituídas por empresas agrícolas privatizadas. O governo entregou títulos de propriedade de terra a milhares de famílias, principalmente aos antigos trabalhadores das fazendas estatais e das cooperativas coletivas, na expectativa de que, assim, a economia rural prosperasse.

Embora o setor ainda enfrente vários desafios, a Rússia se destaca na produção mundial de vários gêneros agrícolas, como cevada, aveia, centeio, batata e trigo.

Sibéria, a grande fronteira econômica russa

Ocupando a maior parte do território russo, a região da Sibéria ainda abriga locais praticamente desconhecidos, em que predominam a taiga e a tundra, vegetações que passam a maior parte do ano cobertas pela neve. O rigor dos climas frio e polar torna essa região do planeta bastante hostil aos seres humanos, pois durante o inverno as temperaturas podem chegar a –55 °C.

Devido aos rigores climáticos, a ocupação da Sibéria sempre foi difícil e, ainda hoje, a região abriga poucos habitantes – menos de 1 hab./km² (reveja o mapa da página 102). Uma prova do isolamento dessa região está no fato de que o acesso a mais da metade de seu território somente é possível por via aérea.

Tchernozion: um dos solos mais férteis do mundo, porque contém enorme quantidade de matéria orgânica decomposta. Ocorre na forma de uma grande mancha, que se estende da Ucrânia à região de Omsk, na Sibéria.

Pastoreio nômade: forma de atividade pecuária desenvolvida por povos nômades, grupos que se deslocam constantemente em busca de melhores pastagens para os rebanhos.

A Sibéria é considerada a grande fronteira econômica russa, já que tem riquíssimas jazidas minerais, como ferro, ouro, diamante, cobre, estanho e, ainda, é rica em recursos energéticos fósseis, como petróleo, gás natural e carvão. Além disso, seu solo é muito fértil, embora permaneça congelado grande parte do ano pelo chamado *permafrost* (leia a seção **Fique ligado!** a seguir). Devido a esses recursos naturais, há algumas décadas o então governo socialista iniciou a implantação de cidades e o desenvolvimento de atividades agropecuárias, extrativas e minerais na Sibéria, com o objetivo de povoar suas regiões isoladas e integrá-las ao espaço econômico russo.

A taiga no território russo representa a maior floresta de coníferas do planeta. Dela são extraídos, anualmente, milhões de metros cúbicos de madeira para a indústria. Na foto, paisagem com taiga nas imediações de Krasnoiarsk, Rússia, em 2019.

FIQUE LIGADO!

O que é *permafrost*?

[...] O *permafrost* é o solo que passa todo o ano congelado e que cobre 25% da superfície terrestre do Hemisfério Norte, sobretudo na Rússia, Canadá e Alasca. Pode ser composto por pequenos fragmentos de gelo ou grandes massas, e sua espessura pode ir de poucos metros a centenas.

Contém quase 1,7 trilhão de toneladas de carbono, ou seja, quase o dobro do dióxido de carbono (CO_2) presente na atmosfera.

Com o aumento das temperaturas, o *permafrost* esquenta e começa a derreter, liberando progressivamente os gases que estavam neutralizados. O fenômeno, segundo os cientistas, deve ganhar velocidade.

[...]

Os cientistas descrevem um círculo vicioso: os gases emitidos pelo *permafrost* aceleram o aquecimento, que acelera o derretimento do *permafrost*.

Até 2100, este último poderia, de acordo com o cenário menos catastrófico, diminuir 30% e liberar até 160 bilhões de toneladas de gases do efeito estufa [...].

Além dos efeitos climáticos, o degelo do *permafrost*, que abriga bactérias e vírus às vezes esquecidos, também representa uma ameaça para a saúde. [...]

Por fim, o degelo do *permafrost* também provoca danos materiais caros: desabamento de edifícios, deslizamentos de terras, estradas e pistas de aeroportos instáveis.

De acordo com um relatório de 2009 do Greenpeace, as empresas russas gastavam na ocasião até 1,3 bilhão de euros por ano para reparar as tubulações, edifícios e pontes deformadas na Sibéria.

ENTENDA o que são os "permafrost" e por que são uma ameaça à saúde humana. *G1*, Rio de Janeiro, 29 ago. 2019. Disponível em: https://g1.globo.com/natureza/noticia/2019/08/29/entenda-o-que-sao-os-permafrost-e-por-que-sao-uma-ameaca-a-saude-humana.ghtml. Acesso em: 17 set. 2019.

Cratera aberta em área afetada pelo derretimento do *permafrost* na Península de Iamal, Rússia, 2015.

Minorias étnicas e o desafio da unidade territorial

A Rússia pode ser considerada um dos países com a maior diversidade de etnias em um mesmo território. O grupo étnico russo representa 81% dos 142 milhões de habitantes do país. Os outros 19% são compostos de cerca de 130 grupos étnicos, que configuram verdadeiras minorias nacionais. Entre os grupos mais representativos estão os ucranianos e os bielo-russos (eslavos), além dos uralianos e moldávios.

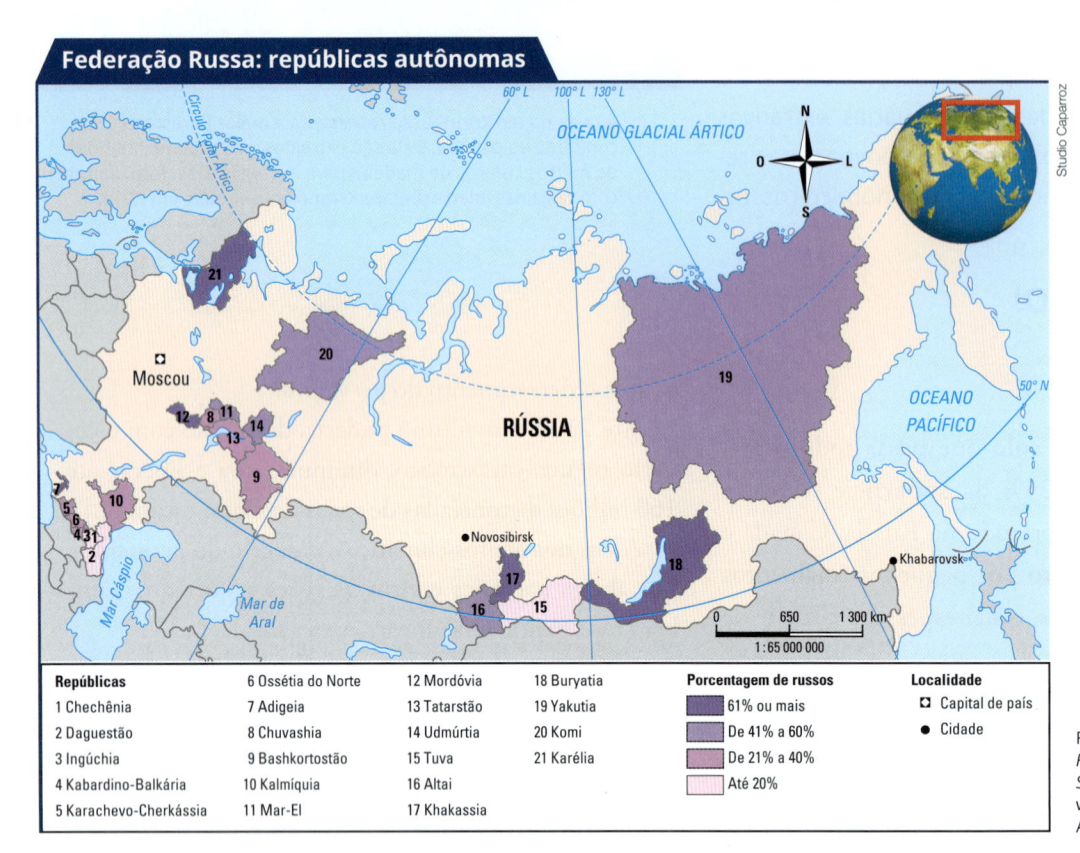

Boa parte desses povos vive nas chamadas **repúblicas autônomas**. De maneira geral, essas repúblicas correspondem aos antigos territórios habitados por eles e permanecem subordinadas ao poder central da Federação Russa. Veja o mapa.

Federação Russa: repúblicas autônomas

Repúblicas
1 Chechênia
2 Daguestão
3 Inguchia
4 Kabardino-Balkária
5 Karachevo-Cherkássia
6 Ossétia do Norte
7 Adigeia
8 Chuvashia
9 Bashkortostão
10 Kalmíquia
11 Mar-El
12 Mordóvia
13 Tatarstão
14 Udmúrtia
15 Tuva
16 Altai
17 Khakassia
18 Buryatia
19 Yakutia
20 Komi
21 Karélia

Porcentagem de russos
- 61% ou mais
- De 41% a 60%
- De 21% a 40%
- Até 20%

Localidade
- Capital de país
- Cidade

Fonte: RUSSIAN FEDERATION. *Federal State Statistics Service*. Disponível em: www.perepis2002.ru/. Acesso em: 17 set. 2019.

- **Mão de ferro:** expressão referente ao poder tirano exercido pelo governo de um país.
- **Russo étnico:** cidadão russo que migrou para as repúblicas autônomas ou para outros países socialistas.

Manifestação política na região da Buryatia. Ulan-Ude, Rússia, 2019.

Os movimentos separatistas e o poder central russo

Durante o regime soviético, a Rússia permaneceu unificada pela "mão de ferro" da ditadura estatal. Para garantir a estabilidade política nas repúblicas autônomas, além de usar a força militar, o governo federal tornou obrigatórios o aprendizado e o uso da língua russa e estimulou a migração de russos para grande parte dessas repúblicas. Atualmente, os russos étnicos representam o grupo populacional majoritário em diversas repúblicas, como na Khakassia, na Buryatia e na Karélia.

Desde o fim da União Soviética, porém, a unidade territorial da Rússia está ameaçada pela insatisfação das minorias nacionais em relação ao governo de Moscou. As diferenças étnico-religiosas, somadas a um relativo descaso do poder central russo com as minorias étnicas, têm gerado revolta e propiciado o surgimento de grupos nacionalistas que reivindicam a independência das repúblicas autônomas. Em algumas repúblicas, esses grupos agem pacificamente, por meio de protestos políticos e outras formas de manifestação; já em outras, o sentimento separatista é exacerbado e os grupos se insurgem contra o Estado russo por meio de guerrilhas.

ZOOM

Rússia e vizinhança: tensões e conflitos

A criação da URSS após a Revolução de 1917 possibilitou aos soviéticos ampliar seus domínios por meio da anexação de territórios e nações vizinhas. Como forma de garantir esse expansionismo, Moscou passou a promover a migração maciça de russos para as repúblicas recém-anexadas. Assim, milhões de cidadãos russos foram estimulados, ou mesmo forçados, a viver nos territórios dominados.

Contudo, com o desmembramento da União Soviética no início da década de 1990, grande parte dos 25 milhões de russos que viviam nas antigas repúblicas anexadas foi obrigada a regressar à Rússia. Em muitas dessas repúblicas, os habitantes de etnia russa não foram reconhecidos como cidadãos, perdendo todos os direitos constitucionais.

Existe também um forte sentimento xenófobo em relação a esses imigrantes, cuja condição sempre foi privilegiada naquelas sociedades.

Essa situação provoca o reavivamento das tensões étnicas latentes, até então sufocadas e reprimidas por intervenções militares, desencadeando diversos conflitos em alguns países da CEI, sobretudo na região do Cáucaso, como mostra o mapa a seguir.

Conflitos e tensões na região do Cáucaso

Abkhazia
1992 – Guerra. 300 mil georgianos fugiram. Antes do confronto, a população de Abkhazia totalizava 18% da população da república; os georgianos, 45%.
1998 – Confronto reiniciado, novas expulsões. Nenhum progresso nas negociações desde 1993 (formação de grupos paramilitares de refugiados georgianos).
2002 – Reiniciados os confrontos.
2003-2005 – Combates e tréguas.

Ossétia do Sul
1991 – Guerra. Todos os georgianos fugiram da região, 100 mil ossetianos para partes da Geórgia. Os envolvidos concordaram em não usar a força, mas não houve progresso com relação a um acordo final de paz.

Pankisi Gorge
2002 – Com 80 km de extensão, a Rússia e os EUA declararam que Gorge era como um santuário para chechenos e combatentes da Al Qaeda.

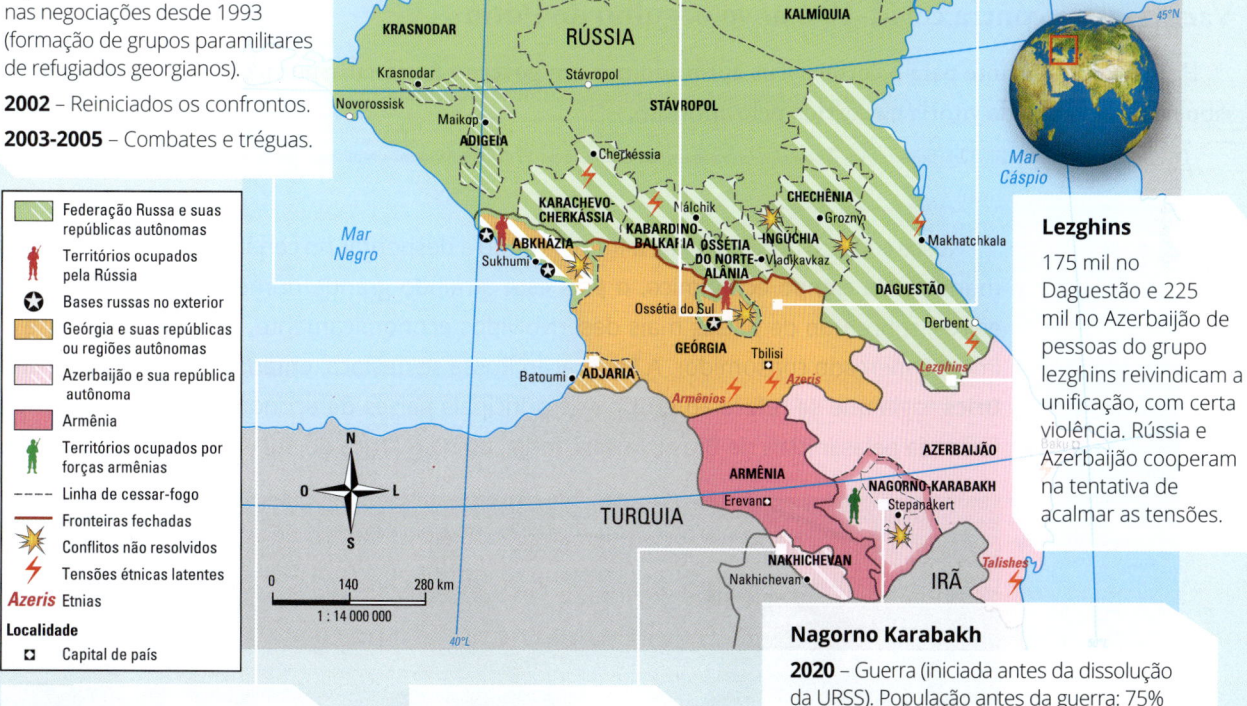

Lezghins
175 mil no Daguestão e 225 mil no Azerbaijão de pessoas do grupo lezghins reivindicam a unificação, com certa violência. Rússia e Azerbaijão cooperam na tentativa de acalmar as tensões.

Adjaria
1991 – Tensão em relação à economia e à autonomia política. A base militar russa em Batumi reforça a autoridade de Adjaria.

Nakhichevan
Enclave azerbaijanês: vulnerabilidade e tensão, terra natal dos dois últimos presidentes do Azerbaijão.

Nagorno Karabakh
2020 – Guerra (iniciada antes da dissolução da URSS). População antes da guerra: 75% de armênios. Território atualmente sob o controle dos armênios, incluindo as terras azerbaijanesas que ligam Nagorno Karabakh à Armênia. Confronto iniciado em 1997. Suspenso por quase duas décadas, foi retomado em 2016 e em 2020.

Legenda do mapa:
- Federação Russa e suas repúblicas autônomas
- Territórios ocupados pela Rússia
- Bases russas no exterior
- Geórgia e suas repúblicas ou regiões autônomas
- Azerbaijão e sua república autônoma
- Armênia
- Territórios ocupados por forças armênias
- Linha de cessar-fogo
- Fronteiras fechadas
- Conflitos não resolvidos
- Tensões étnicas latentes
- *Azeris* Etnias
- Localidade
- Capital de país

Escala 1 : 14 000 000

Studio Caparroz

Fontes: SMITH, Dan. *Atlas dos conflitos mundiais*. São Paulo: Companhia Editora Nacional, 2007. p. 59; SELLIER, Jean. *El atlas de las minorías*. Buenos Aires: Capital Intelectual, 2013. p. 59; ARMENIA y Azerbaiyán declaran un alto el fuego en la guerra [...]. *El país*, Madrid, 18 out 2020. Disponível em: https://elpais.com/internacional/2020-10-17/armenia-y-azerbaiyan-declaran-un-alto-el-fuego-en-la-guerra-del-alto-karabaj.html. Acesso em: 8 jan. 2020.

Rússia: o retorno da potência mundial

Leia as notícias a seguir. Do que elas tratam? Troque ideias com os colegas.

Rússia e África têm "grande" potencial de cooperação industrial e militar, diz ministro

O ministro russo da Indústria e Comércio, Denis Manturov, disse na quarta-feira (16) que há um grande potencial de cooperação entre a Rússia e a África no setor industrial, acrescentando que empresas russas são capazes de fortalecer sua presença no mercado africano. [...]

PRAVDA, 29 jan. 2019. Disponível em: http://port.pravda.ru/russa/29-01-2019/47145-russia_africa-0/. Acesso em: 17 set. 2019.

Putin mostra seu poderio com megafeira de equipamentos militares

[...] Entre os destaques dos equipamentos militares russos estão um cruzador de mísseis modernizado, submarinos nucleares e o moderno sistema antiaéreo S-400, motivo de tensão dos EUA.

GAZETA do Povo, 27 jun. 2019. Disponível em: www.gazetadopovo.com.br/mundo/putin-mostra-seu-poderio-com-megafeira-de-equipamentos-militares/. Acesso em: 17 set. 2019.

Vacina russa contra covid-19 é novo orgulho de Putin

Primeiro imunizante para o coronavírus aprovado por um governo nacional, Sputnik V [...] dá ao Kremlin o sabor momentâneo de vitória na corrida pelo antídoto.

DW, 14 ago. 2020. Disponível em: https://www.dw.com/pt-br/vacina-russa-contra-covid-19-%C3%A9-novo-orgulho-de-putin/a-54565485. Acesso em: 12 fev. 2021.

Nesse começo do século XXI, a Rússia voltou a despontar no cenário econômico e geopolítico mundial. No campo econômico, o país está atraindo grande número de investidores estrangeiros, sobretudo de países mais desenvolvidos economicamente, interessados nesse novo e imenso mercado consumidor. A Federação Russa se destaca, então, como uma das estrelas do **Brics**, sigla que se refere ao grupo dos principais países de economia emergente do planeta, formada pelas iniciais de Brasil, Rússia, Índia, China e África do Sul – em inglês, South Africa.

Aeronave hipersônica militar russa MIG-31 realizando testes de voo. Península de Kamtchatka, Rússia, 2017.

Além disso, a federação ainda exerce forte influência nos antigos países socialistas europeus e asiáticos, que pertenciam ao bloco geopolítico liderado pela extinta União Soviética, assim como em importantes países do Oriente Médio, como é o caso da Turquia, Síria e do Irã, e até mesmo em países da América Latina, como Cuba e Venezuela. Isso porque, mesmo após o fim da Guerra Fria e da União Soviética, a Rússia destaca-se no cenário geopolítico mundial como **potência militar**, com poderoso arsenal de armas nucleares, superado apenas pelo dos Estados Unidos.

Atualmente, ainda existem em território russo cerca de 10 mil ogivas nucleares, instaladas em mísseis de médio e longo alcance. Além disso, grande parte de seu parque industrial continua voltado para a produção de armamentos e veículos militares (aviões de caça e bombardeiros, lança-mísseis, tanques, submarinos etc.), sendo responsável pelo fornecimento de aproximadamente 21% do material bélico comercializado no mundo.

▪ **Ogiva:** dispositivo que carrega um artefato explosivo localizado na extremidade frontal de um míssil.

FIQUE LIGADO!

A Rússia e a Estação Espacial Internacional

O controle de uma tecnologia aeroespacial altamente desenvolvida – consequência do conhecimento adquirido durante cerca de quarenta anos de Guerra Fria – também contribui para a manutenção do *status* de grande potência tecnológica global da Rússia. Os conhecimentos tecnológicos obtidos durante o tempo de operação da estação espacial MIR, por exemplo, levaram os russos a aderir, na década de 1990, a um novo e ambicioso projeto: a construção da Estação Espacial Internacional (ISS – sigla em inglês).

A ISS vem sendo feita por uma associação de 16 países, incluindo o Brasil, liderada pelos Estados Unidos e pela Rússia. Entre os principais objetivos da estação, destacam-se a pesquisa biomédica e os estudos ligados à meteorologia e aos recursos naturais terrestres.

Dificuldades financeiras da Rússia levaram ao atraso da construção de partes da estação. Entretanto, os longos períodos de permanência dos cosmonautas russos no espaço garantem a principal colaboração do país no projeto.

Durante o tempo em que esteve em órbita, a MIR possibilitou o desenvolvimento de cerca de 23 mil experiências nas mais diversas áreas de conhecimento, além da avaliação de problemas relacionados tanto ao desgaste de equipamentos quanto às reações do organismo humano exposto às radiações espaciais e à falta de gravidade no espaço.

Assim, a experiência russa é fundamental para a ISS. Essa estação é um dos mais importantes símbolos da cooperação entre Estados Unidos e Rússia depois do fim da Guerra Fria.

Nave russa Soyuz acoplada à Estação Espacial Internacional. Foto de 2019.

ATIVIDADES

Reviso capítulo

1. Observe a distribuição da população no território russo utilizando o mapa da página 102 e cite os principais fatores (econômicos e naturais) que contribuíram para essa disposição.

2. De acordo com o mapa da página 104, responda:
   a) Quais são os principais centros industriais da Rússia?
   b) Onde esses centros estão localizados no território russo?

3. De que maneira o governo russo incentiva a modernização de seu parque industrial?

4. Relacione as características naturais à produção agropecuária russa. Como a natureza influencia a organização do espaço agrário russo?

5. Sobre a Sibéria, responda no caderno:
   a) Quais são as principais características físicas e naturais dessa região?
   b) De acordo com os mapas das páginas 102 e 104, por que a Sibéria pode ser considerada a fronteira econômica da Rússia?

6. Cite dois aspectos que tornam a Rússia uma potência militar no cenário geopolítico mundial.

7. Por que a Rússia pode ser considerada uma nação multiétnica? Quais são os grupos étnicos mais representativos do país?

8. Por que a unidade territorial russa está ameaçada? O que gera a eclosão de grupos nacionalistas na Rússia?

Analiso mapas

9. Observe o mapa que segue com atenção.
   a) O que é *permafrost*?
   b) De acordo com o mapa, pelo território de quais países ele se estende?
   c) De acordo com o mapa, é possível perceber a redução do *permafrost* por meio de duas cores na legenda. Que período cada uma das cores representa?
   d) Por que vem ocorrendo o derretimento do *permafrost* nas últimas décadas? Quais são as consequências ambientais e econômicas desse fenômeno?

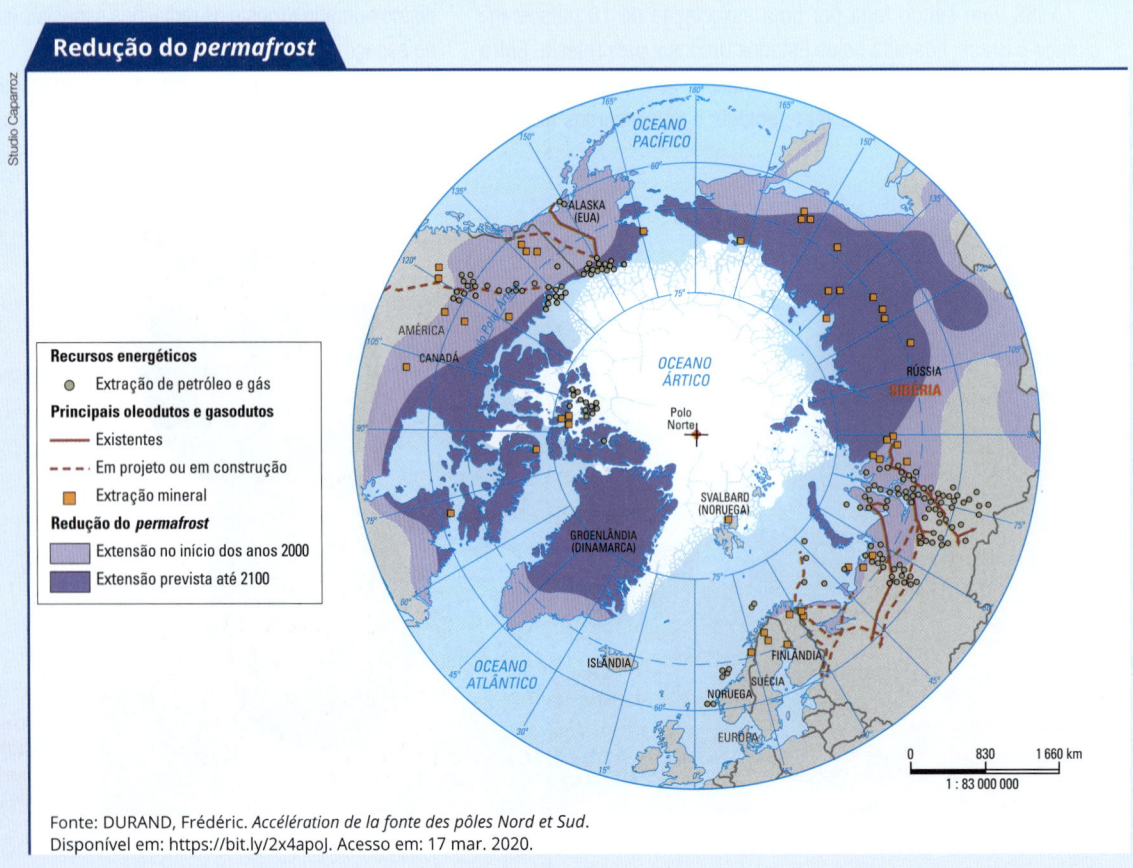

Redução do *permafrost*

Fonte: DURAND, Frédéric. *Accélération de la fonte des pôles Nord et Sud*. Disponível em: https://bit.ly/2x4apoJ. Acesso em: 17 mar. 2020.

Pesquiso na internet e elaboro um painel

10. Leia o texto a seguir.

Ao término da Segunda Guerra Mundial (1939-1945), as tropas soviéticas ocupavam quase todo o Leste Europeu, o que levou a Rússia a recuperar o domínio sobre várias nações. A fim de consolidar a influência nos países ocupados por suas tropas, os soviéticos fizeram intensa pressão política para implantar o socialismo em todo o Leste Europeu, muitas vezes recorrendo ao uso da força para assegurar a conquista de seus objetivos.

A expansão do socialismo na região passou a ser vista como ameaça aos interesses dos países capitalistas, sobretudo dos Estados Unidos, que, na condição de potência econômica, não queriam perder a influência que exercem nos países da Europa. A disputa pela expansão das respectivas áreas de influência levou a União Soviética (socialista) e os Estados Unidos (capitalista) a se oporem ideologicamente, dando origem à chamada Guerra Fria, que duraria mais de quatro décadas (da década de 1950 à de 1980). Nesse período, as duas superpotências estiveram, várias vezes, muito próximas de um confronto direto.

Uma das maiores conquistas de soviéticos e estadunidenses na Guerra Fria foi o desenvolvimento do setor aeroespacial. Isso porque se iniciou, na década de 1950, a chamada "corrida espacial", quando tanto a União Soviética como os Estados Unidos passaram a investir maciçamente em pesquisas que possibilitassem a conquista do espaço sideral.

- Reúna-se com alguns colegas para pesquisar as principais novidades tecnológicas do período mencionado no texto acima. Juntos, descubram como essas tecnologias passaram a interferir em nosso dia a dia. Criem um painel com imagens (fotos ou desenhos) dessas invenções, bem como textos explicativos para cada uma delas. Façam uma exposição para a turma e apreciem o trabalho dos outros grupos.

Cartaz de publicidade do programa espacial soviético no período da Guerra Fria. Década de 1960.

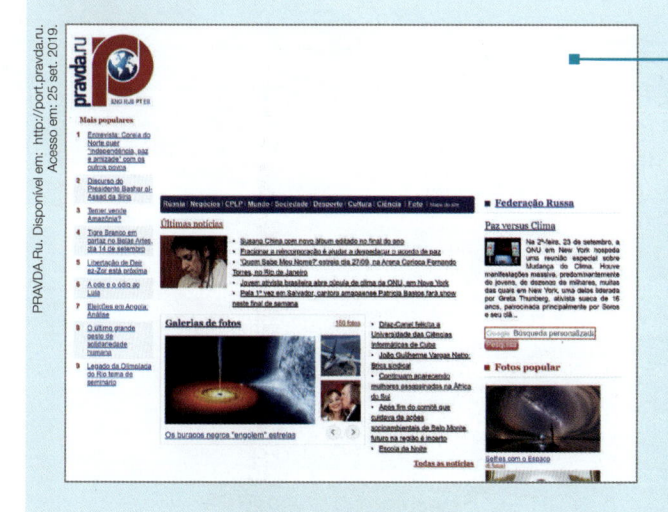

AQUI TEM GEOGRAFIA

Acesse

Jornais russos em português
Por meio dos *links* abaixo, conheça os *sites* desses veículos de comunicação da Rússia, nos quais você encontrará notícias do dia e informações atualizadas sobre a política e a economia dessa potência mundial.

Pravda
Disponível em: http://port.pravda.ru/. Acesso em: 6 nov. 2019.

Sputnik
Disponível em: https://br.sputniknews.com. Acesso em: 6 nov. 2019.

Embaixada da Rússia no Brasil
Disponível em: http://brazil.mid.ru/pt/web/brasil_pt. Acesso em: 6 nov. 2019.

Russobras – Rússia e Brasil
Disponível em: www.russobras.com.br/historia/historia_4.php. Acesso em: 6 nov. 2019.

UNIDADE 4

ÁSIA

A Ásia é um continente que abriga grande diversidade cultural, econômica e social. A arquitetura e a iluminação arrojadas de Cingapura, destacadas na paisagem noturna destas duas páginas, assim como a apresentação cultural em uma de suas ruas (na página ao lado), são exemplos dessa diversidade.

1. Que ideias você tem a respeito do continente asiático ao analisar essas imagens?
2. Você conhece algum aspecto interessante sobre um país asiático? Cite informações sobre ele.
3. Que características culturais e demográficas diferenciam a Ásia dos demais continentes?
4. Converse com os colegas a respeito de outros aspectos desse continente.

Nesta unidade você vai aprender:
- os aspectos naturais do continente asiático;
- as disputas territoriais e religiosas no Oriente Médio;
- a questão da água e da exploração do petróleo no Oriente Médio;
- a importância da rizicultura no Sudeste Asiático;
- a pujança dos Tigres Asiáticos;
- a emergência da China como grande potência econômica e militar mundial;
- a demografia, as disputas étnico-religiosas e o ritmo do crescimento econômico indiano.

Área Central de Cingapura, Cingapura, 2018.

Desfile do Dia Nacional de Cingapura. Cingapura, 2019.

CAPÍTULO 10

Ásia: natureza e regionalização

A Ásia, com uma área de aproximadamente 44,5 milhões de quilômetros quadrados (cerca de um terço das terras emersas do globo), é o continente mais extenso do mundo. O litoral asiático é banhado por três oceanos: o Índico (ao sul), o Pacífico (a leste) e o Ártico (ao norte). O extremo oeste do continente é delimitado pelos Montes Urais e pelos mares Cáspio, Negro e Mediterrâneo.

Para se ter uma ideia da vasta extensão territorial da Ásia, basta verificar que, no sentido leste-oeste, o continente estende-se por cerca de 160° de longitude, abrangendo 11 fusos horários. No sentido norte-sul, as terras asiáticas prolongam-se das baixas latitudes do Hemisfério Sul (10° S) às altas latitudes da zona polar do norte (80° N).

A localização em latitudes e longitudes tão variadas e a interdependência de relevo, clima, hidrografia e vegetação são os principais fatores que proporcionam grande diversidade de paisagens naturais a esse continente.

Clima e vegetação

Na Ásia, há vários tipos de clima: dos mais quentes, como o equatorial e o tropical, aos mais frios, como os de alta montanha e o polar. Essa variação climática, por sua vez, influencia diretamente na diversidade de formações vegetais: florestas equatoriais, tropicais e temperadas, estepes, savanas e pradarias, vegetações desérticas, taiga e tundra, entre outras. Observe os mapas do clima e da vegetação original da Ásia e, na sequência, conheça as principais características do domínios climáticos asiáticos e das respectivas formações vegetais originais.

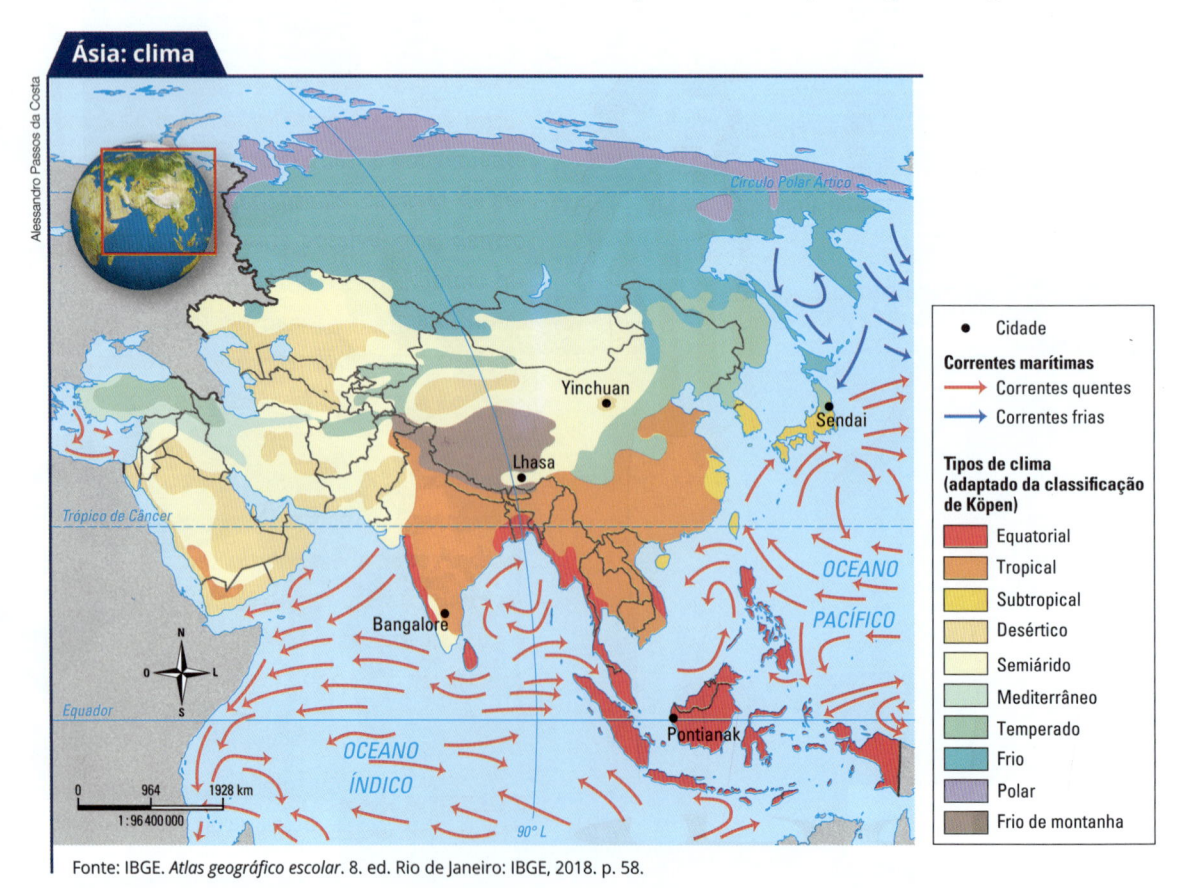

Fonte: IBGE. *Atlas geográfico escolar*. 8. ed. Rio de Janeiro: IBGE, 2018. p. 58.

Ásia: vegetação

Legenda:
- Vegetação Polar e de Altas Montanhas
- Tundra
- Floresta de Coníferas
- Floresta Temperada
- Floresta Equatorial
- Floresta Tropical
- Vegetação Mediterrânea
- Vegetação Desértica
- Savanas
- Estepes
- Pradarias

Escala 1:95 200 000

Fonte: IBGE. *Atlas geográfico escolar*. 8. ed. Rio de Janeiro: IBGE, 2018. p. 61.

1. Compare o mapa ao lado com o da página anterior e responda: Que relação pode existir entre os tipos climáticos e a distribuição das formações vegetais originais do continente asiático?

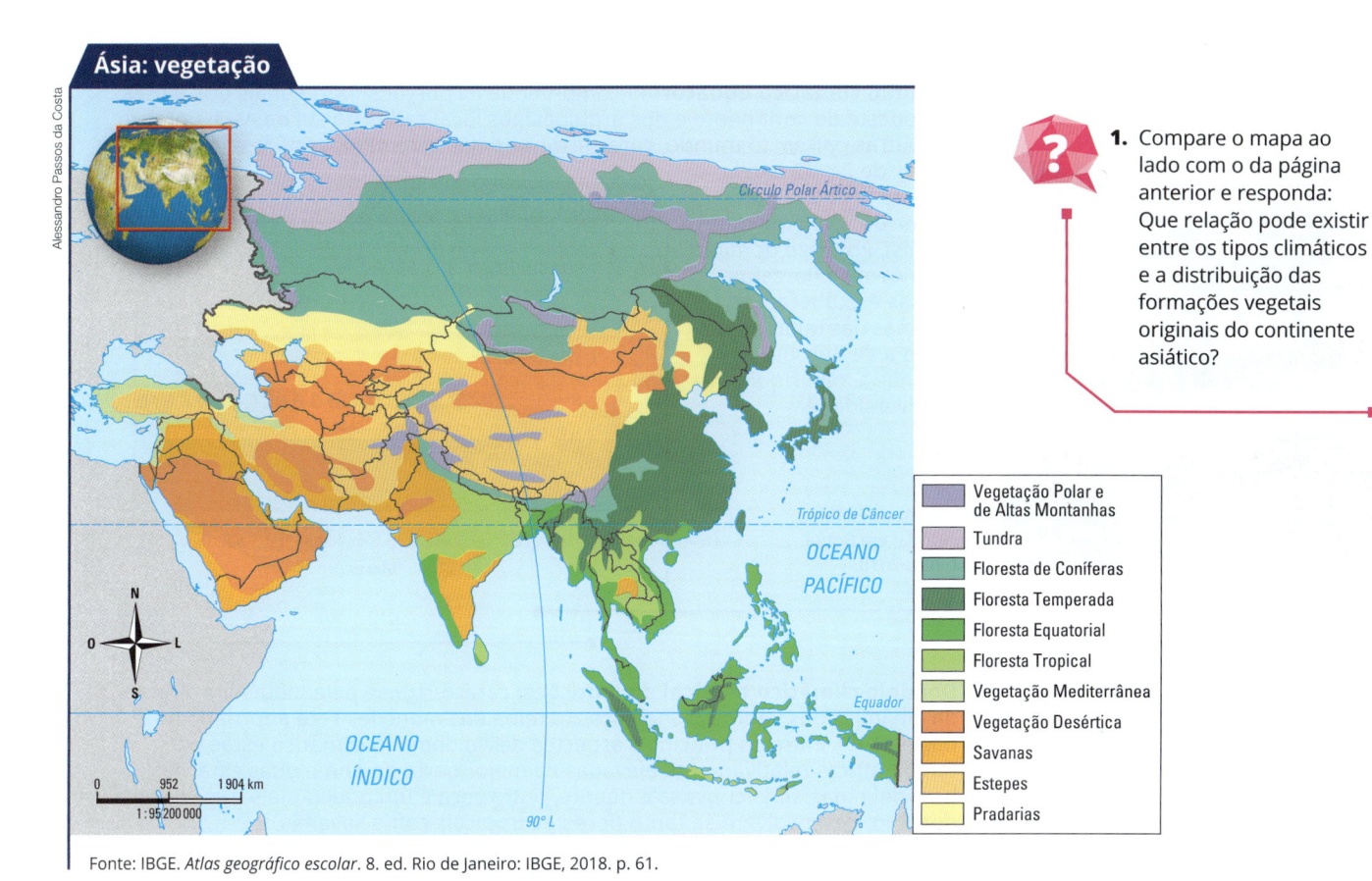

Domínio climático desértico: a principal característica desse domínio são as baixas médias pluviométricas anuais. Na Ásia, há dois tipos de deserto: quente e frio. Os desertos quentes localizam-se no Oriente Médio e suas médias térmicas anuais são acima de 35 °C. São exemplos de desertos quentes o da Arábia e o do Irã. Os desertos frios estendem-se pela porção central do continente, apresentando invernos bastante rigorosos, quando as temperaturas caem abaixo de 20 °C negativos. São exemplos de desertos frios o de Takla Makan, na China, e o de Gobi, com sua maior parte localizada na Mongólia. Nesses domínios climáticos predominam as formações vegetais desérticas e de estepes. Nos desertos asiáticos, assim como nos africanos, surgem oásis em locais em que o lençol de água subterrânea aflora.

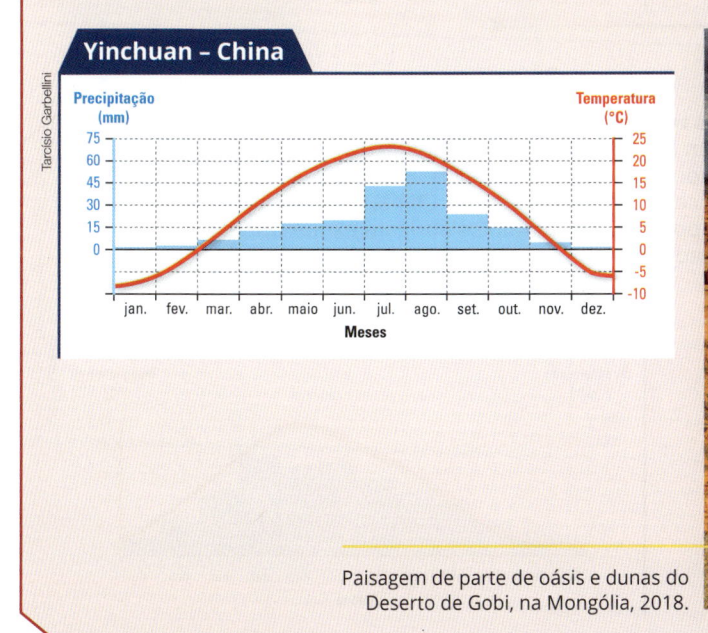

Yinchuan – China

Gráfico climático com Precipitação (mm) e Temperatura (°C) ao longo dos meses (jan. a dez.).

Paisagem de parte de oásis e dunas do Deserto de Gobi, na Mongólia, 2018.

Domínio climático equatorial: compreende as porções meridionais dos países do sudeste do continente e dos arquipélagos localizados no sul da Ásia. Como em outras partes do mundo, caracteriza-se pelas altas temperaturas (médias anuais de 24 °C) e pela elevada precipitação (acima de 2 000 milímetros anuais). Por esse domínio, estendem-se florestas densas e exuberantes, algumas das quais, como a de Bornéu, na Indonésia, têm riquíssima biodiversidade.

Paisagem de Floresta Equatorial em Bohol, Filipinas, 2018.

Domínio climático tropical de monções: caracteriza-se pela influência direta da dinâmica dos ventos monçônicos (o tema das monções será abordado na página 140). Entre os principais aspectos desse domínio climático estão as temperaturas relativamente elevadas na maior parte do ano e duas estações bem definidas: uma chuvosa e quente, outra seca e um pouco mais fria. Nesse domínio, desenvolvem-se tanto florestas tropicais como savanas.

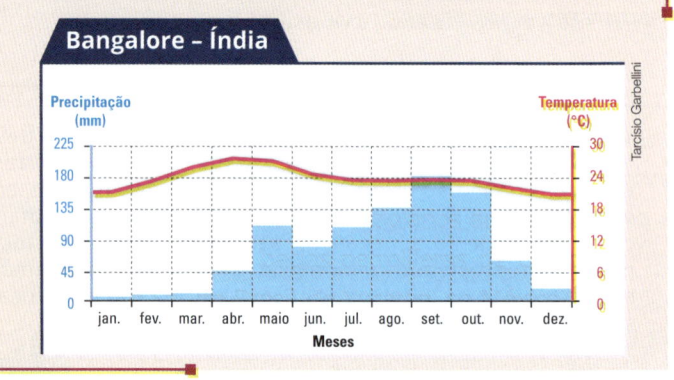

Paisagem de Savana no interior da Índia. Haridwar, Índia, 2018.

Domínios climáticos temperado e subtropical: apresentam temperaturas amenas, em geral com médias anuais entre 10 °C e 20 °C, e pluviosidade média anual relevante, em torno de 1 500 milímetros. Estendem-se pelo norte da Turquia, pela porção central da Ásia, leste da China, pela Península da Coreia e pelo arquipélago japonês. Esses domínios abrigam exuberantes florestas de pinheiros e árvores caducifólias.

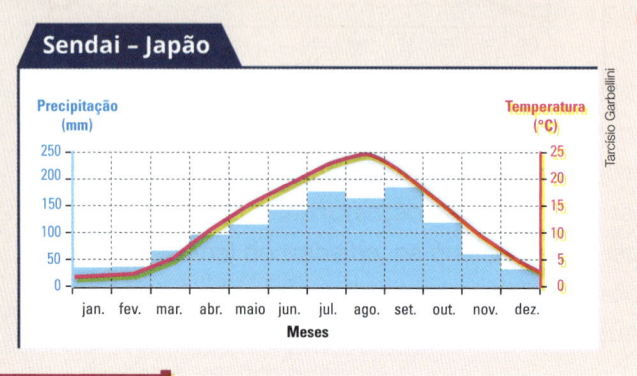

Paisagem de Floresta Temperada no Japão. Oita, Japão, 2018.

Domínio climático frio: as médias térmicas anuais muito baixas, em geral inferiores a 10 °C, caracterizam esse domínio. Existem dois tipos de clima frio na Ásia: o de altas latitudes e o de elevadas altitudes. O clima frio de altas latitudes atua nas regiões próximas ao Círculo Polar Ártico. Nessas regiões desenvolve-se a Tundra, uma formação de gramíneas e liquens que brotam na época do degelo, no verão. A Taiga também se desenvolve nessa região e é a maior floresta de coníferas do mundo. Já o clima frio de altitude atua nas regiões montanhosas e de altos planaltos da Ásia, como a do Himalaia e a do Tibete. Nelas se destaca a vegetação de estepes e, nas áreas mais úmidas, as pradarias.

Fonte dos climogramas das páginas 117, 118 e 119: WORLD WEATHER INFORMATION SERVICE. Disponível em: http://worldweather.wmo.int/. Acesso em: 5 nov. 2019.

Paisagem do Planalto do Tibete. Ngari, Tibete/China, 2017.

Relevo e hidrografia

Assim como o clima e a vegetação, as relações entre o relevo e a hidrografia ocorrem de maneira muito particular no continente asiático. Observe o mapa abaixo.

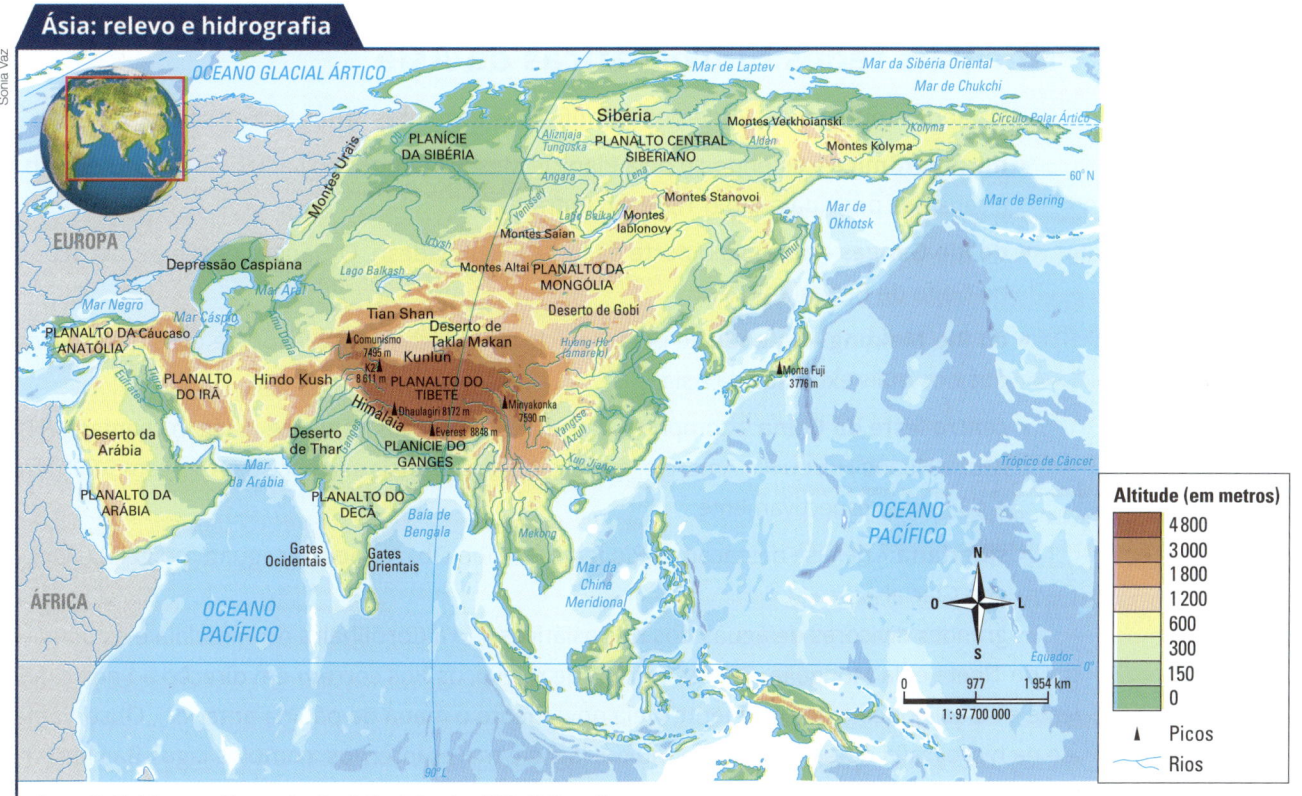

Fonte: IBGE. *Atlas geográfico escolar*. 8. ed. Rio de Janeiro: IBGE, 2018. p. 33.

Principais conjuntos de relevo da Ásia

Observando o mapa da página anterior, é possível verificar que o relevo de grande parte do continente asiático apresenta altitudes médias elevadas e, em algumas áreas, é bastante irregular. Nota-se também a presença de extensas planícies, com baixas altitudes. Dessa forma, podemos identificar três conjuntos principais de relevo na Ásia.

- Áreas de **terrenos recentes** (cadeias montanhosas e planaltos de elevada altitude) formadas em um passado geológico relativamente próximo: decorrem da intensa atividade tectônica da região, sobretudo do encontro de placas litosféricas convergentes. São exemplos a Cordilheira do Himalaia e o Planalto do Tibete.

- **Planaltos antigos**, cuja origem remonta a um passado geológico distante: apresentam-se já bastante desgastados pelo processo erosivo; por isso, suas altitudes médias são mais modestas. São exemplos os planaltos do Decã, da Mongólia e da Arábia.

- **Planícies fluviais**, formadas pelo intenso processo de sedimentação nas áreas de várzea dos rios: remontam a um passado geológico relativamente recente e distribuem-se ao longo de importantes rios da região, como o Tigre e o Eufrates, o Ganges e o Yang-Tsé-Kiang.

O movimento convergente entre as placas Indo-Australiana e Eurasiática, ao longo de milhões de anos, resultou no deslocamento da massa continental de onde atualmente se localiza a Índia e na formação da Cordilheira do Himalaia. Observe o mapa ao lado.

Fonte: THE GEOLOGICAL SOCIETY. Disponível em: https://bit.ly/3cSxkDG. Acesso em: 11 mar. 2020.

Principais redes hidrográficas da Ásia

A Ásia abriga muitos rios. Podemos identificar as seguintes redes hidrográficas principais:

- **mesopotâmica** – estende-se pela Planície Mesopotâmica, no centro do Oriente Médio, e seus rios principais são o Tigre e o Eufrates;

- **do Rio Ganges** – abrange o norte da Índia e Bangladesh. O Ganges despeja suas águas no Golfo de Bengala;

- **do Rio Mekong** – estende-se pela Planície da Indochina. O Mekong é considerado um dos rios mais extensos da Ásia;

- **centro-leste da China** – composta das planícies dos rios Yang-Tsé-Kiang, o chamado Rio Azul, e Huang-Ho, ou Rio Amarelo, que estão entre os mais extensos da Ásia, com 5 800 km e 4 845 km, respectivamente;

- **siberiana** – nela se destacam o Rio Ienissei e Rio Ob. Ambos deságuam no gelado Oceano Glacial Ártico.

Os grandes divisores de águas dos rios asiáticos são a Cordilheira do Himalaia e os planaltos do Tibete e da Mongólia. Dessas formas de relevo, os rios correm em direção ao norte, ao leste e ao sul-sudeste do continente (veja novamente o mapa da página anterior). Observam-se na hidrografia desse continente muitos lagos e mares internos, como os lagos Balkhash e Baikal e o Mar de Aral.

Regiões da Ásia

Além da diversidade do quadro natural, a Ásia apresenta alta densidade demográfica e grande riqueza cultural. Atualmente, vivem nesse continente cerca de 4,5 bilhões de habitantes, o que corresponde a aproximadamente 60% da população mundial. Para melhor dimensionar esse contingente populacional, basta dizer que entre os dez países mais populosos do mundo, seis localizam-se na Ásia. São eles: China (1º), Índia (2º), Indonésia (4º), Paquistão (5º), Bangladesh (8º) e Rússia (9º).

A história da humanidade confunde-se com a própria história da Ásia, continente onde surgiram algumas das primeiras grandes civilizações, como a suméria, a semita, a chinesa e a indiana (ou hindu), as quais deram início ao desenvolvimento das atividades agrícolas e de criação de animais.

> **Fisiográfico:** referente à fisiografia, à descrição dos aspectos físicos da natureza.

A diversidade étnico-cultural no continente é imensa. Assim, se considerarmos a grande variedade de povos, os aspectos históricos e as diferenças **fisiográficas** dessa parte do planeta, podemos agrupar os países asiáticos em grandes conjuntos regionais.

De acordo com algumas características comuns, eles podem ser organizados em cinco grandes regiões: Oriente Médio, Sul da Ásia, Sudeste Asiático, Extremo Oriente e países da Ásia Setentrional e Central. Observe o mapa ao lado.

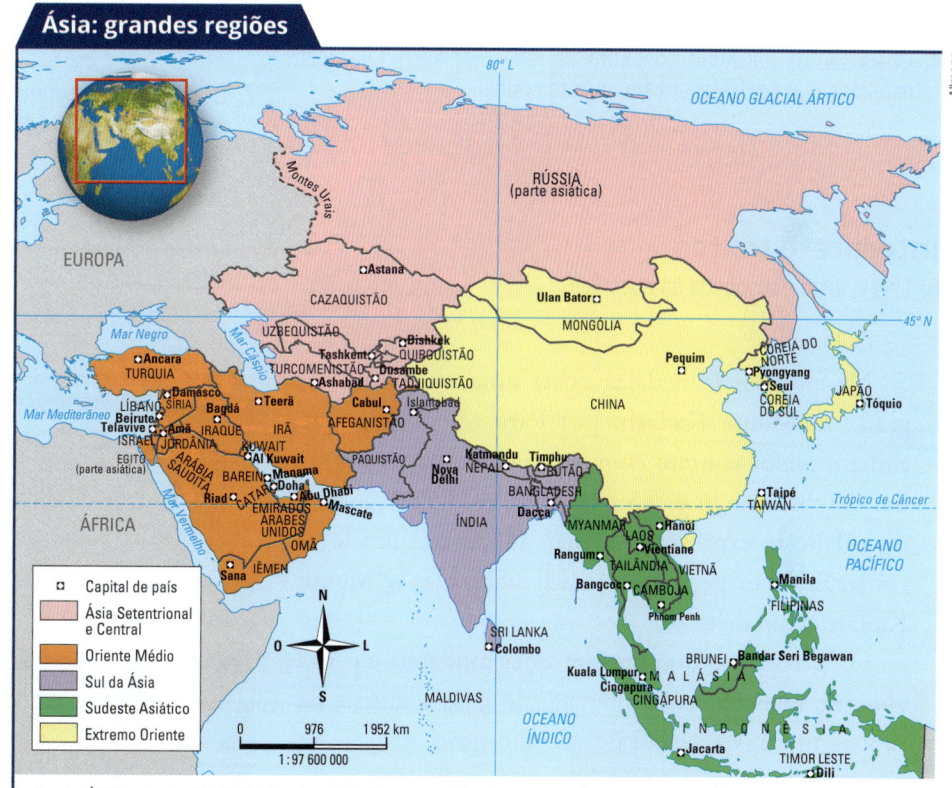

Fonte: ÍSOLA, Leda; CALDINI, Vera L. de M. *Atlas geográfico Saraiva*. 4. ed. São Paulo: Saraiva, 2013. p. 130.

CONEXÕES COM HISTÓRIA

Entre o Oriente e o Ocidente

Na proposta de regionalização da Ásia, apresentada nesta página, observe as regiões chamadas de Oriente Médio e Extremo Oriente. A palavra **oriente** é originada do latim e significa "lugar onde o Sol nasce". O termo se refere à parte do planeta que, durante o movimento de rotação, recebe primeiro os raios solares. De fato, as massas continentais que são inicialmente iluminadas pelo Sol são a Ásia e a Oceania.

Do continente asiático foram levadas muitas riquezas que transformaram determinados países da Europa em grandes potências econômicas, como o Reino Unido e a França. Isso ocorreu, sobretudo, durante o século XIX e até metade do século XX, período do chamado colonialismo europeu.

Enquanto a Ásia era identificada como o Oriente, a Europa tornou-se o centro do Ocidente, "lugar onde o Sol se põe". Isso levou cartógrafos e geógrafos europeus a batizar as regiões da Ásia de acordo com a posição de cada uma em relação à Europa. Assim, o Oriente Médio ou Oriente Próximo é a porção asiática mais perto do continente europeu, enquanto o Extremo Oriente é, relativamente, a mais distante. Reveja o mapa acima.

ATIVIDADES

Reviso o capítulo

1. Cite três aspectos que caracterizam a grande diversidade natural do continente asiático.

2. Imagine que você e os colegas farão uma viagem entre o norte da Rússia e o sul da China. Que tipos de formação vegetal original podem ser encontrados nesse trajeto? Utilize o mapa da página 117 para realizar esta atividade.

3. Quais são as principais diferenças entre os desertos quentes e os desertos frios da Ásia?

4. Quais são os principais conjuntos de relevo da Ásia? Cite dois aspectos que se destacam em cada um deles.

5. Reveja o mapa da página 119 e responda às questões a seguir.
    a) Quais são as áreas com altitude mais elevada?
    b) Qual é a altitude dos picos mais elevados?
    c) Quais são as áreas dominadas por planície?
    d) Além dos Montes Urais, quais variações nas formas do relevo marcam a separação da Ásia do continente europeu?

6. Como você caracterizaria a hidrografia do continente asiático? Indique uma particularidade que a diferencie da hidrografia dos continentes já estudados.

7. Cite o nome dos grandes conjuntos regionais da Ásia e as principais características dessa classificação.

Interpreto textos

8. Leia o texto e responda às questões.

> [...]
> No alto dos Himalaias existe uma montanha sagrada, o Monte Kailash. [...] Para os antigos, que tinham maior contato com a natureza, tudo é sagrado – a vida em si é. Só que existem lugares onde a divindade se expressa com mais força, seja um local construído por pessoas, seja pela natureza. O Monte Kailash é um deles.
>
> Os peregrinos que buscam uma mudança em sua vida, de maneira nada diferente de nossos rituais de roupas brancas e resoluções de ano-novo, dirigem-se à montanha sagrada. Caminhando no frio, na companhia de si mesmos, eles buscam graça e expressam gratidão. Alguns desatentos, outros tristes e ansiosos, eles circunscrevem o Monte Kailash ao redor de toda a gigantesca montanha, em uma longa trilha de léguas, que pode levar semanas para ser completada. [...]
>
> SATYANATHA. Satyanatha reflete sobre como encontrar novos sentidos para a vida. *Veja São Paulo*, São Paulo, 11 jan. 2019. Disponível em: https://vejasp.abril.com.br/blog/felicidade/satyanatha-caminhos-diferentes/. Acesso em: 19 set. 2019.

O Monte Kailash, na região do Tibete, na China, é sagrado para hindus, budistas e jainistas. Na fotografia, vemos peregrinos durante ritual budista. Ngari, Tibete/China, 2017.

a) Segundo o texto, o que torna o Monte Kailash um lugar sagrado?
b) O que buscam os peregrinos que visitam essa montanha?
c) Você já ouviu falar de outras montanhas ou montes sagrados para determinadas religiões? Quais?
d) Consulte novamente o mapa da página 119. A qual conjunto de relevo da Ásia pertence o Monte Kailash? Qual é a origem da cordilheira em que ele está localizado?

Elaboro um painel

9. Leia o texto e observe a fotografia e o mapa a seguir.

Nos últimos trinta anos, o Mar de Aral, localizado entre o Uzbequistão e o Cazaquistão, perdeu cerca de 80% de seu volume de água. O que antes era um grande lago hoje consiste em grandes extensões de areia e sal. O processo de desertificação do Aral é considerado por muitos especialistas como o maior desastre ecológico já provocado pelo ser humano. Desde a década de 1950, foram construídos extensos canais de irrigação que desviaram a maior parte das águas dos rios Amu Daria e Syr Daria, os maiores tributários do Mar de Aral. A água dos canais irriga as lavouras de algodão da região. Dessa forma, o volume de água que chega ao lago não é suficiente para compensar a evaporação diária, o que faz seu nível diminuir a cada ano.

Mar de Aral

Na década de 1960, o mar tinha aproximadamente 66 mil km². Atualmente, suas águas não cobrem mais que 12 mil km², como mostra o mapa ao lado.

Tributário: rio que deságua em outro rio ou no mar, contribuindo para aumentar o volume desse curso de água.

Fonte: IBGE. *Atlas geográfico escolar*. 8. ed. Rio de Janeiro: IBGE, 2018. p. 47.

Na imagem, barco abandonado no antigo leito do Mar de Aral. Moynaq, Uzbequistão, 2018.

Assim como o Mar de Aral, as condições ambientais de outros cursos e porções de água do continente asiático estão em risco permanente, seja pela exploração exagerada de recursos, como o uso para irrigação e para a geração de hidreletricidade, seja pela poluição provocada pelo lançamento de resíduos ou dejetos.

a) Faça um levantamento de ao menos outros cinco cursos de água com sérios problemas ambientais na atualidade.
b) Pesquise informações a respeito desses problemas e escreva textos com uma síntese das questões levantadas.
c) Elabore um painel com mapas de localização, fotografias e textos-síntese para cada um dos casos que você selecionou.
d) Depois de prontos os painéis de todos os alunos, juntos, organizem uma exposição para toda a escola.

CAPÍTULO 11

Oriente Médio

O Oriente Médio – região localizada no sudoeste do continente asiático – estende-se, no sentido leste-oeste, do Afeganistão ao Mar Mediterrâneo (observe novamente o mapa da página 121). Atualmente, vivem nessa parte da Ásia cerca de 373 milhões de pessoas distribuídas irregularmente entre os 15 países que a compõem. São povos de diferentes etnias: árabes, turcos, persas, judeus, curdos, entre outros.

A convivência entre alguns desses povos é bastante tensa, principalmente em razão da intolerância religiosa, que muitas vezes resulta em conflitos armados. Além de confrontos por motivos religiosos, há disputas por território entre países fronteiriços, por água e também por petróleo, recurso natural encontrado em abundância na região e do qual depende grande parte da economia mundial. Esses aspectos tornam o Oriente Médio uma das regiões politicamente mais instáveis do mundo.

O Estreito de Bósforo separa a Europa da Ásia, na Turquia. Esse estreito é alvo de disputas entre povos da região e do mundo há séculos. Sua posição estratégica constitui uma ligação natural entre o Mar Mediterrâneo e o Mar Negro. Na imagem, a ponte do Bósforo, que liga o lado europeu e asiático da cidade de Istambul. Istambul, Turquia, 2019.

CONEXÕES COM HISTÓRIA

Colonização e descolonização

O Oriente Médio, assim como outras regiões do território asiático, passou por processos de colonização e descolonização. Do século XIII ao início do século XX, essa região esteve sob domínio do Império Turco-Otomano, que detinha o poder em diversos territórios e exercia influência sobre os povos que ali viviam, entre eles os árabes, curdos e persas.

Ao apoiar a Alemanha na Primeira Guerra Mundial (1914-1918), o Império Turco-Otomano também foi derrotado e perdeu para ingleses e franceses muitas áreas que estavam sob seu domínio. Assim, as potências colonialistas garantiram o controle de áreas estratégicas, como o Estreito de Bósforo e o Golfo Pérsico.

Após a independência das nações do Oriente Médio, as fronteiras políticas estabelecidas pelos colonizadores europeus aumentaram a instabilidade política na região, que se tornou palco de diversos conflitos, como veremos neste capítulo.

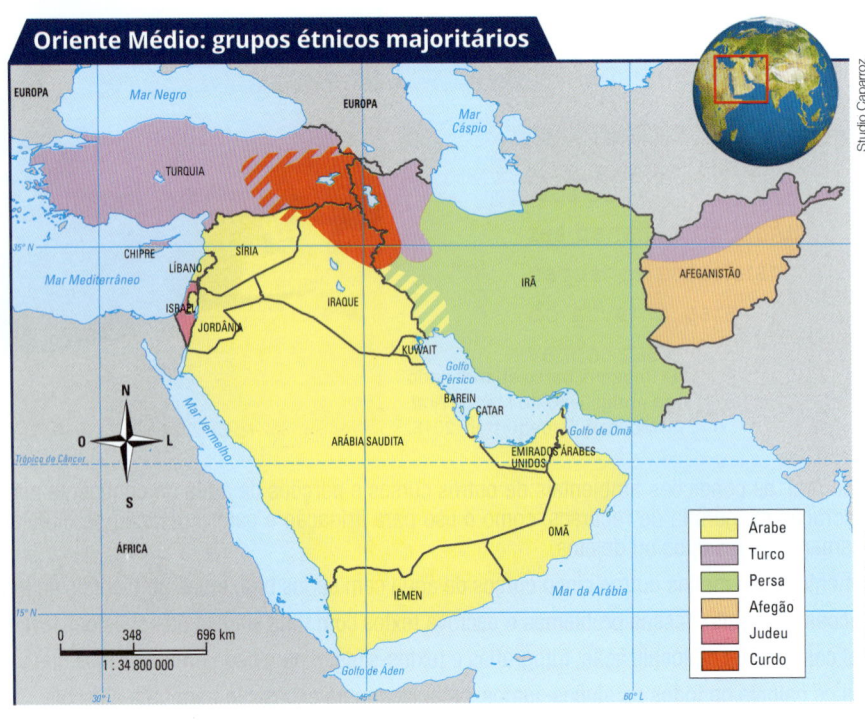

Oriente Médio: grupos étnicos majoritários

Fontes: SMITH, Dan. *Atlas da situação mundial*. São Paulo: Companhia Editora Nacional, 2007. p. 44-45; EL ATLAS de conflitos de fronteras. Madri: Cybermonde, 2013. p. 46-47.

1. De acordo com o mapa, qual é o grupo étnico predominante na maioria dos países do Oriente Médio?

2. Compare a abrangência desse grupo com a das demais etnias da região.

124

Berço do monoteísmo

Muitos conflitos e tensões entre nações do Oriente Médio são bastante antigos e têm diferentes origens, uma delas é a rivalidade religiosa entre os povos da região.

O Oriente Médio é o berço das três grandes religiões monoteístas da humanidade: o islamismo, o cristianismo e o judaísmo. O islamismo, ou islã, reúne o maior número de seguidores na região, cerca de 300 milhões de pessoas. Cristãos e judeus, portanto, constituem minorias religiosas nessa parte do mundo. Aqueles que professam o islamismo são chamados islamitas ou muçulmanos. O islamismo é o principal elemento cultural unificador na região, reúne sob seus dogmas povos de várias origens: árabes, persas, turcos e curdos.

Originária da Arábia Saudita, a religião islâmica começou a expandir-se pelo Oriente Médio a partir do século VII, propagada pelos povos árabes, os primeiros convertidos. No decorrer dos séculos, o islamismo chegou a vastas extensões da África (a África Islâmica) e da Ásia (sul e sudeste). Atualmente, o islamismo reúne cerca de 1,3 bilhão de adeptos fora do Oriente Médio e é a religião que mais cresce no mundo. O conjunto de países em que a maioria da população adota o islamismo é denominado **mundo islâmico**.

> **Monoteísta:** doutrina ou corrente religiosa que reconhece a existência de um único Deus.
>
> **Dogma:** princípio fundamental de uma crença religiosa, apresentado como certo e indiscutível.
>
> **Terrorista:** indivíduo ou grupo que adota práticas de violência exacerbadas para alcançar objetivos políticos por meio do terror.

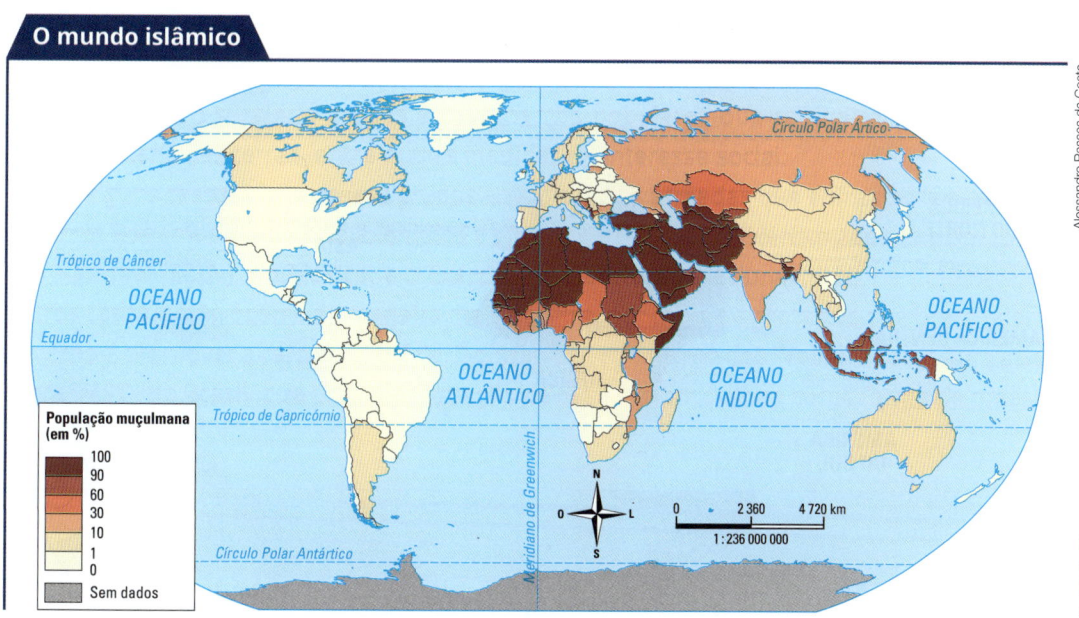

O mundo islâmico

Fonte: SCIENCESPO. Atelier de Cartographie. Disponível em: https://bit.ly/38sQaOk. Acesso em: 6 mar. 2020.

FIQUE LIGADO!

O mundo islâmico e o fundamentalismo

Nas últimas décadas, o fundamentalismo religioso ganhou força entre os muçulmanos. Os grupos fundamentalistas pregam a resistência radical à introdução, em suas sociedades, de valores ocidentais capitalistas, como o consumismo e o culto ao individualismo, além da retomada dos preceitos morais e religiosos rígidos do Corão.

Essas ideias fundamentalistas geram grande intolerância e dificuldade de convívio entre seus adeptos e os praticantes de outras religiões, como judeus e cristãos. Em diversas situações, os grupos radicais fundamentalistas promovem atentados terroristas ou conflitos armados, objetivando controlar um território ou chamar a atenção da opinião pública para suas reivindicações.

É importante ressaltar que também existem grupos político-religiosos fundamentalistas entre judeus e cristãos, o que torna ainda mais difícil o entendimento entre os povos no Oriente Médio.

MUNDO DOS MAPAS

Sistema de Informação Geográfica (SIG), mapas e religião

Um dos principais ensinamentos que devem ser seguidos rigorosamente pelos bilhões de muçulmanos existentes no mundo determina a realização de cinco orações diárias com o rosto voltado para a *qibla*, nome dado para a direção que indica a localização da Caaba, em Meca, na Arábia Saudita.

Para facilitar a vida religiosa dos devotos, o geógrafo árabe Ahmad Massasati, da Universidade dos Emirados Árabes Unidos, criou um tipo especial de mapa que auxilia os devotos na localização da *qibla*, orientando corretamente a direção das orações para Meca. Utilizando a projeção cartográfica de Robinson e informações calculadas por um *software* do tipo SIG (Sistema de Informação Geográfica), Massasati calculou as direções do que chamou de um **sistema de círculos de oração**.

A aplicação dessa técnica cria um mapa com círculos que se amplificam em torno do globo, até que alcancem o local ou o ponto oposto no outro lado do planeta (antípoda). A direção mais apropriada para as orações é no sentido perpendicular a esses círculos. Observe o mapa de direção de círculos de oração.

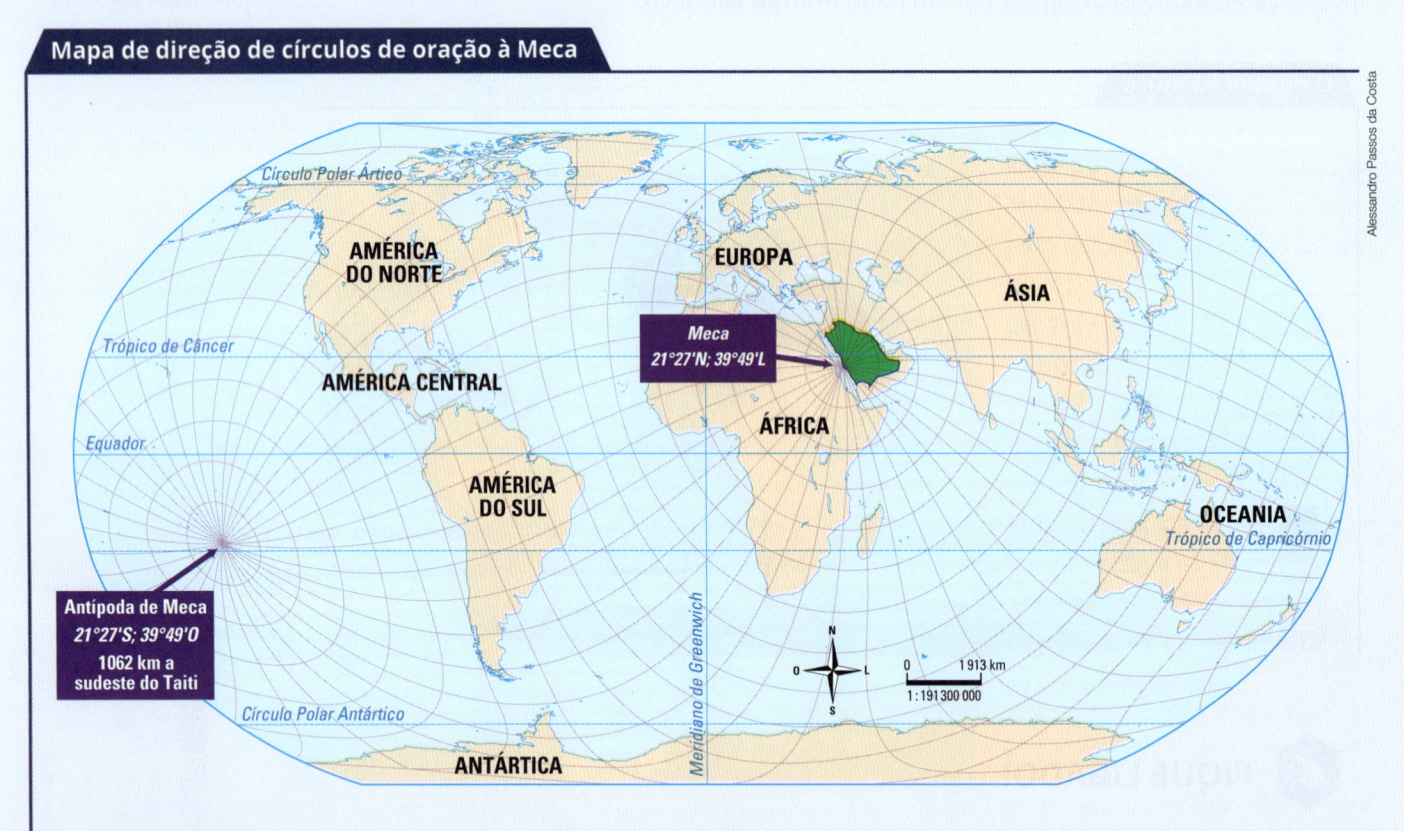

Mapa de direção de círculos de oração à Meca

Fonte: MAPPING the Direction to Makkah: A GIS Perspective. *In*: GISLOUNGE, [S. l.], 16 abr. 2002. Disponível em: https://www.gislounge.com/mapping-the-direction-to-makkah-a-gis-perspective/. Acesso em: 5 nov. 2019.

1. Com qual finalidade o geógrafo Massasati criou o planisfério acima?
2. Existe diferença entre **islamita** e **muçulmano**? Procure no dicionário e explique o significado de cada termo.
3. Como os muçulmanos do mundo todo devem proceder para se orientar em direção à Meca no caso de utilizarem esse planisfério? Por quê?
4. O desenvolvimento técnico e tecnológico da Cartografia pode estar a serviço de tradições culturais, como as religiosas? Explique.
5. Se um muçulmano não tiver à disposição o planisfério criado por Ahmad Massasati, como pode se orientar em direção à Meca? Que recursos pode utilizar? Converse com os colegas sobre quais seriam os possíveis recursos disponíveis na atualidade.

Questões territoriais no Oriente Médio

A divisão territorial arbitrária promovida no Oriente Médio pelos colonizadores europeus, no início do século XX, gerou diversos problemas de ordem geopolítica que perduram até hoje. Quando ingleses e franceses subdividiram a área do extinto Império Turco-Otomano em Estados nacionais, ignoraram a diversidade de grupos étnicos que habitavam esses territórios. Preocuparam-se apenas com os próprios interesses econômicos nessa parte da Ásia, da mesma forma que ocorreu na Partilha da África, como vimos no volume do 8º ano.

Tal fato desencadeou, durante décadas, várias guerras e tensões diplomáticas entre países do Oriente Médio, principalmente disputas territoriais e de fronteiras, muitas das quais ainda não foram resolvidas.

Criação de Israel e questão da Palestina

A disputa entre israelenses e palestinos é um dos conflitos que dominaram o cenário político regional e mundial no século XX e continuam no século XXI.

Esses conflitos têm origens históricas e foram causados por disputa e posse dos territórios ocupados por esses dois povos.

No início do século XX, milhares de judeus, que viviam em outras regiões do mundo, migraram para a Palestina, onde fundaram bairros judaicos nas cidades e colônias agrícolas da zona rural. Ameaçados pelo afluxo de judeus, os palestinos opuseram-se a esses migrantes, que reivindicavam parte do território palestino.

No final da década de 1940, a pressão exercida pela comunidade judaica internacional, com apoio dos Estados Unidos, levou a ONU a instalar o Estado de Israel em parte do território palestino. Esse fato acirrou ainda mais os conflitos entre os dois povos.

Na década de 1960, os palestinos criaram a Organização para a Libertação da Palestina (OLP), com o objetivo de conquistar a independência de seu país e combater o governo israelense, sobretudo com tentativas de soluções diplomáticas, apoio às rebeliões da população – chamadas intifadas – ou por meio de atentados terroristas. A criação do Estado de Israel também gerou conflitos com países vizinhos, como Egito, Síria, Jordânia e Líbano, que tiveram, desde então, áreas de seus territórios invadidas por forças militares israelenses.

Registros dos conflitos entre judeus e palestinos, com a cidade de Gaza praticamente destruída após ataque judeu, em 2019 (foto A). Área de controle de tráfego com guarita e cancela com soldados israelenses armados no muro que separa Israel do território palestino da Cisjordânia, em Belém, em 2019 (foto B).

Expansão israelense

Veja a seguir como, desde sua criação, o Estado de Israel expandiu seu território, ocupando quase toda a Palestina e parte de países vizinhos. Nesse processo, centenas de milhares de palestinos foram expulsos de seu antigo território, e os que permaneceram ficaram confinados em pequenas áreas controladas por Israel.

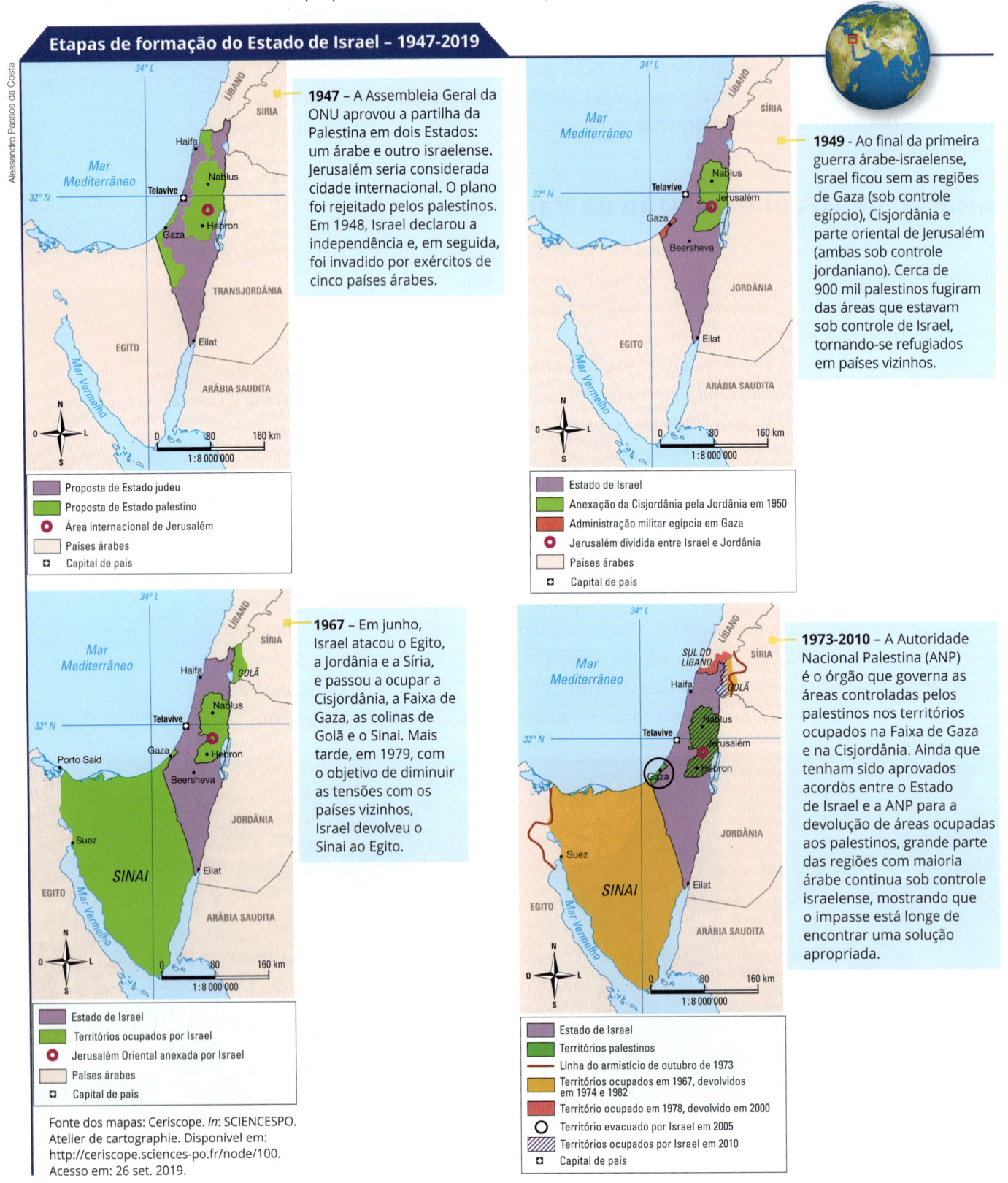

Etapas de formação do Estado de Israel – 1947-2019

1947 – A Assembleia Geral da ONU aprovou a partilha da Palestina em dois Estados: um árabe e outro israelense. Jerusalém seria considerada cidade internacional. O plano foi rejeitado pelos palestinos. Em 1948, Israel declarou a independência e, em seguida, foi invadido por exércitos de cinco países árabes.

Legenda:
- Proposta de Estado judeu
- Proposta de Estado palestino
- Área internacional de Jerusalém
- Países árabes
- Capital de país

1949 - Ao final da primeira guerra árabe-israelense, Israel ficou sem as regiões de Gaza (sob controle egípcio), Cisjordânia e parte oriental de Jerusalém (ambas sob controle jordaniano). Cerca de 900 mil palestinos fugiram das áreas que estavam sob controle de Israel, tornando-se refugiados em países vizinhos.

Legenda:
- Estado de Israel
- Anexação da Cisjordânia pela Jordânia em 1950
- Administração militar egípcia em Gaza
- Jerusalém dividida entre Israel e Jordânia
- Países árabes
- Capital de país

1967 – Em junho, Israel atacou o Egito, a Jordânia e a Síria, e passou a ocupar a Cisjordânia, a Faixa de Gaza, as colinas de Golã e o Sinai. Mais tarde, em 1979, com o objetivo de diminuir as tensões com os países vizinhos, Israel devolveu o Sinai ao Egito.

Legenda:
- Estado de Israel
- Territórios ocupados por Israel
- Jerusalém Oriental anexada por Israel
- Países árabes
- Capital de país

1973-2010 – A Autoridade Nacional Palestina (ANP) é o órgão que governa as áreas controladas pelos palestinos nos territórios ocupados na Faixa de Gaza e na Cisjordânia. Ainda que tenham sido aprovados acordos entre o Estado de Israel e a ANP para a devolução de áreas ocupadas aos palestinos, grande parte das regiões com maioria árabe continua sob controle israelense, mostrando que o impasse está longe de encontrar uma solução apropriada.

Legenda:
- Estado de Israel
- Territórios palestinos
- Linha do armistício de outubro de 1973
- Territórios ocupados em 1967, devolvidos em 1974 e 1982
- Território ocupado em 1978, devolvido em 2000
- Território evacuado por Israel em 2005
- Territórios ocupados por Israel em 2010
- Capital de país

Fonte dos mapas: Ceriscope. *In*: SCIENCESPO. Atelier de cartographie. Disponível em: http://ceriscope.sciences-po.fr/node/100. Acesso em: 26 set. 2019.

Jerusalém: cidade sagrada

Localizada na fronteira entre o Estado de Israel e o território da Cisjordânia, Jerusalém é síntese dos atuais conflitos no Oriente Médio. A cidade é um mosaico étnico e reúne povos de religiões distintas.

Fundada há mais de 3 mil anos, Jerusalém, ou Yerushalaim, "cidade da paz", em hebraico, já foi controlada por diversos povos, destruída várias vezes por reis, imperadores e saqueadores. Atualmente, com cerca de 800 mil habitantes, está dividida entre a cidade nova, onde vive a maioria da população, e a cidade velha, histórica.

Desde 1967, quando passou a ter controle total sobre a Cisjordânia, o governo israelense considera Jerusalém a capital de seu Estado. A ONU, no entanto, para tentar amenizar os conflitos na região, reconhece apenas Telavive como capital israelense, dando a Jerusalém a condição de cidade de domínio internacional.

Assim, tomado pelos israelenses e reivindicado pelos palestinos, o controle político da "cidade santa" é o principal obstáculo ao acordo de paz entre israelenses, palestinos e outras nações árabes do Oriente Médio.

Monte do Templo. Jerusalém, 2018.

ZOOM

A cidade velha de Yerushalaim

Como vimos, o controle da cidade velha é uma das principais causas das disputas entre israelenses e palestinos. Nesse pequeno espaço, de aproximadamente 1 km², estão reunidos monumentos históricos sagrados para cristãos, judeus e muçulmanos.

Alguns monumentos sagrados cristãos são a Basílica do Santo Sepulcro, a de São João Batista e a de Santa Ana. As edificações sagradas paras os judeus são o Muro das Lamentações e os túmulos de Davi e Absalom, entre outros. Já para os muçulmanos, é sagrada a Mesquita de Haram Al-Sharif, erguida no local onde Maomé teria ascendido aos céus. Todos esses monumentos estão distribuídos em quatro diferentes bairros: o judeu, o muçulmano, o cristão e o armênio. Conheça, ao lado, os bairros e monumentos da "Cidade Santa".

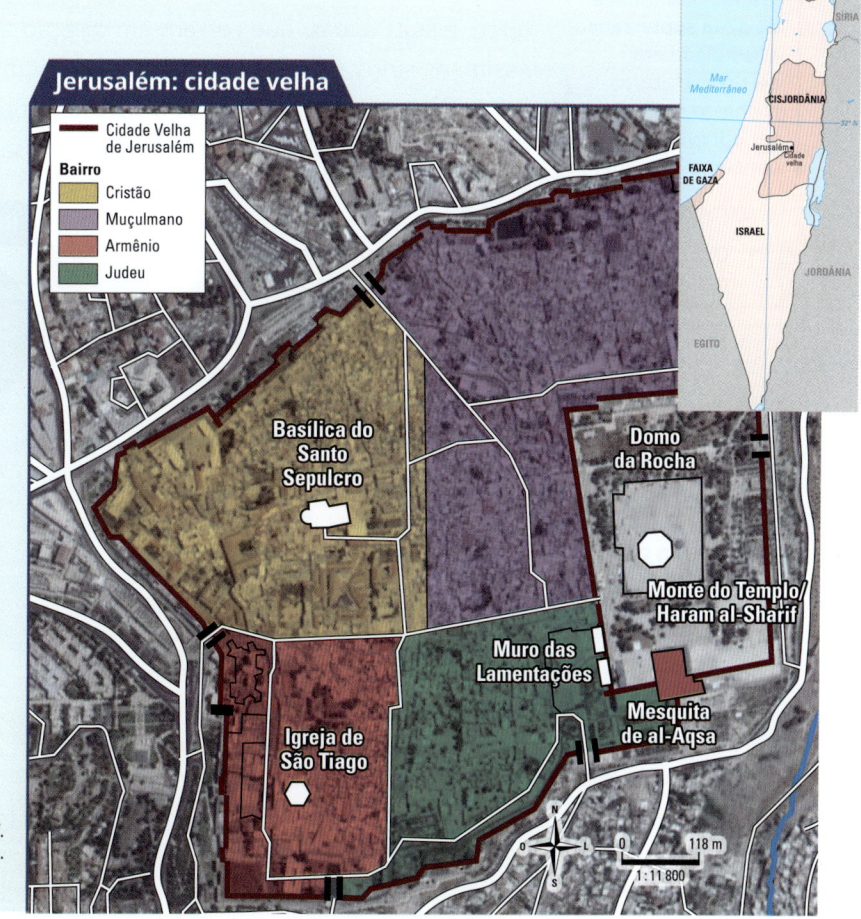

Fonte: *Guia Visual Folha de São Paulo – Israel*. São Paulo: Publifolha: Dorling Kindersley, 2010. p. 142-143.

Jerusalém: cidade velha

Cidade Velha de Jerusalém
Bairro:
- Cristão
- Muçulmano
- Armênio
- Judeu

Basílica do Santo Sepulcro · Domo da Rocha · Monte do Templo/Haram al-Sharif · Muro das Lamentações · Igreja de São Tiago · Mesquita de al-Aqsa

1:11 800

Questão da água no Oriente Médio

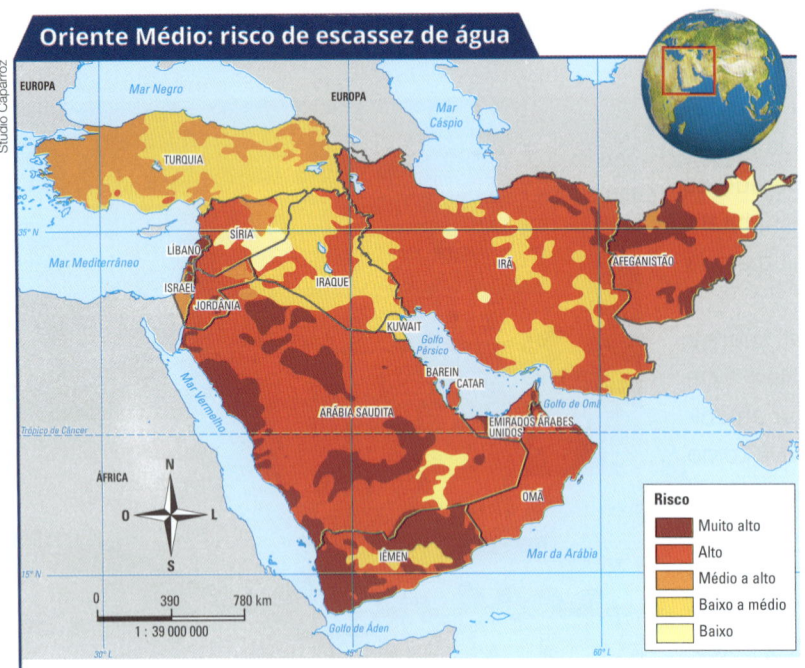

Oriente Médio: risco de escassez de água

Fonte: SCIENCESPO. Disponível em: http://cartotheque.sciences-po.fr/media/Stress_hydrique_2013/2468/. Acesso em: 19 nov. 2019.

Como se observa no mapa, no Oriente Médio há, de modo geral, riscos elevados de escassez de água. Por esse motivo, nessa região de predomínio de clima semiárido, é muito importante o controle de um país sobre os poucos **aquíferos subterrâneos**, nascentes e cursos de rios.

Dessa forma, disputas por áreas de bacias hidrográficas e pelo uso de lençóis subterrâneos também têm sido causa de conflitos armados no Oriente Médio. A bacia hidrográfica do Rio Jordão, por exemplo, é motivo de disputas territoriais entre quatro países fronteiriços: Israel, Líbano, Síria e Jordânia. Um dos objetivos de Israel, ao invadir a Síria, em 1967, era obter o controle das colinas de Golã, onde estão as nascentes do Rio Jordão. Israel e Jordânia dependem, quase exclusivamente, das águas desse rio para o abastecimento das áreas urbanas e rurais (veja o mapa abaixo).

Aquífero subterrâneo: grande quantidade de água subterrânea acumulada em certas estruturas rochosas que pode ser aproveitada para consumo humano.

Outra região do Oriente Médio em que a questão da água provoca tensão situa-se em torno das bacias dos rios Tigre e Eufrates. As nascentes desses rios localizam-se em território turco, e suas águas, que correm em direção ao Golfo Pérsico, abastecem a Síria e o Iraque. Assim, os sírios e os iraquianos sentem-se ameaçados pela Turquia, que pode controlar os fluxos de água com projetos de irrigação e construção de hidrelétricas em seu território. Isso prejudicaria o abastecimento dos países a jusante, gerando novos conflitos.

1. O mapa acima mostra as áreas do Oriente Médio nas quais há risco de escassez de água. De acordo com o mapa, em quais países o risco é maior?

ZOOM

As águas do Rio Jordão

O Rio Jordão tem cerca de 200 quilômetros de extensão, da nascente até a foz, localizada no Mar Morto, e é muito importante para a população local e até mesmo mundial. Suas nascentes são áreas de disputas territoriais entre diversos países, pois suas águas são essenciais para a agricultura. Além disso, o trecho do Rio Jordão que passa pela Galileia, em Israel, é muito importante para cristãos do mundo todo que expressam sua fé nessas águas, onde, segundo a Bíblia, Jesus Cristo foi batizado.

Rio Jordão: bacia hidrográfica

Fonte: FERREIRA, Graça Maria Lemos. *Atlas geográfico:* espaço mundial. 4. ed. São Paulo: Moderna, 2013. p. 103.

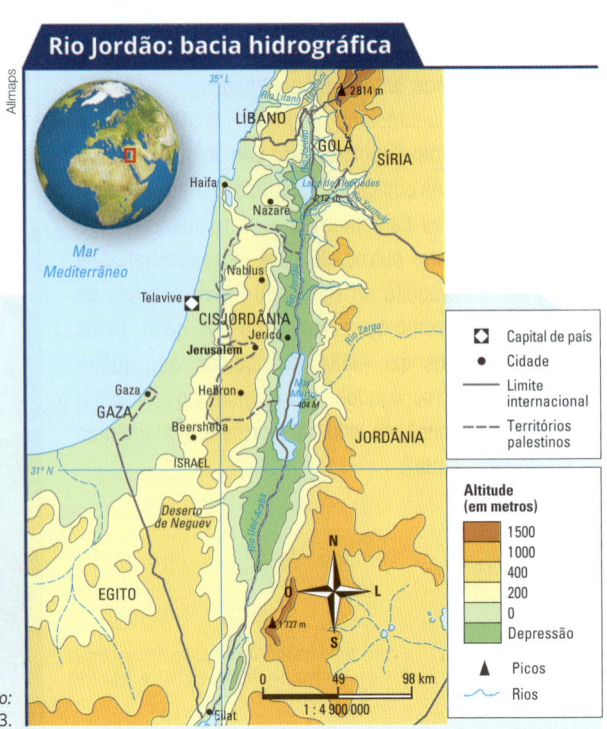

Países produtores de petróleo

Observe o gráfico da produção de petróleo em alguns países e o volume de reserva de cada um.

1. Entre os países mostrados, quais têm as maiores reservas de petróleo?
2. São os mesmos em que a produção é maior?

Produção e reservas de petróleo no mundo – 2017

País	Produção (%)	Reservas (%)
Arábia Saudita	13	16
Brasil	3	1
Catar	2	1,5
Emirados Árabes Unidos	4	6
Estados Unidos	14	3
Irã	5	9
Iraque	5	9
Kuwait	3	6
Omã	1	0,3
Rússia	12	6
Venezuela	2	18

Fonte: BP Statistical Review of World Energy. Londres, jun. 2018 (ano de referência dos dados: 2017). Disponível em: www.bp.com/content/dam/bp/business-sites/en/global/corporate/pdfs/energy-economics/statistical-review/bp-stats-review-2018-full-report.pdf. Acesso em: 26 set. 2019.

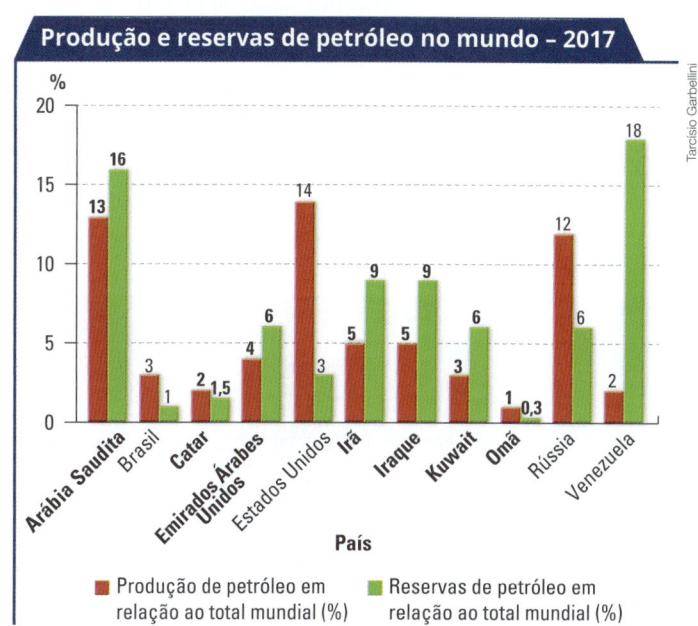

Vimos no gráfico que nos países do Oriente Médio estão localizadas as maiores reservas de petróleo do mundo, e é nessa região do planeta que mais se produz esse importante recurso. Como o petróleo é uma relevante fonte de energia e de matérias-primas para a indústria contemporânea, o Oriente Médio é uma região estrategicamente importante para a economia mundial.

O petróleo e o gás natural são explorados principalmente na Arábia Saudita, no Irã, no Kuwait, nos Emirados Árabes Unidos, no Iraque, em Omã e no Catar, países localizados em torno do Golfo Pérsico. Calcula-se que os recursos petrolíferos desses países constituem cerca de dois terços das reservas mundiais conhecidas atualmente. Já a produção atual de petróleo desses países representa aproximadamente 34% do total mundial, como mostra o gráfico.

Boa parte do petróleo extraído dos países do Oriente Médio é exportada ainda em estado bruto; o restante é processado em refinarias próprias. Esses produtos são destinados, em sua maior parte, aos mercados consumidores chinês, japonês, europeu e estadunidense.

O petróleo é transportado, em geral, em superpetroleiros abastecidos em portos no Golfo Pérsico ou no Mar Mediterrâneo, onde chega por oleodutos.

Observe o mapa ao lado.

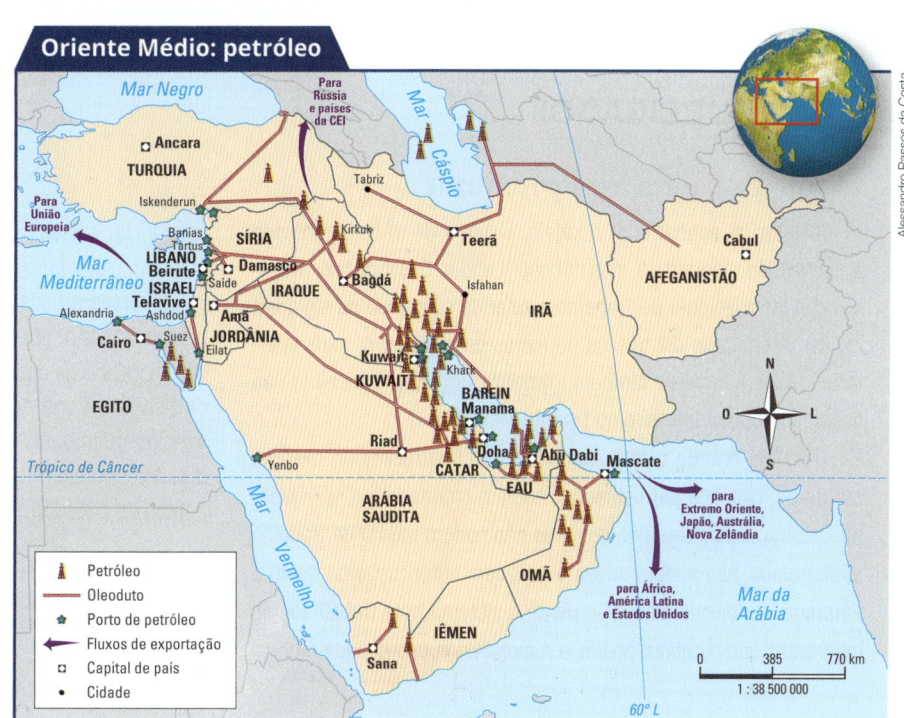

Oriente Médio: petróleo

Fonte: FERREIRA, Graça Maria Lemos. *Moderno atlas geográfico*. 6. ed. São Paulo: Moderna, 2016. p. 51.

Petróleo, riqueza econômica e desigualdades sociais

A exploração de jazidas de petróleo e de gás natural gera muita riqueza para os países produtores no Oriente Médio. Nas últimas décadas, a economia, sobretudo dos pequenos países da região, como Catar, Emirados Árabes e Kuwait, tem crescido a taxas acima da média mundial. Além disso, a renda *per capita* desses países está entre as maiores do mundo. Boa parte dessa riqueza tem sido empregada na criação de infraestrutura urbana e no setor imobiliário. Em poucos anos, cidades inteiras surgiram em meio ao bioma desértico, com a construção de modernos edifícios residenciais e comerciais, aterros, pontes, viadutos e autoestradas.

Entretanto, é possível identificar que as riquezas geradas pela exploração do petróleo não são bem distribuídas entre a população desses países. A maior parte beneficia uma pequena elite formada pela nobreza, pelos altos funcionários estatais e as grandes corporações. A maioria dos trabalhadores recebe salários bastante baixos e, em alguns países do Oriente Médio, muitos não têm nem mesmo seus direitos reconhecidos. Isso ocorre sobretudo naqueles Estados que ainda aplicam o sistema de **kafala**. Sobre esse aspecto, leia a seção a seguir.

Em muitos países do Oriente Médio, a riqueza gerada pelo petróleo impulsionou o setor imobiliário, de comércio e prestação de serviços. Dubai, Emirados Árabes Unidos, 2019.

FIQUE LIGADO!

O fim da kafala está próximo?

O Catar irá acabar com o kafala, sistema de trabalho análogo à escravidão, segundo a International Labour Organization (Organização Internacional de Trabalho e referida como ILO na sigla em inglês). A entidade diz que os ministros do governo do país aceitaram abolir a kafala e também introduzir um "salário mínimo não discriminatório, o primeiro no Oriente Médio". [...]

O kafala prende o trabalhador ao seu "patrocinador" (kafala, em árabe, significa patrocinador), como é chamado o empregador no sistema, e isso significa que eles não podem mudar de trabalho e, pior ainda, não podem deixar o país sem autorização de quem o emprega. Os países da região usam o sistema com trabalhadores imigrantes que recebem pouco, a maioria do subcontinente indiano (que inclui países como Bangladesh, Butão, Nepal, Paquistão, Sri Lanka e, claro, Índia). [...]

Diversos grupos que defendem direitos humanos fazem duras críticas ao Catar por usar esse sistema trabalhista e as coisas cresceram depois de dezembro de 2010, quando o país ganhou o direito de sediar a Copa do Mundo de 2022. A pressão de diversas denúncias de trabalho escravo, más condições para os trabalhadores e morte dos operários levou o país a aceitar, aos poucos, rever os pontos de crítica. [...]

LOBO, Felipe. Sede da Copa 2022, Catar anuncia fim do sistema análogo à escravidão, kafala, até janeiro de 2020. *Trivela*, [s. l.], 18 dez. 2019. Disponível em: https://trivela.com.br/catar-kafala-trabalho-escravo-janeiro-2020/. Acesso em: 23 jan. 2020.

Países não produtores de petróleo

Alguns países do Oriente Médio dependem indiretamente da produção de petróleo das nações vizinhas. É o caso da Síria e do Líbano, que, por possuírem portos no Mar Mediterrâneo, servem de ponto de embarque de petróleo, além de serem cortados por oleodutos que transportam grande quantidade desse recurso provindo dos países da Bacia do Golfo Pérsico (veja o mapa da página 131). Esses dois países recebem vultosos impostos das nações que utilizam seus territórios para exportar a produção de petróleo.

Nos países cuja economia não está ligada à exploração do petróleo, a agropecuária é a atividade econômica que mais se destaca. A agricultura é desenvolvida com dificuldade em razão do clima árido e da escassez de água. As maiores regiões de cultivo estão localizadas nas áreas litorâneas e nos vales fluviais, onde há maior umidade, que torna possível o uso de técnicas de irrigação. Plantam-se principalmente trigo, algodão, frutas cítricas e arroz. Na pecuária, destaca-se a criação de ovinos e caprinos, geralmente por famílias de pastores nômades.

Contudo, a maioria desses países necessita importar grande quantidade de alimentos para complementar o abastecimento de seus mercados, com exceção da Turquia e de Israel, cuja produção agrícola é mais expressiva, levando-os até a exportar certos produtos.

Em relação à atividade industrial não ligada diretamente à produção de petróleo, somente Israel, Turquia e Irã têm maior representatividade. Os parques industriais desses três países são os mais diversificados e bem estruturados da região. Na Turquia e no Irã destacam-se as indústrias química, mecânica e automobilística. Israel, por sua vez, destaca-se mundialmente como um dos grandes fabricantes de componentes eletrônicos, equipamentos de irrigação e produtos agroindustriais.

A agricultura e a pecuária são atividades praticadas em vários países do Oriente Médio. Distrito Norte, Israel, 2019.

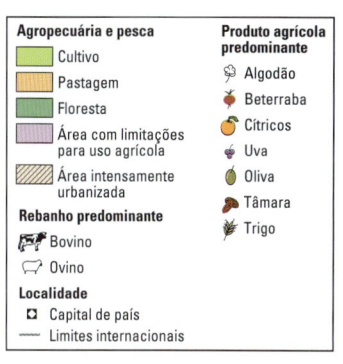

Fonte: ÍSOLA, Leda; CALDINI, Vera L. de M. *Atlas geográfico Saraiva*. São Paulo: Saraiva, 2013. p. 131.

Influência das potências mundiais no Oriente Médio

O processo de exploração de petróleo na região pode ser dividido em duas fases. Na primeira, que ocorreu nas décadas iniciais do século XX até o final da década de 1950, a exploração, o transporte e a comercialização de petróleo e gás natural produzidos no Oriente Médio eram controlados por empresas multinacionais europeias e estadunidenses. Essas empresas, que ficaram conhecidas como Sete Irmãs, pagavam *royalties* para o governo dos países do Oriente Médio pelos direitos de exploração do petróleo em seus territórios.

Na segunda fase, iniciada em 1960, os maiores produtores de petróleo da região criaram a Organização dos Países Exportadores de Petróleo (Opep), visando obter o controle da exploração em seus territórios e influenciar nos preços de comercialização desse produto no mercado internacional. Assim, países como Arábia Saudita, Iraque, Kuwait e Irã romperam com as multinacionais e passaram a controlar as empresas que faziam a prospecção, o refino e o embarque de petróleo e gás natural. Um novo acordo foi selado, então, com as multinacionais, que ficaram encarregadas do transporte e da comercialização do produto no mercado internacional.

Atualmente, a Opep reúne 14 países: cinco localizados no Oriente Médio (Irã, Iraque, Kuwait, Arábia Saudita e Emirados Árabes), sete na África (Argélia, Angola, Congo, Guiné Equatorial, Gabão, Líbia e Nigéria) e dois na América Latina (Venezuela e Equador).

Apesar de a exploração de petróleo no Oriente Médio não ser mais feita por empresas multinacionais, a importância estratégica da região como fornecedora desse recurso ainda leva países como Estados Unidos, Inglaterra, França e Rússia a interferir política e militarmente na região. As interferências têm o objetivo de garantir o fornecimento desse produto a seus mercados consumidores. Foi o que ocorreu na década de 1990, quando os Estados Unidos invadiram militarmente o Iraque e o Kuwait, ou recentemente, com o apoio da Rússia ao governo ditatorial da Síria. Além disso, países como Inglaterra, França e Estados Unidos mantêm bases militares na região. Observe o mapa ao lado.

> **Sete Irmãs:** multinacionais que dominam o mercado petrolífero: Exxon, Standard Oil, Mobil Oil, Texaco, Gulf, Royal Dutch Shell e British Petroleum.
>
> ***Royalty:*** valor que se paga pelos direitos de exploração comercial de um produto, uma marca ou um processo de produção.

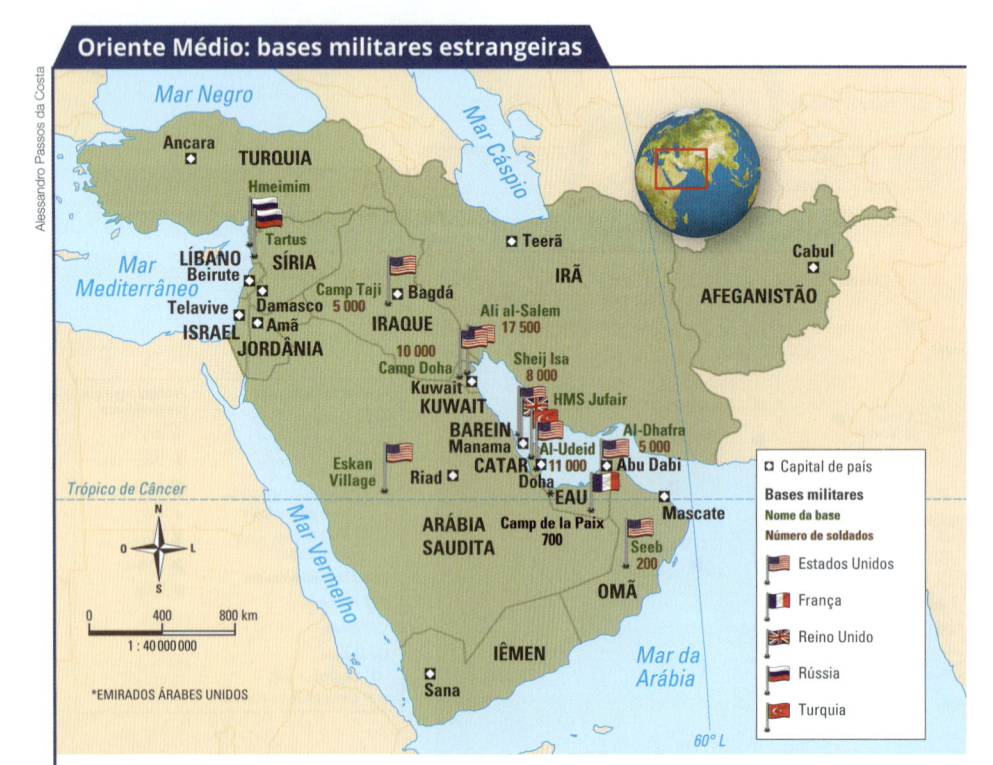

Fontes: HISPAN TV. Bases militares claves en el Oriente Medio bajo control extranjero. Disponível em: https://bit.ly/2xKNfnF; YENI SAFAK. Foreign military bases in Middle East. Disponível em: https://bit.ly/3b4kO2u. Acessos em: 16 mar. 2020.

FIQUE LIGADO!

A guerra civil na Síria

[...] Um levante pacífico contra o presidente da Síria que teve início há sete anos transformou-se em uma guerra civil que já deixou mais de 400 mil mortos, devastou cidades e envolveu outros países. O Alto Comissariado das Nações Unidas para os Refugiados (Acnur) calcula que mais de 5 milhões já deixaram o país. [...]

Mesmo antes do conflito começar, muitos sírios reclamavam dos altos índices de desemprego, corrupção e falta de liberdade política sob o presidente Bashar al--Assad, que sucedeu seu pai, Hafez, após sua morte, em 2000.

Em março de 2011, protestos pró-democracia eclodiram na cidade de Deraa, ao sul do país, inspirados pelos levantes da Primavera Árabe em países vizinhos.

Quando o governo empregou força letal contra dissidentes, houve manifestações em todo o país exigindo a renúncia do presidente.

O clima de revolta se espalhou, e a repressão se intensificou. Apoiadores da oposição pegaram em armas, primeiro para defender a si mesmos e depois para expulsar forças de segurança das áreas onde viviam.

Assad prometeu acabar com o que chamou de "terrorismo apoiado por estrangeiros".

Seguiu-se uma rápida escalada de violência, e o país mergulhou em uma guerra civil. [...] Muitos grupos e países, cada um com suas próprias agendas, estão envolvidos, tornando a situação muito mais complexa e prologando a guerra.

Eles foram acusados de cultivar o ódio entre os grupos religiosos na Síria, colocando a maioria muçulmana sunita contra o grupo xiita alauíta do presidente. [...]

Também permitiram que grupos fundamentalistas como o autodenominado Estado Islâmico e a al-Qaeda florescessem.

Os curdos sírios, que querem ter o direito de governar a si próprios, mas não combatem as forças de Assad, acrescentam outra dimensão ao conflito. [...]

BBC. Por que há uma guerra civil na Síria: 8 perguntas para entender o conflito. *G1*, São Paulo, 14 abr. 2018. Disponível em: https://g1.globo.com/mundo/noticia/por-que-ha-uma-guerra-civil-na-siria-8-perguntas-para-entender-o-conflito.ghtml. Acesso em: 5 nov. 2019.

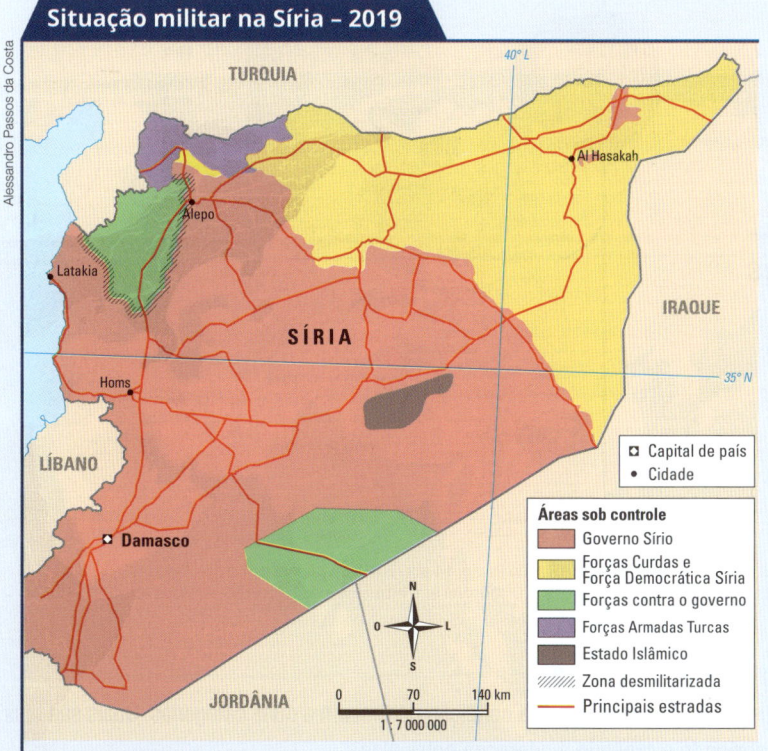

Fonte: MILITARY situation in Syria on april 3, 2019 (Map update). *In*: SOUTH FRONT. Disponível em: https://bit.ly/2Ua0Zjb. Acesso em: 16 mar. 2020.

Explosão no lado sírio da fronteira Síria-Israel. Colinas de Golã, Israel, 2018.

ATIVIDADES

Reviso o capítulo

1. Cite as principais causas de conflitos no Oriente Médio.

2. De acordo com o mapa da página 125, descreva a distribuição espacial do mundo islâmico e explique por que, algumas vezes, as religiões são, ao mesmo tempo, elementos de união e de discórdia.

3. Explique de que maneira a divisão do território no Oriente Médio pelas potências colonialistas europeias desencadeou conflitos regionais.

4. A respeito da "Cidade Sagrada", Jerusalém, responda:
   a) A cidade velha de Jerusalém está dividida em quatro bairros diferentes (observe o mapa da página 129). Quais são eles?
   b) Quais são os monumentos históricos sagrados da cidade de Jerusalém para os cristãos, para os judeus e para os muçulmanos?
   c) A disputa pelo controle da cidade de Jerusalém pode ampliar os conflitos na região? Em sua opinião, que solução pode ser encontrada para resolver esse conflito?

5. Por que a disponibilidade de água no Oriente Médio pode gerar conflitos territoriais?

6. A riqueza gerada com a produção de petróleo nos países do Oriente Médio resulta em desenvolvimento social? Explique.

7. Como se caracteriza a agropecuária no Oriente Médio? Observe o mapa da página 133 e responda: Quais são os produtos cultivados nas áreas de agricultura de oásis?

8. "De cada quatro barris de petróleo produzidos no mundo, um é consumido pelos Estados Unidos."

   Com base nessa informação e no que você estudou neste capítulo, explique o interesse dos Estados Unidos pelo Oriente Médio.

Analiso gráficos e mapas

9. Analise com atenção os dados do gráfico e do mapa a seguir e responda às questões.

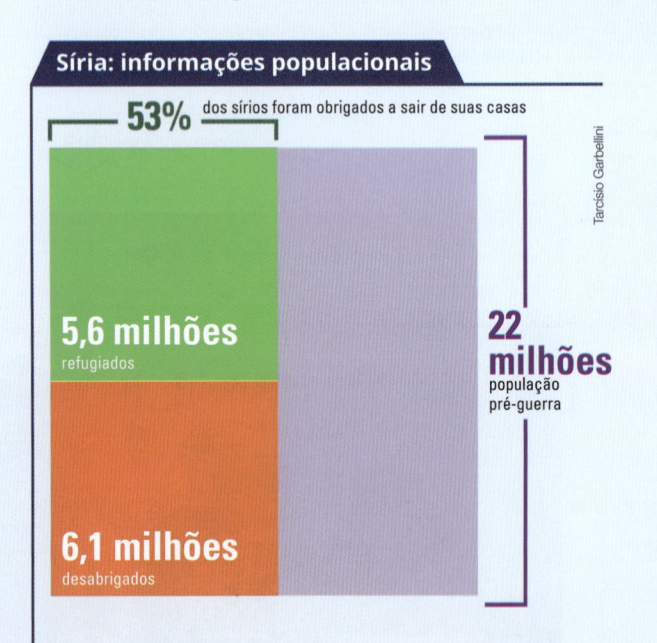

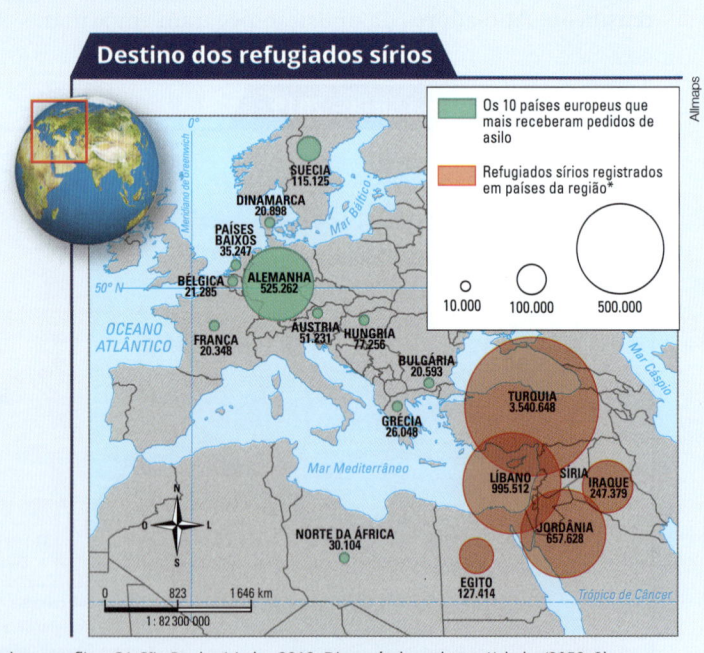

Síria: informações populacionais
- 53% dos sírios foram obrigados a sair de suas casas
- 5,6 milhões refugiados
- 6,1 milhões desabrigados
- 22 milhões população pré-guerra

Destino dos refugiados sírios

Os 10 países europeus que mais receberam pedidos de asilo:
- SUÉCIA 115.125
- DINAMARCA 20.898
- PAÍSES BAIXOS 35.247
- BÉLGICA 21.285
- ALEMANHA 525.262
- FRANÇA 20.348
- ÁUSTRIA 51.231
- HUNGRIA 77.256
- BULGÁRIA 20.593
- GRÉCIA 26.048

Refugiados sírios registrados em países da região*:
- TURQUIA 3.540.648
- LÍBANO 995.512
- IRAQUE 247.379
- JORDÂNIA 657.628
- NORTE DA ÁFRICA 30.104
- EGITO 127.414

Fontes: UNHCR. In: BBC. Por que há uma guerra civil na Síria: 8 perguntas para entender o conflito. G1, São Paulo, 14 abr. 2019. Disponível em: https://glo.bo/3958a2l; A GUERRA da Síria já criou mais de 4 milhões de refugiados, diz ONU. Washington Post, [s. l.], 25 jul. 2015. Disponível em: https://wapo.st/3ccBd69. Acessos em: 27 fev. 2020.
* Dados mais recentes, até fevereiro de 2018.

a) Qual era a população total da Síria antes do início da guerra civil, em 2012?
b) Qual o percentual de sírios que teve de abandonar seus lares? As pessoas nessa condição pertencem a duas categorias. Quais são elas?
c) Pesquise o significado das palavras **refugiado** e **desabrigado** e explique a diferença entre elas.
d) Quais são os principais destinos dos refugiados sírios no Oriente Médio e na Europa?
e) O Brasil tem recebido refugiados sírios? Faça uma pesquisa sobre o assunto na internet e compartilhe os resultados com os colegas.

Debato e pesquiso informações

10. Veja a seguir, na fotografia de 2017, parte do muro construído em Jerusalém pelo governo de Israel. O muro, que começou a ser construído em 2002, tem cerca de 8 metros de altura e marca os limites entre Cisjordânia e Israel. Com base no estudo deste capítulo, debata com os colegas as questões a seguir.

Fronteira entre Cisjordânia e Israel. Jerusalém, 2017.

a) Que sentimento a foto acima desperta em você?
b) A construção de um muro pode resolver os conflitos da região?
c) Quais são os principais motivos dos conflitos entre israelenses e palestinos?
d) Pesquise, em jornais, revistas e na internet, informações recentes sobre a situação política atual dos israelenses e palestinos. Traga o material pesquisado para a sala de aula a fim de mostrá-lo aos colegas e produzir um texto sobre o assunto.

AQUI TEM GEOGRAFIA

Assista

Lemon Tree
Direção de Eran Riklis. Israel, França, Alemanha: IFC Filmes, 2008 (106 min).

O filme conta a história de uma viúva palestina que entra na justiça para defender sua plantação de limão contra a acusação de seu novo vizinho, o Ministro da Defesa Israelense, que a considera uma ameaça.

Leia

O Árabe do Futuro: uma juventude no Oriente Médio (1978-1984)
Riad Sattouf (Intrínseca).

O Grande Oriente Médio: da descolonização à primavera árabe
Paulo Visentini (Campus/Elsevier; Gen Atlas).

Acesse

Canal Aljazeera
Disponível em: www.aljazeera.com. Acesso em: 25 nov. 2019.

CAPÍTULO 12

Sudeste Asiático

Onze países compõem o Sudeste Asiático, que se estende por uma área de cerca de 4,5 milhões de km². Banhada pelos oceanos Índico e Pacífico, essa região pode ser dividida em duas áreas distintas: a dos países continentais e a dos países insulares. Alguns países insulares, como a Indonésia e as Filipinas, formam imensos arquipélagos.

O Sudeste Asiático é bastante populoso: reúne, atualmente, 655 milhões de habitantes, aproximadamente. Na maioria dos países da região, grande parte da população vive no campo, trabalhando em atividades primárias, sobretudo agrícolas. Destas, a de maior importância é a rizicultura, ou seja, o cultivo de arroz, produto básico da alimentação da maior parte da população da Ásia.

Rizicultura e demais atividades agrícolas

Cerca de 29% da produção mundial de arroz provém do Sudeste Asiático. A Indonésia é o maior produtor regional desse vegetal, perdendo em quantidade somente para China e Índia, os dois maiores produtores mundiais.

Na maioria dos países do Sudeste Asiático, boa parte da atividade rizicultora desenvolve-se em pequenas propriedades rurais, com técnicas tradicionais. Nessas propriedades, a mão de obra é familiar e as etapas da produção são realizadas manualmente ou com auxílio de animais.

Em razão da abundância de mão de obra e da grande densidade populacional, cada hectare de terra é intensamente aproveitado, tanto no cultivo do arroz quanto no de outros produtos, como milho, trigo, soja e hortaliças. Por isso, dizemos que nesses minifúndios desenvolve-se uma **agricultura tradicional intensiva**, com uso de mão de obra familiar ou comunal.

Observe o mapa da produção agropecuária no Sudeste Asiático.

?

1. Quais países têm áreas de cultivo agrícola em destaque?
2. Quais são os tipos de produto agrícola predominantes na região?
3. De acordo com as informações do mapa, você considera a pecuária bem desenvolvida na região? Por quê?

Fonte: ÍSOLA, Leda; CALDINI, Vera L. de M. *Atlas geográfico Saraiva*. São Paulo: Saraiva, 2013. p. 131.

FIQUE LIGADO!

Relevo, clima e agricultura no Sul e no Sudeste da Ásia

O relevo e o clima têm grande influência sobre o desenvolvimento das atividades agrícolas no Sul e no Sudeste da Ásia. As áreas montanhosas, tanto continentais como insulares, são recortadas por extensas planícies aluviais, onde fluem rios caudalosos, como o Mekong, o Irrawaddye, o Chao Phraya, e seus afluentes. Nelas se concentra grande parte da população.

A rizicultura e as outras atividades agrícolas desenvolvidas nas áreas de planícies beneficiam-se do regime de cheias e vazantes dos rios. As partes mais baixas das encostas das montanhas também são utilizadas para as lavouras. Nas áreas íngremes são construídos **terraços** (como na fotografia abaixo), isto é, plataformas planas, em degraus, que retêm a água das chuvas e evitam a erosão das encostas, aumentando, assim, a área destinada ao cultivo.

As épocas de pousio e aragem dos solos e de plantio e colheita das lavouras são reguladas por um fenômeno climático regional denominado **monção**, que será explicado nas próximas páginas.

> **Planície aluvial:** terreno plano formado por sedimentos trazidos pelas águas dos rios.

Cultivo de arroz em terraços. Mu Cang Chai, Vietnã, 2019.

Analise o quadro a seguir, que mostra a quantidade de arroz produzida em alguns países dessa região e no Brasil. Note, também, a posição dessas nações entre os maiores produtores desse grão no mundo.

PRODUÇÃO DE ARROZ (2017)		
País	Produção (em milhões de toneladas)	Posição em âmbito mundial
Indonésia	74,2	3º
Vietnã	43,3	5º
Tailândia	33,7	6º
Myanmar	29,5	7º
Filipinas	19,6	8º
Brasil	12,3	9º
Camboja	10,1	12º

Fonte: FAO. *Rice Market Monitor*. Disponível em: http://www.fao.org/3/I9243EN/i9243en.pdf. Acesso em: 24 jan. 2020.

Monções e sociedades rizicultoras

Todos os anos, entre os meses de maio e outubro, a pluviosidade nas regiões Sul e Sudeste da Ásia aumenta sensivelmente, tendo seu ápice nos meses de verão (no Hemisfério Norte). É a **monção úmida**. Durante essa estação, chuvas torrenciais fazem os rios transbordarem, enchendo as várzeas das planícies de matéria orgânica e umedecendo os terraços nas áreas montanhosas, o que fertiliza os solos.

Já entre os meses de novembro e abril, a vazão dos rios diminui, ocorrendo um período de estiagens, o que origina a **monção seca**. Durante esse período, o cultivo é garantido em determinadas áreas de planície pelo uso de diques e reservatórios que armazenam a água do período das chuvas ou por sistemas de irrigação em canais. Esses recursos possibilitam a produção de arroz fora da monção úmida, proporcionando até três colheitas anuais em algumas regiões. Observe os mapas a seguir.

De maio a outubro, ventos úmidos provenientes do Índico e do Pacífico sopram intensamente sobre o Sudeste Asiático, atingindo também partes da Índia, do Sri Lanka, de Bangladesh e da China. Ao encontrar as áreas continentais e insulares, mais quentes nessa época do ano, os ventos do sudeste provocam fortes chuvas. É a chamada monção úmida.

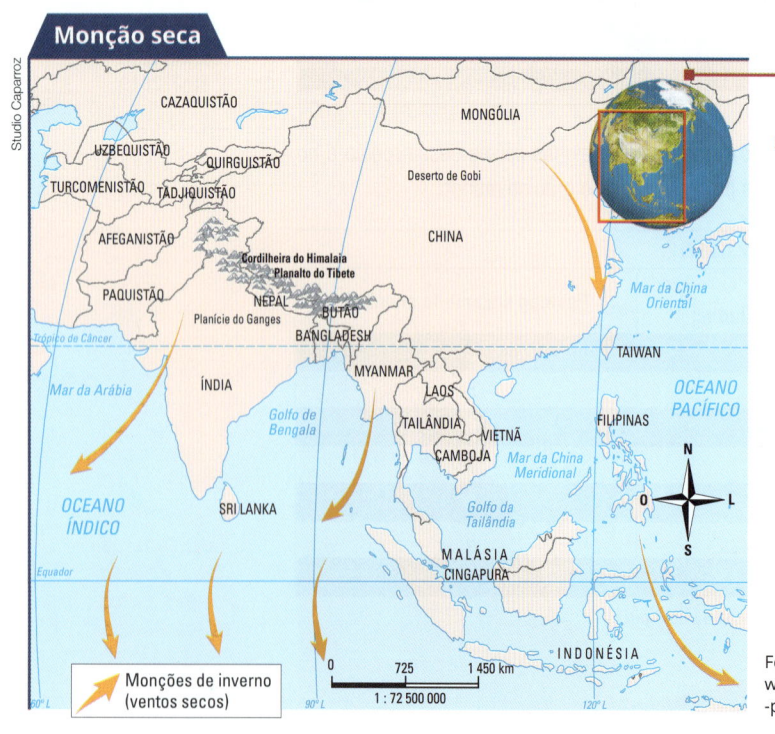

De novembro a abril, a ocorrência de chuvas diminui drasticamente iniciando o período de estiagem causado pelos ventos frios e secos provenientes dos altos planaltos e da Cordilheira do Himalaia, a noroeste. É a chamada monção seca.

Fontes dos mapas: UNIVERSALIS. Disponível em: www.universalis.fr/encyclopedie/mousson/1-le-phenomene-climatique/. Acesso em: 28 set. 2019.

Etapas do cultivo tradicional do arroz

Na Ásia, o cultivo do arroz é o principal meio de subsistência de diversas sociedades. A prática dessa cultura exige que esses povos aproveitem tanto as áreas de planície quanto aquelas com grande declividade, nas encostas das montanhas, o que provoca muitas transformações nas paisagens rurais. Observe, nas imagens a seguir, como é feito o cultivo de arroz nas áreas de planície e a divisão de tarefas entre os membros do grupo.

1 No início da estação chuvosa, os rizicultores preparam o solo utilizando arados de tração animal. Chongqing, China, 2018.

2 Com os canteiros cheios de água em razão das inundações provocadas pelas chuvas, as mulheres são encarregadas de plantar as mudas de arroz, semeadas anteriormente em viveiros. Guilin, China, 2018.

3 Durante o crescimento das plantas, homens, mulheres e crianças fazem o controle de pragas e do nível de água nos canteiros. Mu Cang Chai, Vietnã, 2014.

4 No início da estação seca, com o auxílio de foices, é feita a colheita do arroz, que será, em seguida, descascado e armazenado. Sumatra Ocidental, Indonésia, 2019.

Atividades agroflorestais no Sudeste Asiático

Na maior parte do espaço agrário do Sudeste Asiático convivem, lado a lado, áreas de agricultura intensiva familiar e latifúndios monocultores. A área ocupada pelas monoculturas – introduzidas na região no período de colonização europeia, que durou até a década de 1960 – e sua produção vêm aumentando, o que eleva a concentração fundiária nas zonas rurais dos países da região.

A atividade em boa parte desses latifúndios é pouco mecanizada, empregando geralmente grande número de trabalhadores em razão da elevada oferta de mão de obra a baixos custos. Nessas propriedades monocultoras são cultivados sobretudo produtos tropicais, como chá, cana-de-açúcar, algodão, fumo, borracha e frutas (abacaxi, coco, banana etc.), destinados quase exclusivamente à exportação.

A colonização europeia no Sudeste Asiático trouxe profundas consequências ao provocar a ruptura das tradições milenares dos povos que habitavam aquela área. As plantações de arroz, cultivadas havia séculos nas planícies e nos vales férteis e úmidos, despertaram a cobiça das nações imperialistas, o que tornou a região palco de acirradas disputas territoriais. Aproveitando as condições naturais favoráveis, como o clima quente e chuvoso, os europeus passaram a desenvolver enormes *plantations*, como as de arroz, nos domínios franceses, de seringueira e chá, nas possessões inglesas, e de cana-de-açúcar, nas colônias holandesas. Ao lado, camponesa realizando colheita em plantação de chá na província de Sichuan, China, 2018.

Atividade madeireira e desmatamento

Além das monoculturas de exportação, outra importante fonte de divisas para alguns países do Sudeste Asiático tem sido a exploração madeireira. Essa atividade é realizada por empresas locais que derrubam extensas áreas de floresta, sobretudo na Malásia, Tailândia, Indonésia e no Camboja, e exportam a madeira principalmente para Estados Unidos, Japão, China e Europa.

Atualmente, resta menos de 20% da exuberante floresta equatorial que recobria esses países, mas o ritmo de desmatamento ainda continua elevado – cerca de 22 mil km² ao ano.

O desmatamento descontrolado da floresta equatorial em países do Sudeste da Ásia trouxe trágicas consequências ao meio ambiente regional, como a erosão e o empobrecimento dos solos, e desastres naturais, como inundações e deslizamentos de terra, sobretudo na estação da monção úmida. A redução das reservas florestais nessa região tem levado várias madeireiras a atuar em outras partes do mundo, acelerando o desmatamento em países como Brasil, Guiana, Suriname e Belize. Ao lado, queimada toma conta da paisagem na província de Riau, Indonésia, 2018.

Tigres Asiáticos

Há pouco mais de quatro décadas, países do Sudeste da Ásia e do Extremo Oriente, que tinham a economia baseada em atividades primárias, apresentaram rápido crescimento industrial e ficaram conhecidos como **Tigres Asiáticos**. São eles a Coreia do Sul, Taiwan, a Região Administrativa Chinesa de Hong Kong e Cingapura, este último localizado no Sudeste da Ásia.

O desenvolvimento econômico verificado nesses países foi provocado não só pelo crescimento do setor industrial, mas também do setor comercial, sobretudo de serviços financeiros (implantação de sedes de bancos internacionais, bolsas de valores etc.) e de empresas de importação e exportação.

Mais recentemente, a industrialização teve grande expansão no Sudeste Asiático, avançando para a Malásia, a Tailândia, a Indonésia, as Filipinas e o Vietnã. Por isso, esses países foram chamados **Novos Tigres Asiáticos**.

De maneira geral, esses países se destacam pela fabricação e exportação de bens de consumo duráveis e não duráveis, produzidos por pequenas e médias empresas locais e por multinacionais japonesas, estadunidenses, europeias e, recentemente, chinesas. Predominam as indústrias eletroeletrônica, automobilística, de brinquedos e de vestuário, além da alimentícia. São importantes, também, as indústrias que empregam tecnologia de ponta, como as de telecomunicações, informática e aeroespacial. Veja os mapas.

Torres Petronas. Kuala Lumpur, Malásia, 2018.

Tigres Asiáticos: indicadores econômicos

Fontes: SCIENCESPO. Disponível em: https://bit.ly/2NVOzJz; https://bit.ly/38G4eER; BOVESPA. Disponível em: https://bit.ly/310SgmJ; PORTO DE SANTOS. Disponível em: https://bit.ly/30ULlv1; BANCO MUNDIAL. Disponível em: https://bit.ly/37stQVi. Acessos em: 6 mar 2020.

1. Observe acima a localização dos principais centros financeiros do Sudeste e do Extremo Oriente da Ásia. Quais deles fazem parte dos Tigres Asiáticos?
2. Identifique os portos localizados nos Tigres Asiáticos e sua participação na movimentação de mercadorias.
3. Converse com os colegas e o professor sobre o PIB dos países que compõem esse grupo de economias.

Fatores do desenvolvimento econômico

O rápido desenvolvimento industrial e econômico dos Tigres Asiáticos deveu-se a grandes investimentos financeiros feitos nesses países pelos Estados Unidos e pelo Japão a partir da década de 1970. Esses investimentos tinham como objetivo político e estratégico criar economias capitalistas bem estruturadas, a fim de inibir revoluções socialistas na região, como as que ocorreram no Vietnã, no Camboja e em Laos, apoiadas pela China e pela Coreia do Norte.

Além dos investimentos financeiros, outros fatores contribuíram para atrair grande quantidade de multinacionais para os Tigres Asiáticos, destacados a seguir.

- **A oferta abundante de mão de obra**, barata e com nível razoável de escolaridade. Nesses países, sobretudo nos Novos Tigres Asiáticos, ocorre a superexploração dos trabalhadores, que cumprem jornadas de mais de 50 horas semanais, sem direitos trabalhistas.

- **A intervenção dos Estados**, que concedem incentivos fiscais (como isenção de impostos) e facilidades para que as multinacionais remetam lucros aos países de origem, além de baixas taxas alfandegárias para a exportação de produtos industrializados.

Esses são alguns dos principais fatores que garantem aos Tigres Asiáticos forte competitividade no mercado mundial, ou seja, grande facilidade para atrair investimentos e oferecer produtos a preços bem menores do que os praticados por outros países industrializados, como o Brasil.

Hong Kong, China, 2019.

> **Taxa alfandegária:** tarifa paga sobre os direitos de exportação e importação.

FIQUE LIGADO!

Prosperidade econômica e condições de vida da população

De maneira geral, o vertiginoso crescimento econômico dos Tigres Asiáticos e dos Novos Tigres Asiáticos tem provocado melhoria nas condições de vida de seus habitantes. Os níveis de analfabetismo têm caído rapidamente, assim como as taxas de mortalidade e de natalidade. Isso foi possível porque houve melhoria no padrão alimentar, assim como acesso facilitado à moradia e à assistência médica. Tais condições elevaram a expectativa de vida média da população nesses países.

Tigres Asiáticos: indicadores sociais

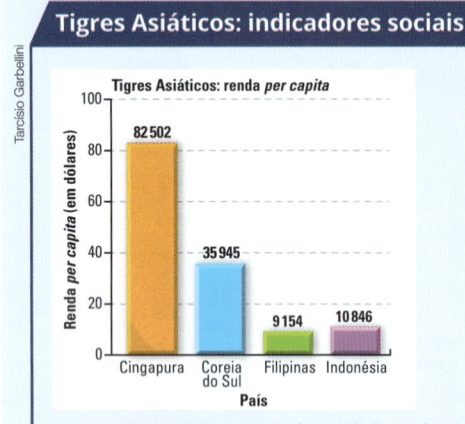

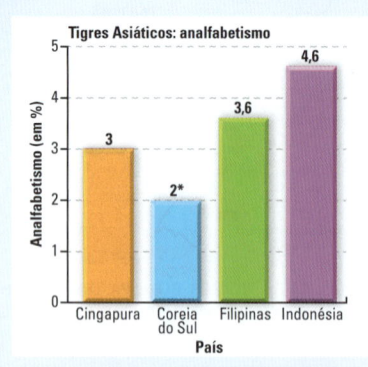

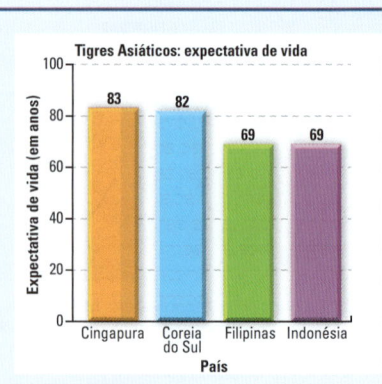

Tigres Asiáticos: renda *per capita* (em dólares)
- Cingapura: 82 502
- Coreia do Sul: 35 945
- Filipinas: 9 154
- Indonésia: 10 846

Tigres Asiáticos: analfabetismo (em %)
- Cingapura: 3
- Coreia do Sul: 2*
- Filipinas: 3,6
- Indonésia: 4,6

Tigres Asiáticos: expectativa de vida (em anos)
- Cingapura: 83
- Coreia do Sul: 82
- Filipinas: 69
- Indonésia: 69

Fontes: ONU. Disponível em: http://hdr.undp.org/en/2018-update; WORLDATLAS. Disponível em: https://bit.ly/39vzNly. Acessos em: 24 jan. 2020. *Dados do World Atlas.

1. De acordo com os gráficos, quais países apresentam os melhores e os piores índices sociais?
2. Quais pertencem ao grupo dos Novos Tigres Asiáticos? E quais pertencem aos "velhos" Tigres Asiáticos?

Coreia do Sul: o Tigre mais próspero

Separada da porção norte de seu antigo território no início da década de 1950, a Coreia do Sul é atualmente o mais próspero dos Tigres Asiáticos.

A atividade industrial está na base de sua economia, produzindo automóveis, navios, eletroeletrônicos, vestuário, produtos de informática e de telecomunicações, entre outros. É o país de origem de importantes empresas multinacionais. Contudo, grande parte da matéria-prima de que a Coreia do Sul necessita para manter sua atividade manufatureira é importada, assim como os alimentos básicos para manter a densa população de 51 milhões de habitantes.

A pujança da economia sul-coreana decorre da presença de mão de obra especializada e relativamente barata e de leis trabalhistas flexíveis, que não proporcionam estabilidade maior ou garantia integral de direitos aos trabalhadores.

Seul, Coreia do Sul, 2018.

CONEXÕES COM HISTÓRIA

A questão das Coreias

A Guerra Fria, encerrada há mais de duas décadas, deixou profundas marcas no Extremo Oriente, expressas pela divisão das Coreias: a do Norte, socialista, e a do Sul, capitalista.

Após anos de conflitos, que ficaram conhecidos como Guerra da Coreia (1950-1953), o país foi dividido pelo famoso paralelo 38º N, onde se ergueu uma das zonas de fronteira mais bem guarnecidas do planeta.

Em síntese, os diferentes caminhos trilhados por esses países tiveram resultados muito particulares. A Coreia do Sul transformou-se em uma nação moderna e industrial, um dos mais agressivos Tigres Asiáticos, enquanto a Coreia do Norte manteve sua estrutura agrária tradicional, tornando-se um dos países mais pobres do continente.

Nos últimos anos, olhares de apreensão das grandes potências econômicas mundiais têm se voltado para a Coreia do Norte, pois o governo desse país está investindo intensamente na produção de armas nucleares, o que vem aumentando as tensões na região.

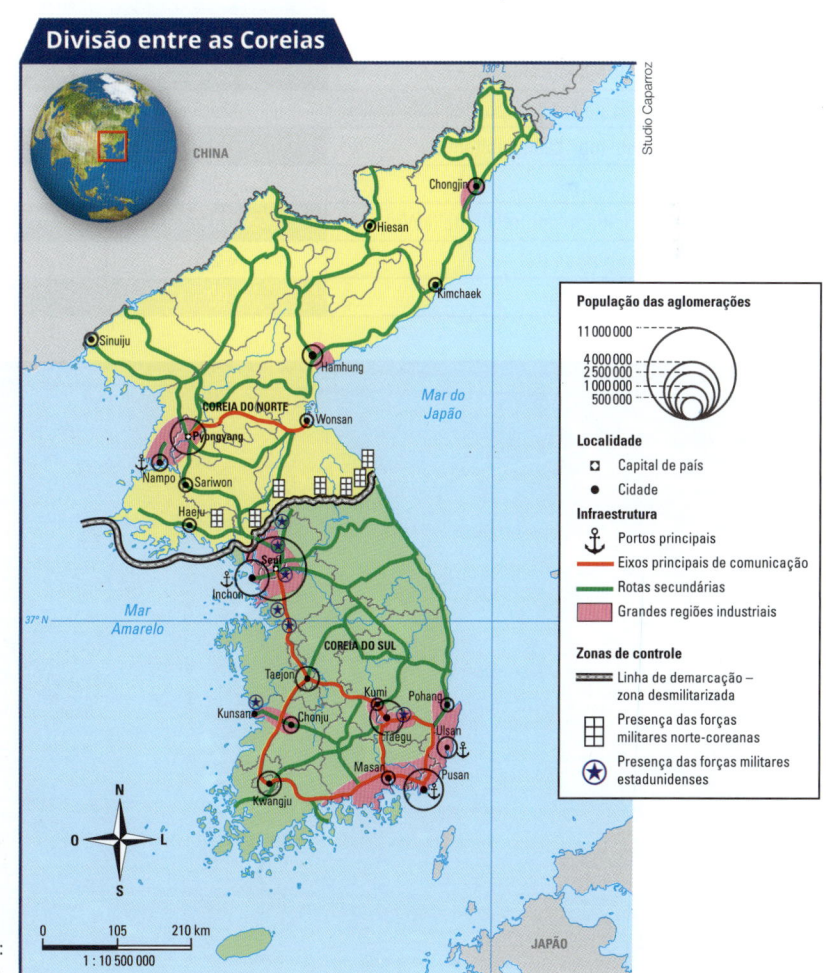

Fonte: LE MONDE DIPLOMATIQUE. Disponível em: https://bit.ly/2wyYQFO. Acesso em: 6 mar. 2020.

ATIVIDADES

Reviso o capítulo

1. Qual é o principal produto agrícola do Sudeste Asiático? Por que ele é tão difundido nessa região?

2. Cite três características da agricultura tradicional intensiva desenvolvida no Sudeste Asiático.

3. O que são monções? Diferencie monção úmida de monção seca.

4. Como o fenômeno das monções influi na produção agrícola no Sul e no Sudeste da Ásia?

5. Qual é a ligação entre o aumento da concentração fundiária e as culturas de exportação no Sudeste Asiático?

6. Explique como se desenvolve a atividade madeireira no Sudeste Asiático.

7. O que são os Tigres Asiáticos? Diferencie os dois principais grupos que os compõem, citando o nome dos países incluídos em cada um.

8. Explique os fatores que propiciaram o rápido crescimento econômico dos Tigres Asiáticos.

Analiso tabelas e imagens de satélite

9. Compare os dados referentes às condições de vida na Coreia do Norte e na Coreia do Sul no quadro e observe atentamente a imagem de satélite abaixo. Depois, faça o que se pede no caderno.

	Coreia do Sul	Coreia do Norte
Automóveis (por 1 000 habitantes – 2014)	376	11
Telefone fixo (por 100 habitantes)	52,66	4,63
População que utiliza a internet (%)	95,1	0 (proibido)
Assinaturas móveis de celular (por 100 habitantes)	124,9	14,9
Mortalidade infantil (por 1 000 habitantes)	3	21,4
Eletricidade (%)	100	30
Consumo de eletricidade por habitante (kWh)	10 497	547,25
Incidência de subnutrição (%)	< 2,5	43,4
Estradas pavimentadas (%)	92	3

Fontes: BANCO MUNDIAL. Disponível em: https://bit.ly/2RnhVT3. IBGE PAÍSES; CIA FACTBOOK; NATIONMASTER.COM. Disponível em: https://bit.ly/2GlbOIJ.G1. Disponível em: https://glo.bo/2U4BEsP. Acessos em: 24 jan. 2020.

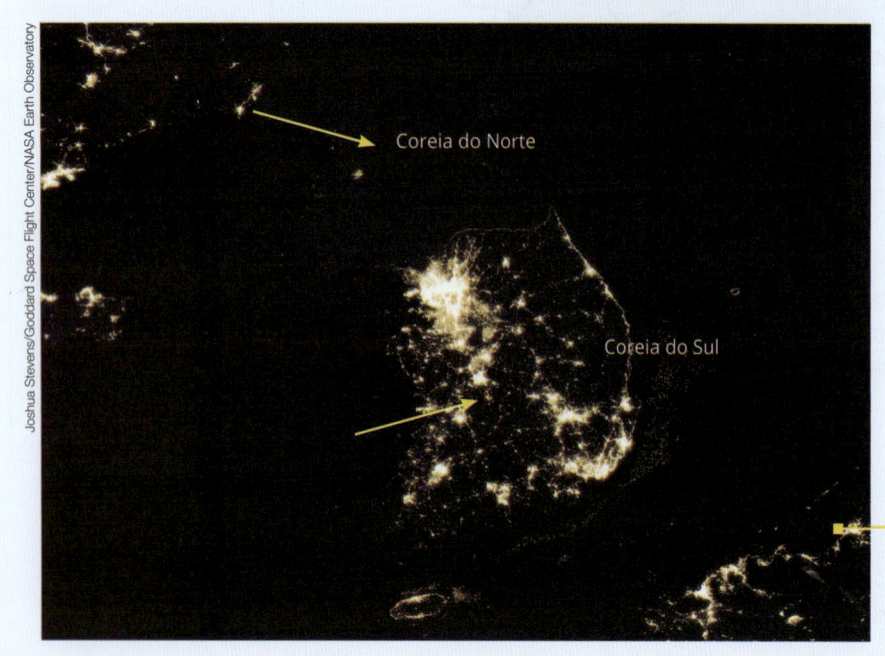

Observe a diferença de iluminação entre a Coreia do Norte e a Coreia do Sul nessa imagem noturna. Fotografia de satélite, 2017.

a) Analisando os dados apresentados no quadro, o que é possível concluir a respeito das diferenças nas condições de vida da população entre as duas Coreias?
b) De acordo com o que foi estudado no capítulo, explique por que existem tantas diferenças nas condições de vida da população entre os dois países.
c) Descreva a imagem de satélite apontando as principais diferenças que você pode perceber no território da Coreia do Norte e da Coreia do Sul.
d) Compare as informações fornecidas pela tabela com a descrição que você fez da imagem de satélite. O que você pode concluir? Troque ideias com o professor e os colegas.

Analiso fotografias

10. Observe a fotografia abaixo e, de acordo com o que você estudou, responda às questões no caderno.

Raub, Malásia, 2018.

a) O que mostra a imagem?
b) No que consiste esta atividade econômica, que vem promovendo o avanço do desmatamento no Sudeste Asiático?
c) Quais são as consequências ambientais provocadas pelo desmatamento descontrolado das florestas equatoriais no Sudeste Asiático?
d) Por que a redução das florestas no Sudeste Asiático tem implicações em outras partes do mundo?

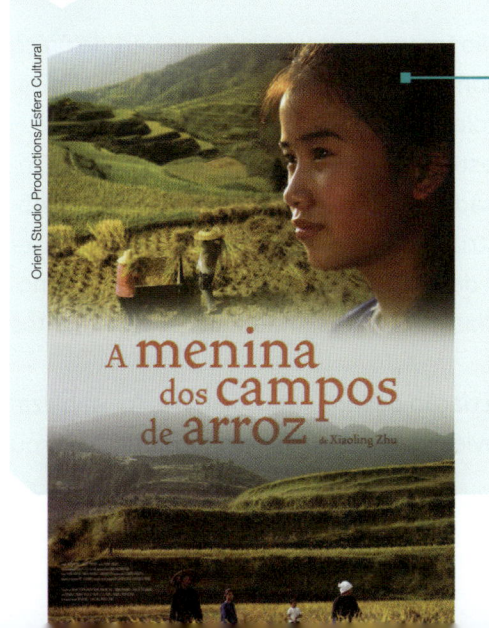

AQUI TEM GEOGRAFIA

Assista

A menina dos campos de arroz
Direção de Xiaoling Zhu. China/França: Orient Studio Productions, 2010 (82 min).
O filme conta a história de uma menina que vive no sul da China, cercada por plantações de arroz, e sonha em ser escritora.

Lola
Direção de Brillante Mendoza. França/Filipinas: Swift Productions, 2009 (110 min).

Acesse

Associação de Nações do Sudeste Asiático (Asean)
Disponível em: www.asean.org. Acesso em: 9 nov. 2019.

CAPÍTULO 13

China: potência emergente mundial

Observe as imagens.

Etiqueta de roupa indicando sua fabricação na China.

Placa de circuito eletrônico fabricada na China.

Você certamente já leu a frase em inglês das imagens acima, *Made in China*, em algum produto do seu dia a dia. Nas últimas décadas, a China tornou-se um dos países mais industrializados do mundo e passou a exportar produtos para todas as partes do planeta. Esse "colosso industrial" atua em todos os segmentos da atividade fabril, desde roupas (fotografia A) até sofisticados aparelhos eletrônicos (fotografia B).

Para entender a situação atual da China e as grandes transformações que levaram o país a se destacar no cenário mundial, vamos analisar sua história mais recente. No século XIX, a China estava submetida aos interesses de nações imperialistas europeias, como Inglaterra e Rússia, além do Japão, que exploravam exaustivamente seus recursos naturais e controlavam grande parte de sua economia.

A subordinação aos interesses imperialistas começou a mudar em 1949, quando um movimento de base camponesa, liderado por Mao Tsé-Tung, desencadeou a revolução que levou à implantação do regime socialista.

As principais medidas estabelecidas pela revolução foram a instalação de um partido único no país, o Partido Comunista; a planificação da economia, centralizada pelo Estado; a estatização dos meios de produção; a reforma agrária e a coletivização das terras, entre outras.

Ainda na década de 1950, o governo chinês investiu no desenvolvimento da atividade industrial, sobretudo com a criação de indústrias pesadas para acelerar o crescimento econômico do país. Além de fomentar a atividade industrial, os dirigentes do Partido Comunista incluíram nos planos econômicos a priorização do desenvolvimento da agricultura e a modernização do campo, com a construção de indústrias de tratores, máquinas e implementos agrícolas, fertilizantes, adubos etc.

A instauração desse modelo, fundamentado na criação de indústrias de base, foi viabilizada pela cooperação técnica e financeira da União Soviética, também socialista, o que acelerou o crescimento econômico da China.

Vias do desenvolvimento chinês

A partir da década de 1960, a China se afastou politicamente dos soviéticos e passou a buscar as próprias **vias de desenvolvimento**. Nesse período, a economia chinesa sofreu certa estagnação, que só foi superada na década de 1980, quando o país adotou um conjunto de medidas de liberalização da economia. As medidas incluíam liberdade para a entrada de capitais e tecnologias estrangeiras, mais autonomia para empresas estatais, prioridade nos investimentos em tecnologias modernas, ampliação do comércio externo, incentivo ao turismo, entre outras. Assim, a economia chinesa alcançou resultados espetaculares, crescendo 10% ao ano, em média, nas quatro últimas décadas.

Com a abertura econômica, a China passou a adotar um modelo de desenvolvimento bastante particular, chamado **economia socialista de mercado**. Esse modelo mantém características tanto do socialismo – como a extrema centralização do poder político – quanto do sistema capitalista – como a liberalização econômica.

FIQUE LIGADO!

Minérios e recursos energéticos: base da pujança chinesa

Um dos fatores que contribuem para a expansão da atividade industrial na China é a grande disponibilidade de minerais e recursos energéticos fósseis. Esse privilégio decorre da diversidade de suas formações geológicas, nas quais são encontradas jazidas de alto valor comercial.

A exploração mineral na China está entre as maiores do mundo. O país lidera a produção mundial de ferro, tungstênio e zinco, sendo o segundo maior produtor de alumínio.

No setor energético, com destaque para a exploração de carvão, a China é responsável por cerca de 46% da produção mundial, além de ser autossuficiente na produção de petróleo. A maior parte da energia elétrica gerada no país provém de termelétricas, o que justifica o fato de a China ser o maior produtor e consumidor de carvão, recurso largamente utilizado nessas usinas. Além disso, o potencial hidráulico da China é muito grande e já vem sendo explorado com a construção de várias usinas hidrelétricas, como a usina de Três Gargantas, considerada a maior do mundo em operação.

Usina Hidrelétrica das Três Gargantas. Yichang, China, 2017.

População chinesa

Analise o mapa com atenção.

?
1. Identifique no mapa as regiões de maior e menor concentração populacional da China.
2. Observe os mapas das páginas 116 e 117, que registram os climas e as formações vegetais das regiões desérticas, montanhas e planícies da China, e relacione a distribuição da população chinesa ao quadro natural do país.

China: densidade demográfica

Habitantes por km²:
- De 0 a 1
- De 1 a 10
- De 10 a 50
- De 50 a 100
- De 100 a 200
- Acima de 200

Capital de país
Cidades com (habitantes):
- Mais de 1 milhão
- 500 000 a 1 milhão
- Menos de 500 000

1 : 44 300 000

Fontes: ATLAS geográfico mundial. São Paulo: Fundamento, 2014. p. 85; 15 cidades chinesas com mais de 5 milhões de residentes permanentes. *Diário do Povo Online*, [s. l.], 21 ago. 2020. Disponível em: http://portuguese.people.com.cn/n3/2020/0821/c309810-9737266-2.html. Acesso em: 12 fev. 2021.

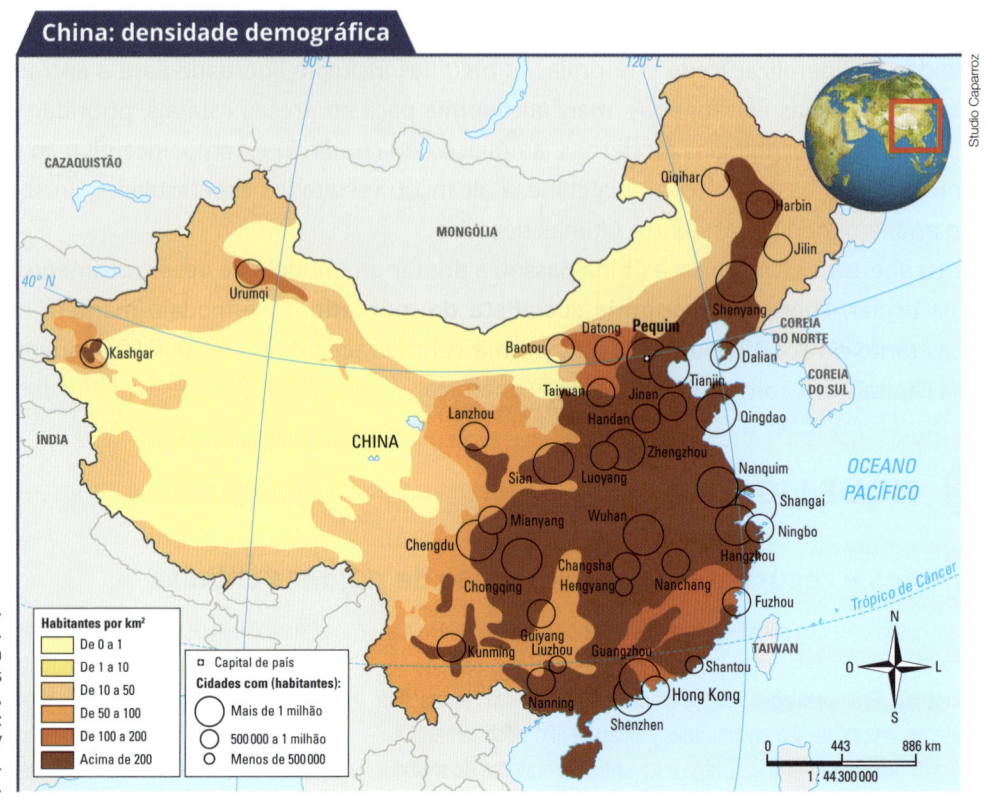

Com cerca de 1,4 bilhão de habitantes, a China é o país mais populoso do mundo. A contenção do crescimento demográfico foi uma das maiores preocupações do governo chinês nas últimas décadas. Para diminuir o ritmo de crescimento natural da população, que, na década de 1970, girava em torno de 2,3% ao ano, o governo implantou um rígido controle de natalidade: a "política do filho único". De acordo com essa política, as famílias que tivessem um segundo filho sofreriam medidas punitivas, como o pagamento de altas multas.

Como resultado dessa política antinatalista, a taxa de crescimento demográfico na China recuou para 0,4% ao ano, o que, de acordo com o governo chinês, impediu o acréscimo de dezenas de milhões de habitantes à população nas últimas três décadas.

Entretanto, o rápido ritmo de envelhecimento da população (a China terá cerca de 480 milhões de idosos em 2050) associado ao rígido controle de natalidade causou escassez de mão de obra adulta, o que levou o governo central chinês a diminuir o controle, passando a permitir, a partir de 2016, o segundo filho sem penalidades aos casais.

Chineses aproveitam piscina pública em Nanjing, China, 2019.

Produção de alimentos na China

Um dos maiores desafios da China é alimentar sua imensa população, já que apenas 13% das terras podem ser aproveitadas para uso agrícola. A maior parte do território chinês é formada por grandes montanhas e extensos desertos. Grande esforço tem sido despendido para evitar a queda na produção agrícola e, consequentemente, o desabastecimento de gêneros alimentícios.

A imensa produção agrícola chinesa deve-se, em grande parte, ao aproveitamento máximo do espaço agricultável do país. Assim, é muito rara a disponibilidade de solos cultiváveis que não estejam sendo aproveitados. Isso é explicado pelo acesso garantido ao campo: as terras pertencem ao Estado e são cedidas aos agricultores, que ainda recebem apoio do governo para desenvolver as atividades.

Outra condição que propicia a grande produção agrícola chinesa é o alto índice de produtividade das lavouras. Em alguns cultivos, como o de arroz, a produção chega a alcançar até três safras anuais. Isso se deve ao uso constante de irrigação e ao emprego intensivo de mão de obra.

O processo de modernização do campo ainda é lento, já que o governo controla a mecanização das lavouras para incentivar a permanência da população na zona rural. Esse fato ajuda a explicar o imenso contingente populacional que vive no campo: aproximadamente 565 milhões de habitantes, cerca de 41% da população do país. O governo se preocupa muito com um possível êxodo rural, o que certamente causaria uma explosão demográfica nos grandes centros urbanos.

A agricultura é fundamental para a economia chinesa. Até 2017, além de empregar cerca de 28% da população economicamente ativa, essa atividade compunha aproximadamente 8% do PIB chinês. Na imagem, agricultores colhem batata-doce na província de Hebei, China, 2019.

Cidades como Xangai, que atualmente já conta com 25 milhões de habitantes, devem continuar crescendo nos próximos anos. Ainda que o governo chinês tente evitar, não há dúvida de que está em andamento um forte êxodo rural. As grandes metrópoles chinesas atraem os trabalhadores do interior em busca de oportunidades nas fábricas, no comércio e nos serviços, apesar de, muitas vezes, as pessoas passarem a viver em péssimas condições nas cidades. Xangai, China, 2017.

Socialismo de mercado e organização do espaço chinês

A abertura da economia chinesa ao capitalismo internacional incrementou imensamente a atividade industrial no país, sobretudo no setor de bens de consumo. Atualmente, a produção da indústria chinesa é uma das maiores do mundo, com destaque para os setores automotivo e de produtos eletrônicos, que têm crescido aceleradamente nas últimas décadas.

Outros fatores de extrema relevância para a arrancada da produção industrial da China foram a criação de **Zonas Econômicas Especiais (ZEEs)** e a abertura de algumas regiões do interior e de importantes cidades portuárias aos investimentos estrangeiros, constituindo **zonas de livre comércio**, estabelecidas por uma legislação mais flexível, com redução ou mesmo isenção de impostos. Essas medidas visavam, até meados da década de 1990, atrair investimentos estrangeiros e absorver as inovações tecnológicas desenvolvidas nos países mais avançados, como Estados Unidos, Japão e Alemanha.

Atualmente, quase todo o território chinês está aberto ao capital internacional. Os investidores também são atraídos por outras condições favoráveis, como o baixo custo de mão de obra e o gigantesco mercado consumidor chinês, que é uma excelente oportunidade para o crescimento das empresas.

Fontes: FERREIRA, Graça Maria Lemos. *Atlas geográfico*: espaço mundial. São Paulo: Moderna, 2013. p. 105; FNSP. Disponível em: https://bit.ly/2TQX0cV. Acesso em: 5 nov. 2019.

Os novos hábitos chineses

Os reflexos da economia de mercado são cada vez mais evidentes na China, a começar pelas maiores cidades, que se tornaram imensos canteiros de obras, onde enormes edifícios são erguidos para abrigar *shopping centers* e novas empresas. As cidades, por sua vez, não foram organizadas para receber a numerosa frota de automóveis que tem substituído as bicicletas, meio de transporte tradicional na China. Os hábitos da população chinesa mudaram radicalmente, sobretudo dos jovens. Essa parcela da população é ávida consumidora de produtos, como *smartphones* e roupas de grifes ocidentais.

O nível de vida de boa parte da população chinesa elevou-se e as pessoas passaram a viver em moradias mais confortáveis, alimentar-se melhor e ter acesso a eletrodomésticos básicos, como fogões, geladeiras e televisores. O consumismo também passou a fazer parte dos hábitos chineses: ter um cartão de crédito, um celular ou um carro passou a ser símbolo de *status* na China.

Rua comercial lotada de pedestres em Xangai, China, 2019.

Problemas ambientais em território chinês

O rápido crescimento econômico da China nas últimas quatro décadas foi acompanhado de altos níveis de degradação ambiental tanto no campo como nos centros urbanos. Os principais problemas gerados são a exaustão dos recursos minerais, florestais e hídricos e a poluição dos solos, dos rios e do ar, sobretudo nas grandes áreas industriais, entre outros.

A falta de planejamento e de leis rígidas de controle ambiental pelo governo levou a China à condição de nação campeã de índices de poluição: atualmente, o país emite mais dióxido de carbono na atmosfera do que os Estados Unidos.

A poluição atmosférica é uma das principais mazelas que atingem a população chinesa. Névoa de poluição encobre os edifícios do centro financeiro de Xangai, China, 2018.

ZOOM

Desmatamento na China e o novo coronavírus

Faz pelo menos duas décadas que cientistas repetem o alerta: à medida que populações avançam sobre as florestas, aumenta o risco de micro-organismos – até então em equilíbrio – migrarem para o cotidiano humano e fazerem vítimas. Foi por isso que a notícia sobre a propagação do novo coronavírus [...] não pegou Ana Lúcia Tourinho de surpresa. Doutora em Ecologia, ela estuda como o desequilíbrio ambiental faz com que a floresta e sociedade fiquem doentes.

"Quando um vírus que não fez parte da nossa história evolutiva sai do seu hospedeiro natural e entra no nosso corpo é o caos. Está aí o novo coronavírus esfregando isso na nossa cara" [...].

No caso do novo coronavírus, batizado de Sars-CoV-2, muito antes de infectar os primeiros humanos e viajar a partir da China [...] para outras partes do mundo, ele habitava outros hospedeiros num ambiente selvagem – morcegos, provavelmente.

Isolados e em equilíbrio em seu hábitat, como florestas fechadas, vírus como esse não ameaçariam os humanos. O problema é quando esse reservatório natural começa a ser recortado, destruído e ocupado. [...]

PONTES, Nádia. O elo entre desmatamento e epidemias investigado pela ciência. *DW Brasil*, [s. l.], 15 abr. 2020. Disponível em: https://www.dw.com/pt-br/o-elo-entre-desmatamento-e-epidemias-investigado-pela-ci%C3%AAncia/a-53135352. Acesso em: 12 fev. 2021.

Morcego da espécie *Rhinolophus affinis*, encontrado em algumas partes da Ásia, como a China. Fotografia de 2020.

China: nova potência mundial do século XXI?

Analise com atenção o mapa abaixo.

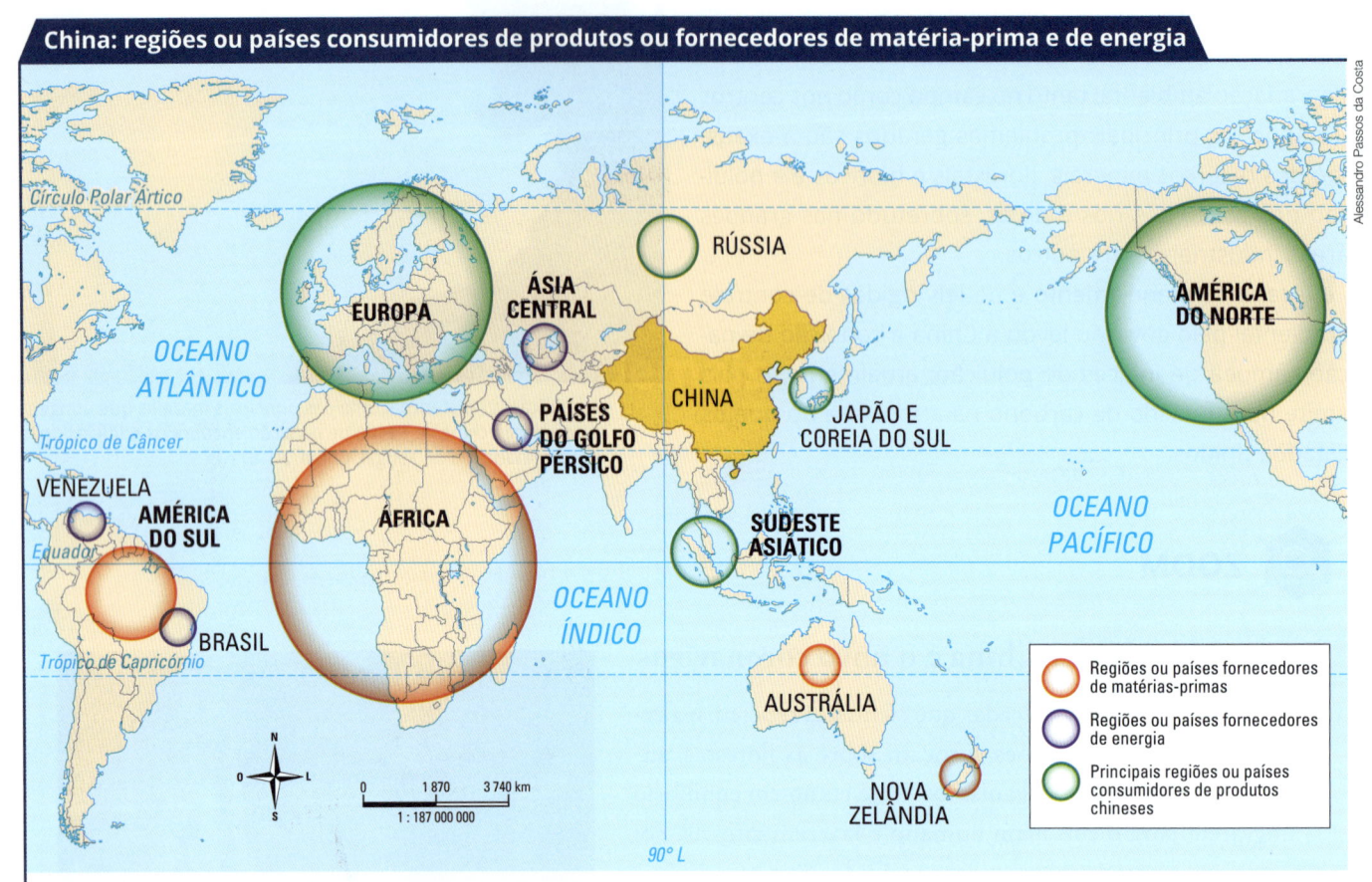

China: regiões ou países consumidores de produtos ou fornecedores de matéria-prima e de energia

Legenda:
- Regiões ou países fornecedores de matérias-primas
- Regiões ou países fornecedores de energia
- Principais regiões ou países consumidores de produtos chineses

Escala: 1 : 187 000 000

Fontes: EL ATLAS de le monde diplomatique: nuevas potencias emergentes. Madri: Fundación Mondiplo, 2012. p. 153; REKACEWICZ, Philippe. Au centre de la mondialisation. *Le Monde Diplomatique*, Paris, jun./jul. 2012. Disponível em: www.monde-diplomatique.fr/cartes/chine-machinerie. Acesso em: 2 out. 2019.

1. De acordo com o mapa, que tipo de relação o Brasil tem com a China dentro da atual economia globalizada?

2. Quais são os principais países ou regiões fornecedores de energia e matéria-prima para a potência asiática?

3. Quais são os principais países ou regiões consumidores de produtos chineses?

Conselho de Segurança: conselho da ONU composto de 11 países com a incumbência de fazer recomendações e decidir as ações a ser adotadas para manter ou restabelecer a paz e a segurança mundial.

A posição da China no cenário geopolítico tem se tornado cada vez mais importante nos âmbitos regional e internacional. Esse papel de destaque se deve a um conjunto de fatores favoráveis e potenciais: as riquezas naturais do território (é o terceiro mais extenso do mundo), o gigantismo do mercado consumidor (o mais numeroso do planeta) e o dinamismo da economia (uma das que mais crescem no globo).

Internamente, a política chinesa caracteriza-se pela centralização excessiva do poder pelo Partido Comunista, o único do país. A liberdade democrática praticamente não existe, e as manifestações populares são reprimidas com o uso da força. No plano internacional, a China tem aumentado sua influência nas decisões político-econômicas, ocupando uma das cinco cadeiras permanentes do Conselho de Segurança da ONU.

Além disso, os chineses ampliam cada vez mais suas parcerias comerciais e têm buscado matérias-primas, sobretudo na África, na América Latina e no Oriente Médio. O país fez parceria com vários blocos econômicos, como Apec e Asean, e é um dos componentes do grupo Brics (como vimos no capítulo 3 do volume 8).

A importância político-estratégica da China é reforçada por seu grande poderio militar e aeroespacial. O arsenal bélico inclui mísseis carregados com bombas atômicas, além de o país dominar tecnologias espaciais, como a fabricação de foguetes, satélites artificiais e naves espaciais. Portanto, a China tem grande possibilidade de tornar-se a mais nova potência econômica e geopolítica do século XXI.

FIQUE LIGADO!

Sonda chinesa chega ao lado oculto da Lua pela primeira vez

[...]

A nave chinesa Chang'e 4 pousou na inexplorada Bacia Polo Sul-Aitken, a maior, mais antiga e profunda cratera da superfície lunar. É a primeira vez que uma sonda chega ao lado oculto da Lua, representando um avanço para a astronomia. [...]

A confirmação oficial aconteceu poucas horas depois, por meio da emissora estatal chinesa CCTV, que divulgou que o veículo pousou às 00h26 (horário de Brasília), desta quinta-feira (3) [03/01/2019].

A Chang'e 4 é controlada pela Administração Nacional do Espaço da China (CNSA, na sigla em inglês). A sua missão é fazer medições detalhadas do terreno e da composição mineral da Lua.

Acredita-se que a Bacia Polo Sul-Aitken tenha sido formada durante uma gigantesca colisão. É provável que essa colisão tenha impactado materiais lunares internos, o que significa que a sonda pode fornecer novas pistas sobre a formação do satélite natural.

Para Malcolm Davis, analista do Australian Strategic Policy Institute, entidade de defesa australiana, o pouso representa mais do que um avanço na astronomia. "Há muita geopolítica e astropolítica nisso. Não é apenas uma missão científica, mas também a ascensão da China como superpotência", ele disse. "Há muito nacionalismo na China, e eles veem o papel do país no espaço como parte fundamental do desenvolvimento."

SONDA chinesa chega ao lado oculto da Lua pela primeira vez. *Galileu*, São Paulo, 3 jan. 2019. Disponível em: https://glo.bo/36qR4d6. Acesso em: 5 nov. 2019.

Lançamento da sonda chinesa Chang'e 4. Sichuan, China, 2018.

Robô chinês Yutu-2 fazendo prospecção em solo lunar. Foto de 2019.

ATIVIDADES

Reviso o capítulo

1. Quais foram as principais medidas da Revolução Socialista de 1949 que mudaram a vida da população chinesa?

2. Sobre a política antinatalista imposta pelo governo chinês a partir da década de 1970, responda:
   a) O que foi a "política do filho único"?
   b) Essa política continua nos dias atuais? O que mudou?
   c) Quais foram os motivos da mudança?

3. O que significa "economia socialista de mercado"? Em que se baseia esse modelo de desenvolvimento adotado pela China?

4. Embora somente 13% do território chinês seja aproveitado para o cultivo agrícola, explique por que há grande produção agrícola no país.

5. Aponte três problemas ambientais que desafiam as autoridades chinesas na atualidade.

6. Com base no que você tem estudado, que medidas poderiam ser adotadas pelo governo chinês para diminuir a poluição nas cidades?

7. Destaque três características que tornam a China uma grande potência mundial atualmente.

Interpreto textos e organizo debate

8. Leia o texto a seguir e faça o que se pede no caderno.

O Tibete e as ambições expansionistas chinesas

Além das medidas econômicas tomadas por Mao Tsé-Tung, como o desenvolvimento da agricultura e a instalação de indústrias de base no território chinês, o governo empenhou-se na execução de um plano expansionista que visava incorporar países e regiões limítrofes, considerados, historicamente, extensões do território chinês. Assim, em 1950, a China invadiu militarmente o Tibete, reino localizado a oeste de seu território.

Para manter o controle dessa nação, além da forte presença do exército, o governo ditatorial chinês estimulou a migração para o Tibete, em larga escala, de chineses da etnia han (majoritária na China), que passaram a ocupar os principais cargos públicos e as melhores colocações nas empresas (comércio, serviços e indústria) do Tibete.

Ainda que o país continue sob o controle de Pequim há mais de cinco décadas, e após o massacre de inúmeros monges e monjas, os tibetanos insistem em manter suas características culturais e religiosas originais: o budismo é a religião predominante e o Dalai Lama é seu representante supremo. Atualmente, Dalai Lama, que se encontra exilado na Índia, mantém um governo paralelo ao chinês e articula, perante a comunidade internacional, a independência do Tibete.

Texto dos autores.

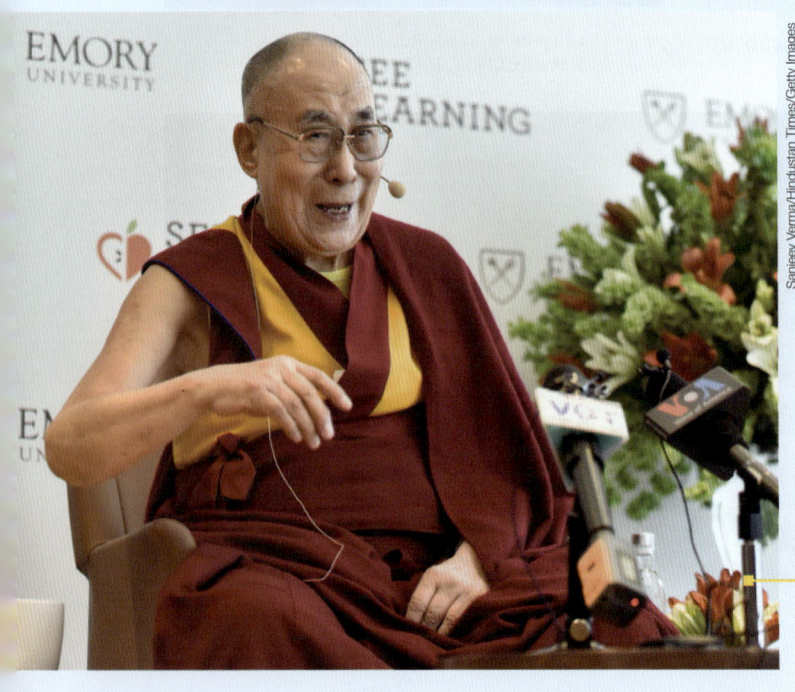

a) Como o governo chinês promoveu a ocupação do território do Tibete?

b) Qual é a religião predominante no Tibete?

c) Uma das principais formas de dominação de um povo sobre outro é a descaracterização da prática religiosa, como ocorreu no Tibete. Entretanto, a Lei Internacional dos Direitos Humanos prega, entre outras coisas, o direito de um indivíduo exercer sua fé religiosa livremente.

Com base nessas informações e com o auxílio do professor, organize um debate em sala de aula sobre a liberdade religiosa em nosso país. Utilize as questões a seguir como deflagradoras da discussão.

- Há liberdade religiosa no Brasil?
- Você já se sentiu discriminado em razão de sua fé religiosa? Se sim, de que forma?
- Como é possível evitar a discriminação religiosa?

No budismo tibetano, o Dalai Lama é o líder religioso. Atualmente, essa função é exercida por Tenzin Gyatso, o 14º dessa linhagem de monges. Nova Délhi, Índia, 2019.

Analiso gráficos

9. A representação a seguir utiliza o formato do território chinês para reforçar o tema trabalhado. Analise-a com atenção.

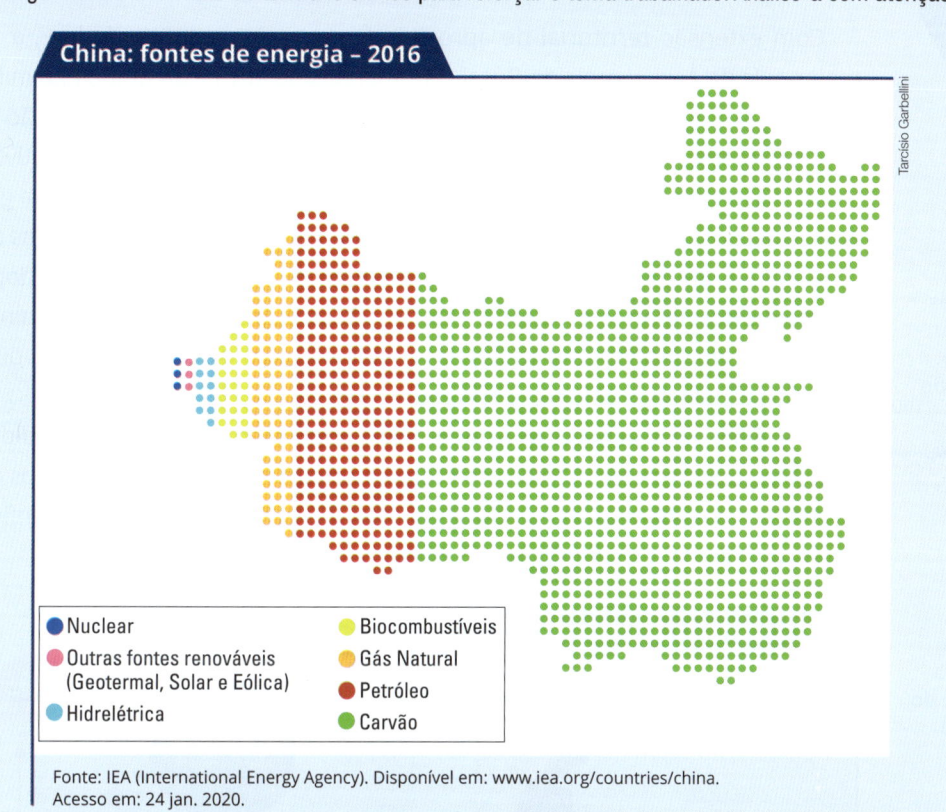

China: fontes de energia – 2016

Legenda:
- Nuclear
- Outras fontes renováveis (Geotermal, Solar e Eólica)
- Hidrelétrica
- Biocombustíveis
- Gás Natural
- Petróleo
- Carvão

Fonte: IEA (International Energy Agency). Disponível em: www.iea.org/countries/china. Acesso em: 24 jan. 2020.

A distribuição dos pontos e das respectivas cores não reflete a localização geográfica do fenômeno, mas a proporção que cada tipo de fonte de energia é utilizada na China. Assim, podemos definir que essa representação configura-se melhor como um gráfico do que como um mapa. Sabendo dessas informações, responda:

a) Qual é o tema da representação?
b) Quais são as principais fontes de energia utilizadas na China?
c) Por que grande parte da energia é gerada com uso de carvão nesse país asiático?
d) Quais são as fontes renováveis de energia da China? E as fontes não renováveis?

AQUI TEM GEOGRAFIA

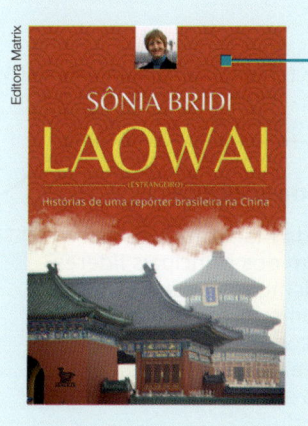

Leia

Laowai (Estrangeiro): histórias de uma repórter brasileira na China
Sônia Bridi e Paulo Zero (Letras Brasileiras).
O livro descreve os desafios da permanência desses dois jornalistas na China entre 2005 e 2006.

China – passado e presente: um guia para compreender a sociedade chinesa
Rosana Pinheiro-Machado (Artes e Ofícios).

Acesse

BBC Brasil – A China hoje
Disponível em: www.bbc.co.uk/portuguese/especial/1154_chinahoje. Acesso em: 2 out. 2019.

CAPÍTULO 14

Índia: gigante em ascensão

Com extensão territorial de aproximadamente 3,3 milhões de km², a Índia é o terceiro maior país da Ásia, depois da Rússia (17 milhões de km²) e da China (9,6 milhões de km²).

É ainda o segundo país mais populoso do mundo, com cerca de 1,3 bilhão de habitantes. Por essa razão, sua taxa de crescimento demográfico, em torno de 1,1%, é motivo de preocupação. Um dos aspectos mais notáveis dessa imensa população diz respeito à sua grande diversidade étnica, religiosa e cultural, que marca profundamente a vida e as estruturas sociais do país.

A Índia é um verdadeiro mosaico etnolinguístico. A maior parte da população descende dos povos dravidianos e arianos, além de vários outros grupos étnicos minoritários. Em todo o país existem oficialmente 18 línguas regionais, além de cerca de 1 600 dialetos falados por minorias espalhadas pelo território todo.

A religião, outro aspecto que diferencia a população indiana, está dividida entre hinduístas (79,8%), muçulmanos (14,2%) e um grande número de grupos minoritários que pratica outras religiões. A rivalidade religiosa constitui uma das principais causas de conflitos no país, como veremos adiante. Observe o mapa abaixo.

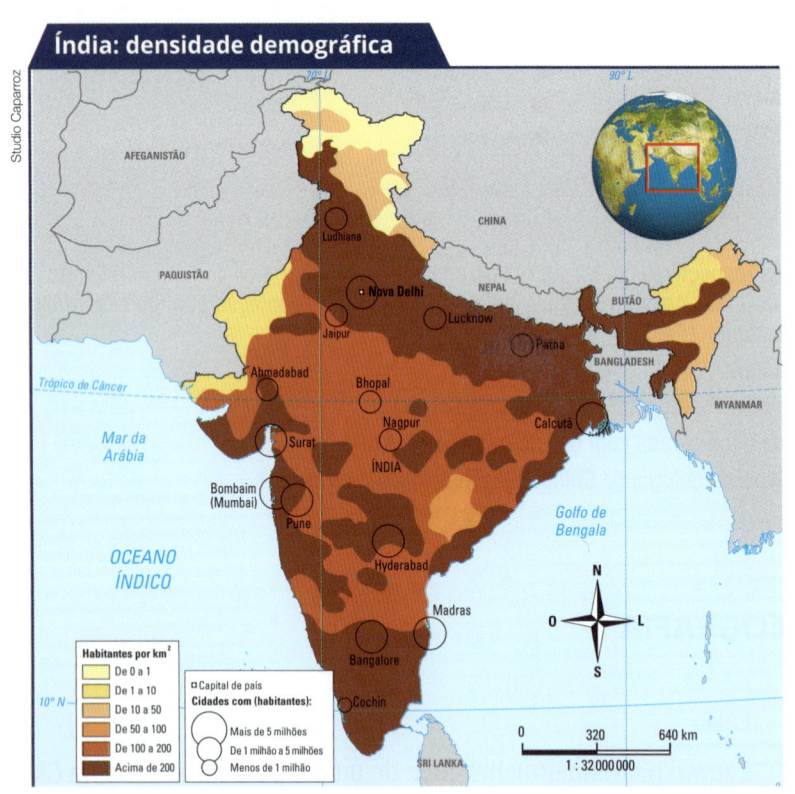

■ **Dravidiano:** indivíduo dos drávidas, uma das populações mais antigas do sul da Índia e do norte do Sri Lanka.

■ **Ariano:** indivíduo dos árias, populações que invadiram e conquistaram grande parte da Europa e da Ásia, chegando à Índia por volta da segunda metade do primeiro milênio antes de Cristo.

Índia: densidade demográfica

Fonte: ATLAS geográfico mundial. São Paulo: Fundamento, 2014. p. 85.

1. Observe a localização das principais aglomerações urbanas e as densidades demográficas da população no território indiano. Quais regiões apresentam as maiores densidades demográficas?

Mahatma Gandhi e a liberdade indiana

Gandhi (1869-1948) era chamado de Mahatma (Grande Alma) por seu povo. Foi um dos principais líderes dos movimentos contra o colonialismo na Índia. Defensor da chamada resistência pacífica como forma de combater a dominação inglesa no país, ele encontrou muitos adeptos. Suas ações abriram caminho para a independência do país, que ocorreu em 1947. No início do ano seguinte, Gandhi foi assassinado por um radicalista hindu.

Hinduísmo e sistema de castas

O hinduísmo é a religião majoritária na Índia, mas também constitui um sistema social, na medida em que considera que os indivíduos herdam um lugar na sociedade que os colocam em diferentes **castas**. Determinadas pela hereditariedade, as castas constituem grupos de pessoas e famílias que se diferenciam uns dos outros de acordo com a posição social que ocupam, com mais ou menos privilégios e deveres.

Inicialmente, havia quatro castas distintas: a dos brâmanes, a mais elevada, constituída pelos sacerdotes; a dos xátrias, formada pelos militares; a dos vaixás, composta de comerciantes e fazendeiros; e, finalmente, a dos sudras, casta inferior, formada por empregados em geral, que serviam às outras castas. Os que não pertenciam a nenhuma casta eram considerados párias, também chamados intocáveis, indivíduos totalmente marginalizados, que deviam fazer os serviços rejeitados pelos indivíduos pertencentes às castas.

Mais recentemente, entretanto, como a sociedade se tornou mais complexa em razão da grande diversificação das atividades, as castas se multiplicaram, sendo reconhecidas, atualmente, mais de três mil em toda a Índia.

O sistema de castas estabelece uma rígida segregação social, por meio da qual se explica o papel de cada indivíduo na sociedade. Esse fato consolida as enormes desigualdades sociais do país, uma vez que a mudança de casta é considerada grande ofensa à religião hindu.

Oficialmente, o governo indiano não reconhece mais a existência das castas; porém, até hoje, elas marcam profundamente a sociedade e o modo de vida da população.

Os párias, ou intocáveis, fazem as tarefas mais desprezadas pela sociedade indiana, por exemplo, a reparação de ferramentas. Sambhal, Índia, 2016.

ZOOM

Ganges: o rio sagrado

A região do Vale do Rio Ganges, na Índia, é uma das mais povoadas do planeta, com densidade demográfica que ultrapassa os 200 hab./km² (reveja o mapa da página 119). Entre os motivos dessa grande concentração populacional está o fato de o Ganges ser considerado um curso de água sagrado para a maioria da população hinduísta do país. Para os hindus, as águas desse rio têm o poder de limpar os pecados e preparar o espírito para uma vida melhor na próxima reencarnação.

Ainda que tenha essa característica sagrada, o Ganges recebe anualmente milhões de toneladas de esgotos domésticos, industriais e agrotóxicos, entre outros dejetos, o que o torna altamente poluído em seu médio e baixo curso.

Reencarnação: ato ou efeito de voltar a viver, após a morte, assumindo a forma material terrena.

Ritual religioso de purificação espiritual nas águas do Ganges. Varanasi, Índia, 2018.

Desafios populacionais na Índia

Observe a imagem com atenção.

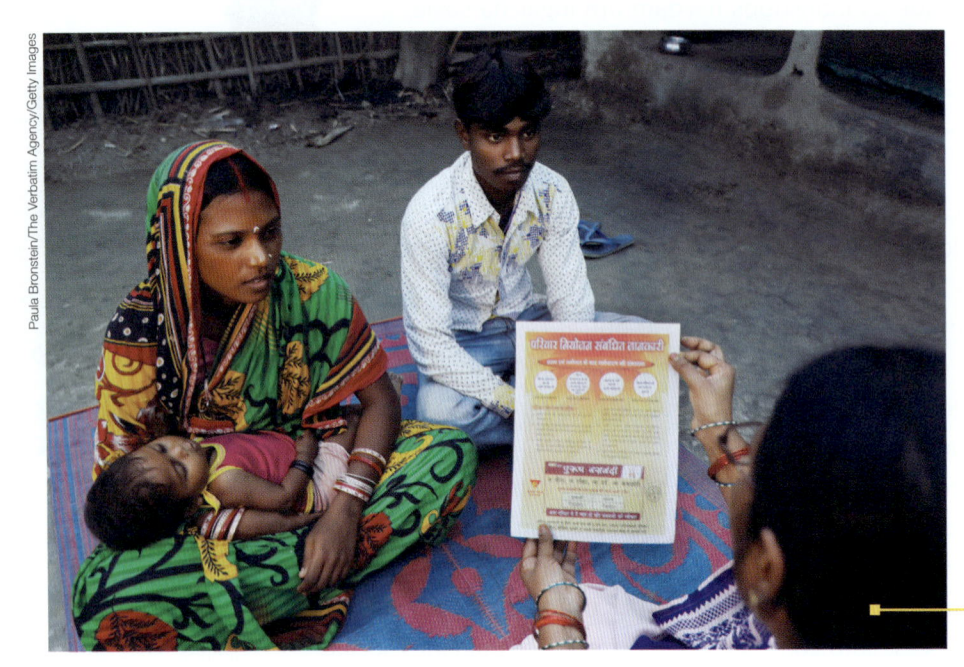

Raniganj, Índia, 2017.

? Na imagem ao lado, jovem casal indiano recebe orientação sobre planejamento familiar com uma agente de saúde do governo daquele país.

1. Em sua opinião, a redução da pobreza de um país depende apenas da queda no crescimento de sua população? Converse sobre isso com os colegas.

Desde a década de 1960, há um rígido controle do crescimento populacional na Índia, por meio do qual se espera reduzir a pobreza, a fome e a gravidade do quadro social do país. Para fazer esse controle, foram tomadas medidas como a limitação do número de filhos para as famílias mais carentes e a divulgação de métodos contraceptivos.

A política antinatalista teve resultados positivos, pois desencadeou a gradativa queda dos índices de crescimento natural da população, que passaram de 2,3%, em 1970, para cerca de 1,1%, atualmente. Apesar da forte queda dos índices, caso a Índia mantenha esse ritmo de crescimento demográfico, deverá ser o país mais populoso do mundo nas próximas décadas, ultrapassando a China. O gráfico a seguir representa a evolução populacional da Índia. Observe a população atual e a projeção para o futuro.

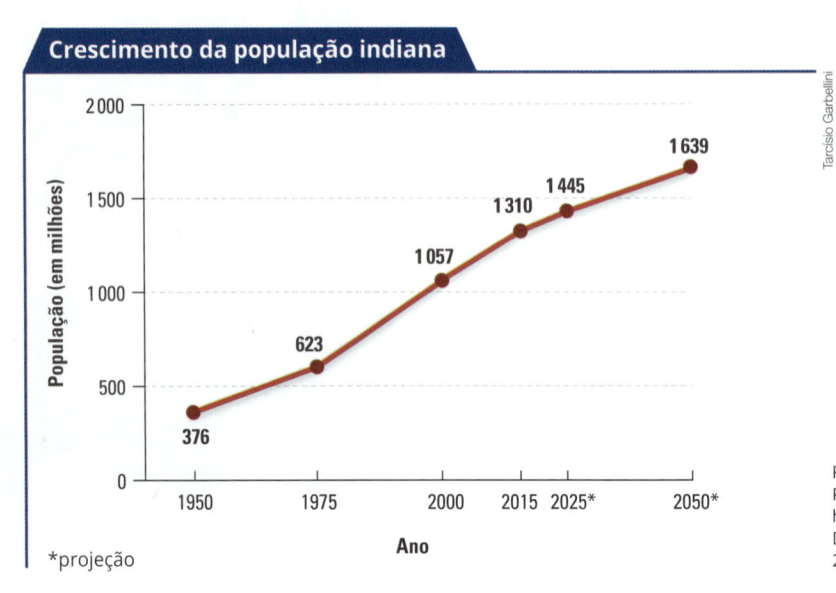

Crescimento da população indiana

Ano	População (em milhões)
1950	376
1975	623
2000	1 057
2015	1 310
2025*	1 445
2050*	1 639

*projeção

Fonte: ONU. World Population Prospects. Disponível em: https://population.un.org/wpp/DataQuery/. Acesso em: 3 out. 2019.

Os dados mostram o aumento populacional indiano, que ainda constitui um dos maiores desafios enfrentados no país, tanto pela demanda crescente por alimentos e produtos em geral como pela necessidade cada vez maior de moradias, escolas, hospitais etc.

A análise de alguns indicadores revela a gravidade do quadro social do país. A taxa de mortalidade infantil é de 32‰ (no Brasil, essa taxa é de 13‰) e a expectativa de vida não chega a 69 anos. Cerca de 22% da população indiana sobrevive com renda diária inferior a 1,25 dólar. Isso leva a uma grave carência alimentar, que, por sua vez, resulta em um alarmante quadro de subnutrição da população, tanto nas cidades quanto no campo. As condições de vida dos habitantes, principalmente das cidades, também são muito precárias.

Outro grave problema que os indianos enfrentam é o analfabetismo, que atinge cerca de 29% da população. Isso se deve, em grande parte, à evasão escolar, pois um elevado número de crianças abandona a escola para trabalhar, como forma de ajudar na renda da família.

ZOOM

Bangalore, capital da alta tecnologia na Índia, sofre com dificuldade de abastecimento de água

[...]

Cada dia mais de mil caminhões-pipa cheios de água passam em frente à pequena loja de Nagraj em Bangalore, levantando uma nuvem de poeira no caminho das casas e dos escritórios da capital indiana da alta tecnologia.

Neste "Silicon Valley" do sul da Índia, que testemunhou em 25 anos uma explosão demográfica e vê os novos edifícios de moradias se multiplicarem, a cidade não consegue distribuir a quantidade suficiente de água corrente a seus residentes.

Muitos moradores dependem dos depósitos abastecidos a partir de poços gigantescos. Essa superexploração do subsolo provoca uma preocupante redução dos lençóis freáticos e gera preocupações de que Bangalore venha a ser a primeira metrópole indiana com escassez de água.

"Há uma grave falta de água aqui", disse Nagraj, 30 anos, que se mudou para o subúrbio de Panathur há uma década e acompanhou a urbanização desenfreada.

[...]

Está muito longe do tempo em que Bangalore era conhecida como "a cidade dos jardins". Na época, o local era famoso por sua vegetação e pelo clima. Era destino de aposentados em busca de dias aprazíveis.

O auge das empresas de informática indianas, na maioria estabelecidas em Bangalore no começo dos anos 1990, transformou o lugar até torná-lo irreconhecível.

De 3 milhões de habitantes em 1991, sua população passou aos 10 milhões atuais, porque o dinamismo econômico atraiu trabalhadores de todo o país.

Muitos dos lagos que tornaram a cidade famosa desapareceram. O cimento substituiu as plantas aquáticas.

[...]

"A cidade está morrendo", disse T.V. Ramachandra, especialista em meio ambiente do Instituto de Ciência indiano. "Se a tendência atual de crescimento e urbanização continuar, até 2020 94% da paisagem será de cimento". [...]

BANGALORE, capital da alta tecnologia na Índia, sofre com dificuldade de abastecimento de água. G1, São Paulo, 17 mar. 2018. Disponível em: https://g1.globo.com/natureza/noticia/bangalore-capital-da-alta-tecnologia-na-india-sofre-com-dificuldade-de-abastecimento-de-agua.ghtml. Acesso em: 3 out. 2019.

Homem coletando peixes mortos no Lago Ulsoor. Bangalore, Índia, 2016.

Rumos da economia indiana

Nas últimas décadas, o setor industrial da Índia passou a enfrentar uma série de dificuldades, como a escassez de capital para novos investimentos, a necessidade de ampliação da infraestrutura (redes de transporte, energia e comunicações) e a baixa qualificação da mão de obra.

Na tentativa de superar esses problemas, o governo indiano recorreu a empréstimos do Fundo Monetário Internacional (FMI), tendo que se subordinar às regras e à política econômica impostas por esse organismo. Em troca da ajuda financeira, a Índia se viu obrigada a promover, a partir da década de 1990, maior abertura da economia, eliminando barreiras alfandegárias, diminuindo o protecionismo e concedendo maior liberdade às importações e ao capital externo, como ocorreu em vários países da América Latina.

Com isso, o modelo de economia mista, até então praticado no país, vem sendo, aos poucos, substituído pela economia de mercado, cada vez mais inserida no capitalismo global. Essas medidas provocaram o reaquecimento da economia indiana, sobretudo com a expansão da atividade industrial, que tem apresentado crescimento anual médio de cerca de 7,5% nos últimos anos. Um dos principais motivos desse crescimento é a implantação de grandes multinacionais no país. Essas empresas são atraídas para a Índia, principalmente em razão da oferta de mão de obra abundante a baixo custo e do gigantesco mercado consumidor do país.

A entrada de grandes empresas multinacionais na Índia tem exigido do Estado vultosos investimentos em infraestrutura, sobretudo em usinas geradoras de energia elétrica, estradas, pontes, viadutos e terminais intermodais de transporte. Exemplo desses investimentos é o chamado Quadrilátero Dourado, um conjunto de rodovias que une as quatro grandes metrópoles indianas (Nova Délhi, Calcutá, Chennai e Mumbai). Trata-se do mais ambicioso projeto de modernização do setor de transporte, e sua execução consumiu cerca de 40 bilhões de dólares. São aproximadamente 6 mil quilômetros de rodovias em pista dupla, com a mais alta tecnologia disponível no mundo, o que deverá revolucionar a economia indiana nos próximos anos.

Construção da estrada de acesso à futura Cidade Industrial de Dholera. Ahmedabad, Índia, 2019.

Índia e tensões militares no Sul da Ásia

Caxemira tem dia de protestos e conflitos entre Índia e Paquistão

REPÓRTER Brasil, 30 ago. 2019. Disponível em: https://bit.ly/38yoEj1. Acesso em: 24 jan. 2020.

Tensão aumenta na Caxemira: Índia e Paquistão afirmam ter derrubado aviões

ESTADO de Minas, 27 fev. 2019. Disponível em: https://bit.ly/2TUdIYI. Acesso em: 24 jan. 2020.

Essas notícias trazem informações a respeito de conflitos no Sul da Ásia, região com grande instabilidade geopolítica, em razão tanto de disputas territoriais e fronteiriças como da existência de movimentos separatistas. Um dos focos de maior tensão dessa área é a Caxemira, situada no norte da Índia, entre o Paquistão e a China, nas encostas da Cordilheira do Himalaia.

Desde que a Índia deixou de ser colônia da Inglaterra, a Caxemira está sob domínio indiano. No entanto, como a maioria da população que vive nessa área é muçulmana, o Estado Islâmico do Paquistão reivindica a anexação da Caxemira ao seu território. Essa questão já levou indianos e paquistaneses a se enfrentar em três guerras, ocorridas em 1947, 1957 e 1965.

A disputa pela Caxemira pode ameaçar a segurança mundial, pois tanto a Índia como o Paquistão desenvolveram tecnologia de armas nucleares e têm feito testes com bombas atômicas. Caso ocorra um novo confronto entre os dois países, as consequências poderão ser catastróficas.

Homens da minoria étnico-religiosa *sikh* em protesto na cidade de Amritsar, Índia, 2019.

Outras regiões da Índia também enfrentam problemas de natureza político-territorial. No sul da Caxemira, a minoria étnico-religiosa *sikh* reivindica a autonomia da província do Punjab, enquanto a China reclama a posse de uma parte do território indiano localizada no extremo leste do país. Observe o mapa.

Índia: conflitos territoriais

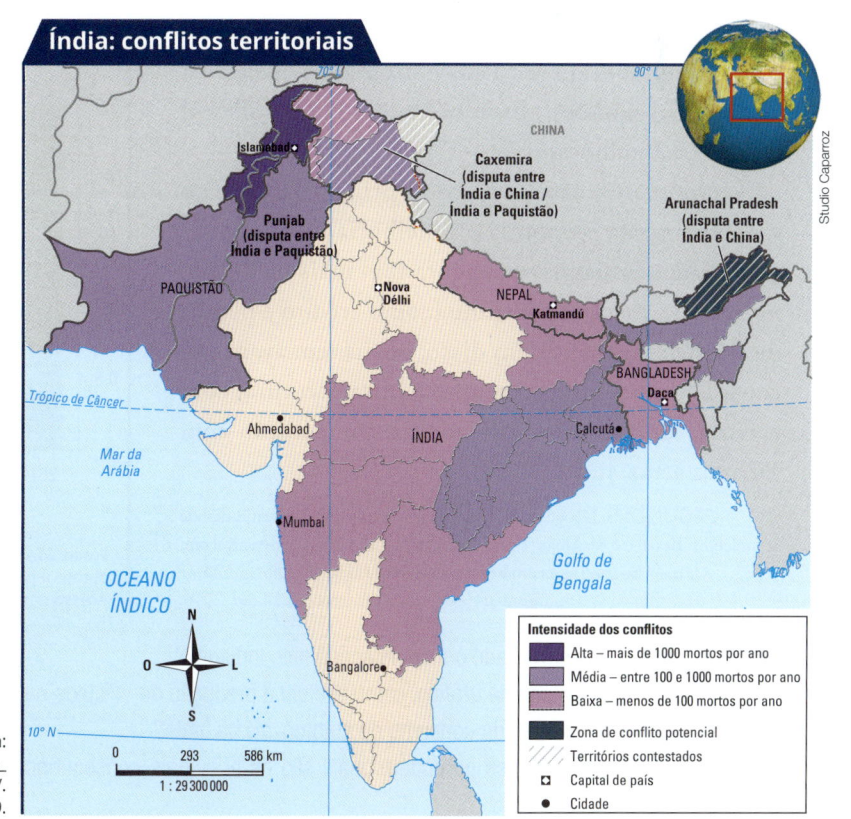

Intensidade dos conflitos:
- Alta – mais de 1000 mortos por ano
- Média – entre 100 e 1000 mortos por ano
- Baixa – menos de 100 mortos por ano
- Zona de conflito potencial
- Territórios contestados
- Capital de país
- Cidade

Fonte: SCIENCESPO. Athelier de Cartographie. Disponível em: http://cartotheque.sciences-po.fr/media/Principales_zones_de_conflictualite_en_Asie_du_Sud_en_2010/1315/. Acesso em: 14 out. 2019.

1. Localize no mapa a Caxemira e observe a disputa geopolítica dessa área entre a Índia, o Paquistão e a China.
2. Identifique o território da Índia que é reivindicado pela China.
3. Verifique a localização da região do Punjab, na qual a minoria *sikh* procura obter autonomia.

ATIVIDADES

Reviso o capítulo

1. Com base no mapa populacional da página 158, responda no caderno: O que se pode concluir sobre a distribuição da população da Índia? Leve em consideração os conceitos **populoso** e **povoado**.

2. A Índia é o segundo país mais populoso do mundo. Como a questão demográfica tem sido tratada nesse país?

3. Que medidas foram tomadas para "reduzir" o incremento populacional e quais foram os resultados para a sociedade indiana?

4. De que maneira o governo indiano vem tentando desenvolver no país uma mudança no quadro econômico desde o final da década de 1940?

5. O que é o Quadrilátero Dourado da Índia?

6. Quais são as causas do conflito na Caxemira? Por que a Índia é uma área de grande instabilidade militar? Relacione sua resposta com os demais conflitos territoriais dessa área.

Interpreto textos e analiso gráficos

7. Leia com atenção o texto a seguir sobre uma característica da economia indiana, e observe o gráfico. Em seguida, com base no texto, no gráfico e nos assuntos estudados no capítulo, responda às questões no caderno.

Índia se torna 4º maior produtor mundial de veículos; Brasil é o 8º

Foram produzidas 4,02 milhões de unidades [veículos comerciais e de passageiros] no país em 2017, crescimento de 9,5%

Com mais de 4 milhões de unidades fabricadas e alta de 9,5% na comparação com o ano anterior, a Índia se tornou o 4º maior produtor de automóveis do mundo em 2017. O país superou a Alemanha (5ª colocada, com 3,8 milhões de veículos) e ficou atrás apenas da China (29,1 milhões), Estados Unidos (17,5 milhões) e Japão (5,2 milhões).

Os números são atribuídos principalmente ao crescimento da economia e à melhoria da qualidade de vida dos indianos, que agora têm mais facilidade no acesso a bens de consumo (como crédito e planos de financiamento). Além disso, o país tem avançado consideravelmente no tocante à infraestrutura, com estradas de melhor qualidade na comparação com 10 anos atrás. [...]

FAGUNDES, Dyogo. Índia se torna o 4º maior produtor mundial de veículos; Brasil é o 8º. *Motor 1.com*, São Paulo, 3 abr. 2018. Disponível em: https://motor1.uol.com.br/news/237996/india-4-maior-produtor-mundial-de-veiculos/. Acesso em: 14 out. 2019.

Venda de automóveis nacionais na Índia

Ano	Unidades (milhões)
2011	2,5
2012	2,6
2013	2,7
2014	2,5
2015	2,6
2016	2,8
2017	3
2018	3,3

Fonte: STATISTA. Disponível em: www.statista.com/statistics/608392/automobile-industry-domestic-sales-trends-india/. Acesso em: 14 out. 2019.

a) Como está sendo estruturado o modelo econômico indiano?
b) No período representado no gráfico, como evoluiu a produção de veículos na Índia?
c) A que se deve o aumento do consumo de automóveis na Índia?
d) De acordo com o que você aprendeu, quais são as principais consequências ambientais do aumento do consumo de automóveis na Índia?

Pesquiso imagens e informações

8. Leia o texto a seguir.

Uma visita aos estúdios de Bollywood, maior indústria de cinema da Índia

[...]

Mumbai (Índia) — No meio da selva, nos arredores da tumultuada e poluída Mumbai, meia hora do centro da cidade, surge uma fábrica em larga escala de sonhos. Bem-vindo a Bollywood! Opa! Esses barracões mal-acabados, muitos sustentados por centenas de bambus e lonas fazem parte dos estúdios de Bollywood? [...] Sim, foi o primeiro baque na curta visita ao principal polo cinematográfico da Índia...

[...]

A poucos metros dali, numa "praça" construída para uma das séries mais famosas da Índia, [...], converso com o jovem diretor Malav Rajda sobre o potencial criativo dos filmes indianos. "O conteúdo emocional dos filmes de Bollywood é o traço principal. Além disso, nossas películas refletem a fascinação dos indianos para a música e a dança", destaca. Essa musicalidade permeia toda a filmografia do país.

[...]

Os números de Bollywood, diante do universo de 1,32 bilhão de pessoas, surpreendem. De 1º de abril de 2016 a 31 de março de 2017, 1 986 filmes foram produzidos em 43 línguas indianas diferentes (28 idiomas oficiais). [...] "Romance e comédia são os temas mais abordados em Bollywood. As pessoas adoram ter momentos de satisfação e absorver bons sentimentos. As pessoas gostam de sair das salas de cinema sorrindo", conta Rajda. Filmes em línguas hindi, tamil, telugu, bangla, malayalam e bhojpuri formam a maioria das produções indianas.

[...]

VIEIRA, José Carlos. Uma visita aos estúdios de Bollywood, maior indústria de cinema da Índia. *Correio Braziliense*, Brasília, DF, 10 dez. 2017. Disponível em: https://www.correiobraziliense.com.br/app/noticia/diversao-e-arte/2017/12/10/interna_diversao_arte,646591/industria-incessante-bollywood-na-india-produz-em-alta-velocidade.shtml. Acesso em: 15 out. 2019.

a) Agora, em grupo, pesquise alguns filmes indianos produzidos em Bollywood. Todos deverão ler as sinopses dos filmes e, entre aqueles que considerarem mais interessantes, escolher um para fazer uma seção de cinema. A organização para assistir ao filme deve ser feita com o professor.

b) Após assistirem ao filme escolhido, reúnam-se novamente em grupo e elaborem um texto listando os destaques positivos e negativos do filme. Apresentem as conclusões para os outros grupos.

Cartaz de divulgação do filme de ação indiano *Thugs of Hindostan*. Índia, 2018.

Cartaz de divulgação do filme indiano *Sandakozhi 2*. Índia, 2018.

UNIDADE 5
PAÍSES DA BACIA DO PACÍFICO

Tahaa é uma entre as milhares de ilhas de origem vulcânica e coralínea que, juntamente com a Austrália, Nova Zelândia e o Japão, compõem a chamada Bacia do Pacífico.

1. Você já viu imagens de paisagens de ilhas como essa da fotografia? Onde? O que mais chamou sua atenção?

2. O que você sabe a respeito do Japão, da Austrália e da Nova Zelândia? Troque informações com os colegas.

Nesta unidade você vai aprender:
- a regionalização da Bacia do Pacífico;
- as características físico-naturais do Círculo do Fogo;
- os principais aspectos das paisagens naturais do Japão, da Austrália e da Nova Zelândia;
- o quadro demográfico japonês, australiano e neozelandês;
- os fatores do desenvolvimento socioeconômico japonês;
- o potencial econômico e a diversidade étnico-cultural da Austrália e da Nova Zelândia.

Tahaa, Polinésia Francesa, 2018.

CAPÍTULO 15

Região da Bacia do Pacífico

Nesta última unidade do livro, estudaremos alguns países localizados em uma das regiões do planeta que mais cresceram economicamente nas últimas décadas. Essa região abrange uma extensa área banhada pelas águas do Oceano Pacífico; por isso, é chamada de **Bacia do Pacífico**.

Dos países que se encontram nessa região, muitos fazem parte da Cooperação Econômica da Ásia e do Pacífico (Apec). Esse bloco é liderado pelo Japão, potência econômica que constitui o polo central da região e cuja hegemonia regional vem sendo ameaçada pelos Estados Unidos e pela China, que também fazem parte do bloco. Criada em 1989, a Apec ainda apresenta reduzido nível de integração entre os países-membros, o que se deve principalmente às grandes desigualdades entre os parceiros.

No plano econômico, as diferenças são marcadas entre potências, como Japão e Canadá, e outros países com economias menos desenvolvidas, como Papua Nova Guiné e Filipinas. No âmbito político, as desigualdades também são acentuadas, pois o bloco engloba desde nações democráticas, como Austrália e Nova Zelândia, até países que adotam regimes fechados e autoritários, como a China. O mapa abaixo mostra a extensão da Bacia do Pacífico, destacando um aspecto econômico – os países componentes da Apec – e um aspecto natural – a extensão do chamado Círculo do Fogo. Observe.

1. Identifique no mapa: a extensão da Bacia do Pacífico; os países-membros da Apec e as áreas de intensa atividade sísmica. Verifique também a localização dos principais vulcões em atividade.

Bacia do Pacífico, Círculo de Fogo e Apec

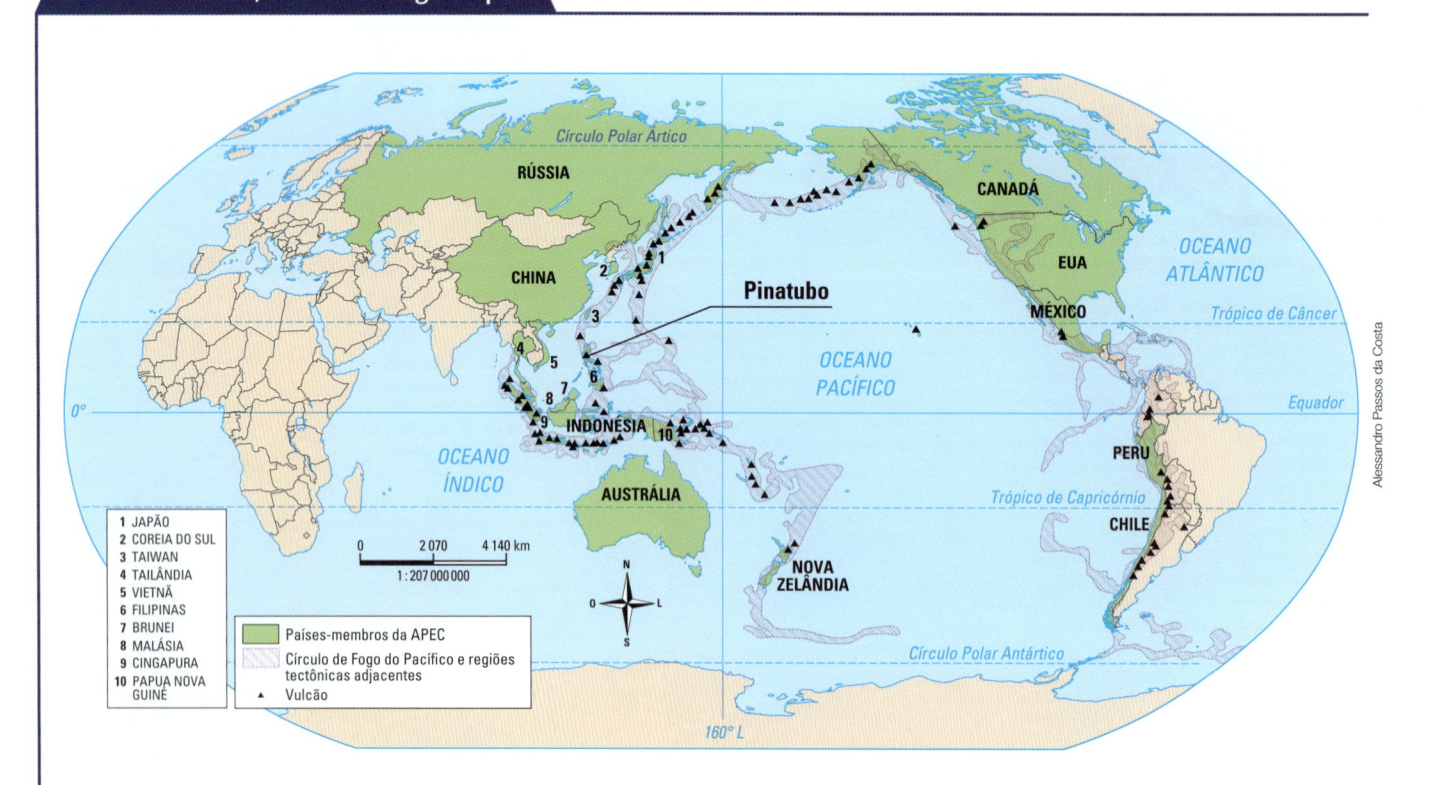

Fontes: SCIENCESPO. Disponível em: https://bit.ly/2tNlYzd. Acesso em: 16 set. 2019; *The Times desktop atlas of the world*. 5. ed. Glasgow: HarperCollins Publishers, 2019. p. 6 e 7.

Círculo de Fogo e Bacia do Pacífico

Além de aspectos econômicos, os países localizados na região da Bacia do Pacífico apresentam alguns aspectos físico-geológicos comuns, porque a maioria deles está no **Círculo** ou **Cinturão de Fogo do Pacífico** ou próximo a ele.

O Oceano Pacífico está situado em uma parte de nosso planeta com intenso movimento de placas tectônicas, em razão do encontro da grande placa do Pacífico com outras placas, como a de Nazca e a Indo-Australiana. Os limites entre essas placas estão continuamente sob tensão por causa da força de atrito entre elas. Quando o limite de resistência da borda de uma das placas é atingido, as rochas se rompem provocando terremotos ou erupções vulcânicas e, por vezes, como consequência dos abalos sísmicos, violentos maremotos, os chamados *tsunamis*.

É desse fato que provém a denominação Círculo de Fogo, porque a região abriga grande concentração de vulcões em atividade, formando uma espécie de arco que começa no sul do Chile, passa por toda a porção ocidental das Américas, pela Rússia, Japão, Papua Nova Guiné e termina na Nova Zelândia. Dessa forma, podemos afirmar que os vulcões são elementos de destaque em muitas paisagens naturais dos países que compõem a Bacia do Pacífico.

ZOOM

Pinatubo: a grande explosão

Em junho de 1991, ocorreu um dos maiores cataclismos já registrados pela humanidade. Ao norte das Filipinas, o vulcão Pinatubo entrou em erupção depois de seis séculos de inatividade. Durante o evento geológico, seu cume explodiu lançando uma onda de destruição em toda a região e ceifando a vida de centenas de pessoas. Além da explosão, as cinzas e outros materiais lançados pelo Pinatubo atingiram camadas elevadas da atmosfera, sendo espalhados pelos ventos por cerca de 42% do planeta. Durante os meses seguintes à erupção, a poeira em suspensão, impediu a passagem de parte da radiação solar, interferindo nas condições climáticas em várias regiões do planeta, causando, por exemplo, chuvas torrenciais, secas e nevascas intensas.

Como ocorreu o cataclismo do Pinatubo

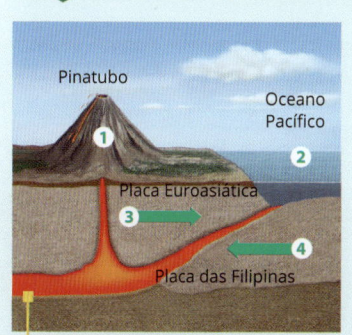

Como se formou
O vulcão Pinatubo formou-se na zona de contato entre a placa tectônica Euroasiática e a placa das Filipinas.

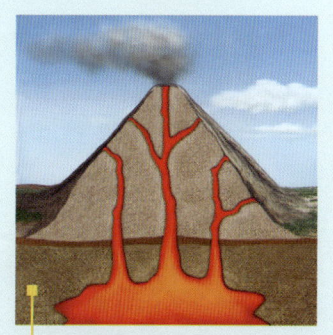

Sinais de alerta
Uma enorme nuvem de gases e cinzas vulcânicas é lançada dias antes de o vulcão entrar em erupção.

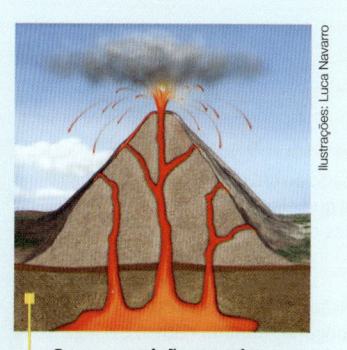

O que o vulcão expele
Lava, rochas, cinzas, gases, correntes de lama formadas por água (depositada na cratera do vulcão) e fragmentos rochosos.

Ilustrações: Luca Navarro

Fontes: WICANDER, Reed; MONROE, James S. *Fundamentos de Geologia*. São Paulo: Cengage Learning, 2009. p. 40; CHRISTOPHERSON, Robert W. *Geossistemas*: uma introdução à geografia física. 7. ed. Porto Alegre: Bookman, 2012. p. 391.

Oceania, o continente do Pacífico

O Oceano Pacífico banha o litoral da Ásia, da América e da Oceania, continente formado por um grande conjunto de ilhas. A Austrália é a maior delas, considerada uma ilha-continente, com cerca de 7,7 milhões de km² de extensão. No entanto, a maioria das demais ilhas que compõem a Oceania não tem mais do que alguns quilômetros quadrados de área, e várias delas se originaram de antigos vulcões e recifes de coral.

As centenas de arquipélagos que formam a Oceania estão divididas em três grandes conjuntos: a Melanésia, a Micronésia e a Polinésia. Entre esses arquipélagos, alguns constituem, atualmente, pequenos países independentes, isto é, com governo próprio. Esse é o caso de Nauru, Kiribati, Tonga e Tuvalu. Observe a seguir o mapa da Oceania.

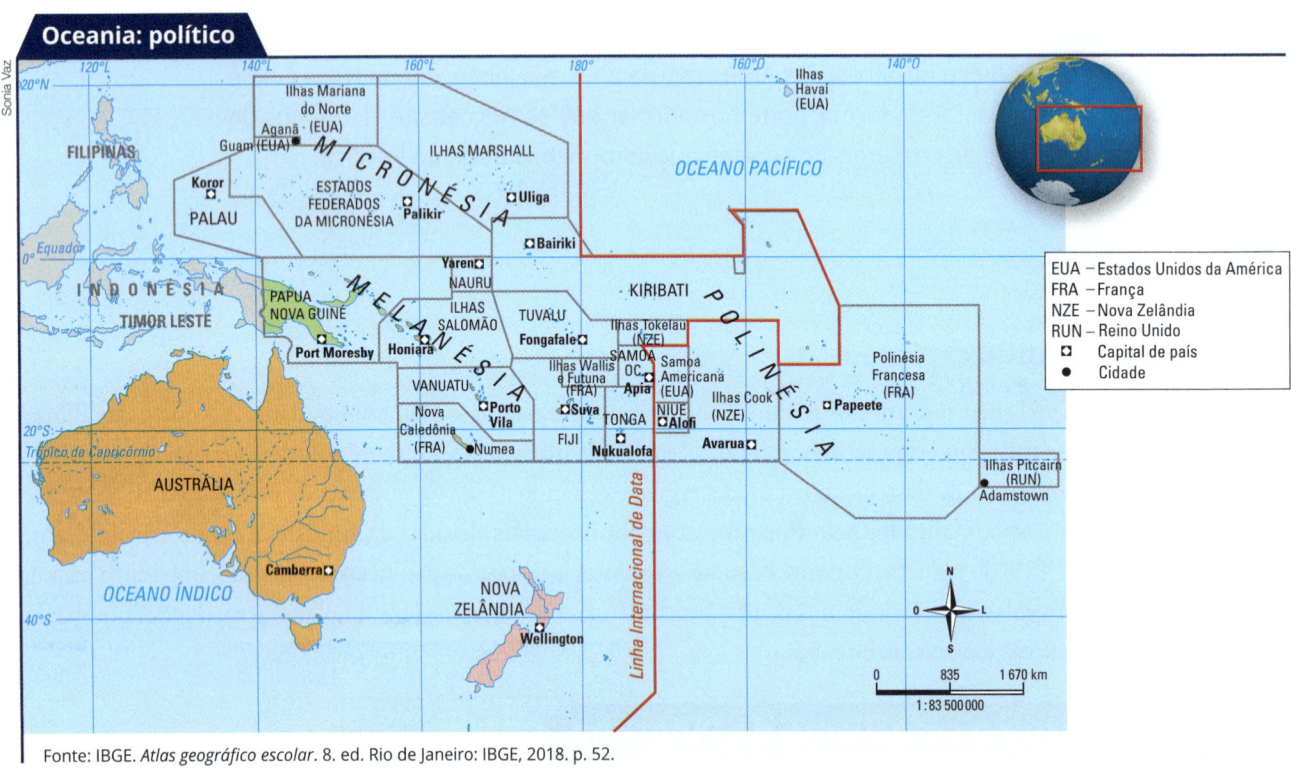

Fonte: IBGE. *Atlas geográfico escolar*. 8. ed. Rio de Janeiro: IBGE, 2018. p. 52.

Localizado ao sul da Micronésia, Tonga é um arquipélago formado por 171 ilhas, das quais apenas 45 são habitadas. Como foi colônia da Inglaterra (tornou-se independente em 1970), sua população fala, em geral, duas línguas: o tonganês (idioma nativo) e o inglês.

A maior parte da população dessas ilhas vive no campo, em pequenas aldeias, cultivando coco e banana, culturas que são a base da economia do arquipélago. O turismo também tem crescido devido às belezas naturais proporcionadas pelas formações coralíneas dos atóis. Na imagem ao lado, vista de parte do arquipélago em foto de 2018.

Assim como Tonga, o arquipélago das Ilhas Fiji originou-se de recifes de corais formados em torno de vulcões inativos. Contudo, contabiliza o dobro de ilhas: são 332, das quais se destacam a de Viti Levu, onde está a capital, Suva, e a de Vanua Levu. A base da economia é a cultura de cana-de-açúcar e o turismo – o país recebe mais de 840 mil turistas todos os anos. O atrativo está nas paisagens paradisíacas dos atóis de corais, com praias de areia branca e mar de águas claras e quentes. Na imagem, arquipélago Mamanuca, Fiji, 2018.

FIQUE LIGADO!

Como se formam os atóis no Pacífico

Os atóis são ilhas de recifes de corais, com formato circular ou elíptico, que surgem em torno de vulcões inativos. Desenvolvem-se nas águas rasas de oceanos, como no Pacífico, no Índico e no Atlântico, em porções localizadas nas zonas intertropicais do planeta, onde as médias térmicas anuais permanecem em torno de 24 °C. Observe o esquema que exemplifica as etapas de formação de um atol na região do Pacífico.

Vista aérea da ilha de Tavarua, Fiji, 2019.

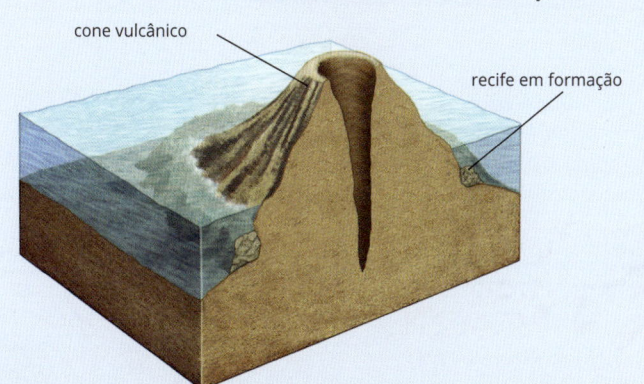

1 Recifes de corais começam a crescer nas encostas de um vulcão enquanto ele ainda está em atividade.

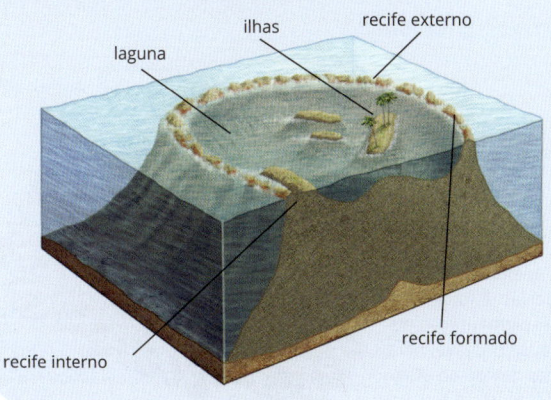

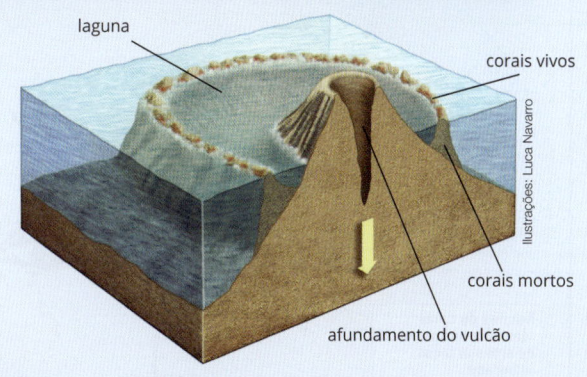

2 Depois que a atividade vulcânica cessa, a montanha afunda. Os recifes, porém, continuam crescendo até chegarem à superfície, formando uma espécie de coroa de rochas de coral.

3 Por fim, o cone vulcânico desaparece totalmente, deixando, no centro do atol, uma grande lagoa de águas rasas. O movimento das correntes e das marés pode depositar sedimentos, dando origem a pequenas ilhas de areia no interior da lagoa.

Fonte: BAILLARD, J. P. Origine géologique et description d'un atoll. *Bulletin du Pacifique Sud*, Honolulu, 1. trim. 1981.

ATIVIDADES

Reviso o capítulo

1. Explique o que é a Bacia do Pacífico.

2. Quais são os países considerados desenvolvidos ou as potências econômicas dessa região?

3. O que é o Círculo de Fogo do Pacífico?

4. O que são atóis e como se formam?

5. Como são divididas as ilhas que compõem a Oceania?

6. Por que podemos afirmar que existem grandes desigualdades entre as nações parceiras da Apec? Justifique sua resposta dando exemplos.

7. Leia o título da reportagem ao lado.

Vulcão entra em atividade nas Filipinas

Por precaução, mais de 74 mil pessoas precisaram ser retiradas de suas casas.

VULCÃO entra em atividade nas Filipinas. G1, 25 jan. 2018. Disponível em: https://glo.bo/32Zu4BZ. Acesso em: 5 mar. 2020.

No Círculo de Fogo do Pacífico, existem muitos vulcões em atividade, como o citado na manchete. De que maneira as atividades tectônicas intensas interferem nas paisagens dos países localizados nessa região?

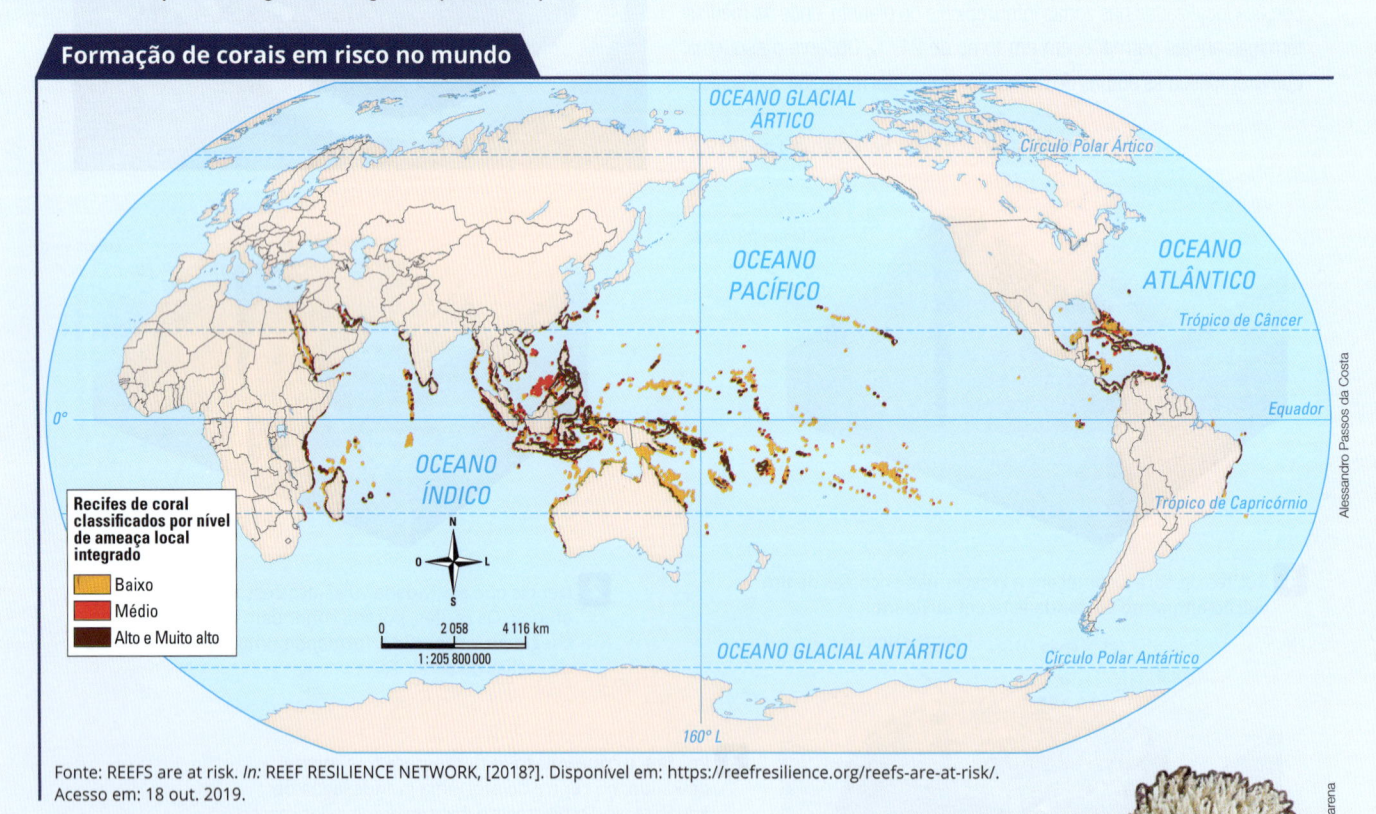

Analiso mapas, textos e fotografia

8. Observe o mapa e a imagem e a seguir responda às questões.

Formação de corais em risco no mundo

Recifes de coral classificados por nível de ameaça local integrado
- Baixo
- Médio
- Alto e Muito alto

1 : 205 800 000

Fonte: REEFS are at risk. In: REEF RESILIENCE NETWORK, [2018?]. Disponível em: https://reefresilience.org/reefs-are-at-risk/. Acesso em: 18 out. 2019.

Os recifes de corais formam ecossistemas complexos, nos quais se reproduzem e vivem animais e vegetais marinhos, como anêmonas, algas, esponjas, crustáceos e diversas espécies de peixes. A fotografia ao lado mostra um coral atingido pela despigmentação em Papua Nova Guiné. A despigmentação ou branqueamento é uma enfermidade que atinge o coral, podendo levá-lo à morte. A causa provável para esse fenômeno está ligada ao aumento da temperatura média das águas oceânicas devido ao efeito estufa intensificado na atmosfera terrestre.

a) Em que regiões do planeta se desenvolvem recifes de corais?
b) Onde estão distribuídos os recifes de corais com alto risco de degradação?
c) Na fotografia, o que indica a ocorrência de problemas com o coral? Como é denominado esse problema?
d) Converse com os colegas e o professor sobre a importância dos recifes de corais para a vida marinha e as comunidades que vivem próximo ao litoral onde estão os recifes.

Elaboro esquemas

9. Os textos a seguir contêm informações relevantes a respeito da poluição do Oceano Pacífico por lixo. Com base nessas informações e em sua análise da fotografia, elabore um esquema indicando como qualquer pessoa, em seu dia a dia, pode contribuir para reduzir a poluição de mares e oceanos do planeta. Apresente seu esquema na forma de um cartaz a toda a comunidade escolar.

Mar de plástico

[...] A vida moderna é inimaginável sem os plásticos. Eles estão em praticamente todos os produtos tecnológicos que caracterizam a civilização atual. A lista é infindável: computadores, celulares, televisões e até contêineres e assentos de privada, afora produtos descartáveis como talheres, pratos, canudos, garrafas, boias, cordas, embalagens, cotonetes e redes de pesca. Não há dúvida de que é um produto útil, durável e versátil. Mas também é incontestável que os plásticos são uma praga ambiental, que contamina todo tipo de ambiente na Terra. Apenas nos oceanos, estima-se que sejam despejados 8 milhões de toneladas de plástico a cada ano.

[...] Para o professor Sandro Donnini Mancini, do Instituto de Ciência e Tecnologia de Sorocaba da Universidade Estadual Paulista (Unesp), o problema do lixo de um modo geral é bem complexo e ainda sem solução. "Se mal conseguimos resolver o problema em cidades, imagine no mar", afirma. [...]

SILVEIRA, Evanildo da. Mar de plástico. *Planeta*, São Paulo, 20 ago. 2018. Disponível em: www.revistaplaneta.com.br/mar-de-plastico-2/. Acesso em: 18 out. 2019.

Baleia feita de plástico chama a atenção para os impactos do material no meio ambiente. Países Baixos, 2019.

Ilha de lixo no Oceano Pacífico é 16 vezes maior do que se imaginava

[...] Localizada no Oceano Pacífico, uma mancha de lixo resultado do acúmulo de detritos – principalmente de plástico – era considerada uma das catástrofes ambientais produzidas pela humanidade. Acontece que a extensão dos danos é pior do que se imaginava: a região que fica entre a costa do estado norte-americano da Califórnia e o Havaí tem um tamanho 16 vezes maior do que o estimado, com 80 mil toneladas de lixo plástico que compõem uma área de 1,6 milhão de quilômetros quadrados.

O estudo, publicado no periódico científico *Scientific Reports*, indica que a extensão do lixo – que ficou conhecido como Grande Mancha de Lixo do Pacífico – tem uma área de cerca de mais de duas vezes o território da França.

O estudo foi realizado graças à exploração da região por navios da organização Ocean Cleanup Foundation, que recolheram amostras de lixo e mapearam a porção do oceano afetada pelos detritos. Com isso, foi possível recalcular a extensão do problema. [...]

ILHA de lixo no Oceano Pacífico é 16 vezes maior do que se imaginava. *Galileu*, São Paulo, 22 mar. 2018. Disponível em: https://revistagalileu.globo.com/Ciencia/Meio-Ambiente/noticia/2018/03/ilha-de-lixo-no-oceano-pacifico-e-16-vezes-maior-do-que-se-imaginava.html. Acesso em: 18 out. 2019.

CAPÍTULO 16

Japão: gigante do Oriente

Observe a imagem e leia o texto que a acompanha na legenda.

? As explosões atômicas em Hiroshima e Nagasaki foram duas das maiores atrocidades cometidas na história da humanidade. Converse com os colegas sobre como o lançamento das bombas pode ter afetado a sociedade japonesa.

1. O que vocês pensam a respeito desses conflitos?
2. O mundo está a salvo de guerras ou de conflitos nucleares? Conversem sobre isso.

No mês de agosto de 1945, duas bombas atômicas foram lançadas contra as cidades de Hiroshima e Nagasaki, no Japão, para fazer o exército japonês se render no final da Segunda Guerra Mundial. Essas bombas mataram cerca de 200 mil pessoas instantaneamente e outras milhares nos dias que se seguiram às explosões. Atualmente, para homenagear as vítimas, cidadãos japoneses depositam lanternas de papel flutuantes em um rio que corta a cidade de Hiroshima, em frente ao Memorial da Paz. Depois da guerra de 1945, o Japão não se envolveu mais em conflitos armados com outras nações. Hiroshima, Japão, 2017.

Os interesses expansionistas do Japão e dos Estados Unidos por determinadas regiões e países da Bacia do Pacífico, a partir da década de 1930, levaram essas duas nações a um confronto militar direto durante a Segunda Guerra Mundial.

Ainda que tenha vencido diversos combates, o Japão foi arrasado pelos ataques das forças militares dos Estados Unidos e de outras nações, como Inglaterra, França e URSS, que formavam os Países Aliados. Dessa forma, no final da guerra, em 1945, o Japão estava falido, com cidades, estradas, lavouras e portos destruídos, e, consequentemente, com a economia completamente desestruturada. A rendição definitiva do Japão ocorreu apenas em agosto de 1945, após os Estados Unidos detonarem duas bombas atômicas em cidades ao sul do território japonês.

Atualmente, sete décadas após ter vivenciado a situação desoladora descrita acima, o Japão é a terceira maior potência econômica do mundo, superada apenas pelos Estados Unidos e pela China. Essa posição deve-se à diversidade de seu parque industrial e ao fato de abrigar universidades e centros de pesquisa nos quais se desenvolvem as mais avançadas tecnologias. Além disso, a população japonesa usufrui de excelente qualidade de vida, com renda *per capita* média de 39 mil dólares anuais e alta expectativa de vida – cerca de 84 anos –, o que lhe confere um elevado IDH (0,909).

A conquista dessa prosperidade econômica e social foi viabilizada pelos recursos financeiros concedidos pelos Estados Unidos ao governo japonês, na década de 1950, como forma de compensar os danos causados durante a guerra e, principalmente, com a finalidade de impedir a expansão do socialismo soviético no Extremo Oriente.

Com esses recursos, o governo japonês investiu na reconstrução do país, direcionando bilhões de dólares à implantação de obras de infraestrutura (estradas, ferrovias, portos, usinas elétricas etc.) e ao desenvolvimento do setor industrial. O ritmo de crescimento econômico japonês disparou, alcançando, nas décadas de 1950 e 1960, a taxa média de 10,5% ao ano – o dobro da taxa de outras nações desenvolvidas.

Fatores do desenvolvimento japonês

Além da ajuda financeira estadunidense, outros fatores contribuíram significativamente para que o governo japonês pudesse alavancar o desenvolvimento do país. Vejamos alguns dos mais importantes.

- **Mão de obra barata e abundante para as indústrias**: no final da Segunda Guerra Mundial, o Japão sofreu intenso êxodo rural. A maior parte do contingente de trabalhadores migrantes foi absorvida pelas indústrias que surgiam, sobretudo, nos grandes centros urbanos.

- **Longa jornada de trabalho**: desde o início do período de recuperação econômica, os empregados japoneses trabalham, em média, 40 horas semanais, ao passo que, na maioria das nações desenvolvidas, como França e Alemanha, a jornada de trabalho é de menos de 37 horas semanais.

- **Fidelidade dos trabalhadores à empresa**: de maneira geral, os japoneses são extremamente subordinados à hierarquia, às regras e à rotina de trabalho das empresas, muitas vezes concebendo a fábrica como extensão da própria casa.

- **Aplicação maciça de verbas na área educacional**: a partir do pós-guerra, parcelas significativas das verbas públicas foram destinadas à educação, principalmente ao ensino técnico voltado para a qualificação da mão de obra.

- **Criação e aprimoramento de tecnologias**: governo e empresas realizaram grandes investimentos em pesquisas científicas, fazendo o país se destacar nos setores de tecnologia de ponta.

Assim, podemos concluir que a participação ativa e integrada da população, das empresas e do governo foi fundamental para a reconstrução econômica do Japão.

Para muitos adultos japoneses, a empresa não é só o local de trabalho, também é um ambiente para lazer e convívio social. Na foto acima, funcionários de tecnologia da informação fazem ginástica antes de iniciar o turno de trabalho. Tóquio, Japão, 2016.

Os pais japoneses investem boa parte do orçamento familiar na educação formal dos filhos, quase sempre pagando aulas particulares de reforço. No Japão, muitas crianças e adolescentes sofrem pressão da família para se destacar nos estudos. Na foto, crianças estudam com auxílio de robô. Tóquio, Japão, 2018.

Dependência de recursos naturais estrangeiros

Nas últimas seis décadas, o ritmo de desenvolvimento industrial do Japão criou uma demanda crescente por matérias-primas para abastecer as fábricas e gerar energia. Como seu território é pouco privilegiado em recursos minerais e energéticos fósseis, o país foi obrigado a se tornar grande importador de minérios, como ferro, bauxita, manganês e cobre, e de recursos energéticos, como petróleo, carvão e gás natural.

O Japão também é grande importador de madeiras tropicais, sendo apontado por organizações ambientalistas como responsável pela destruição de extensas áreas de florestas no Sudeste Asiático, na África e na América do Sul.

Para manter o controle sobre as fontes de matérias-primas localizadas em outros países, muitas empresas japonesas criaram grandes empreendimentos de exploração mineral e vegetal, sobretudo em nações subdesenvolvidas. O petróleo e o gás natural, imprescindíveis para a fabricação de vários produtos e para a geração de energia elétrica no país, são importados do Oriente Médio e do Sudeste Asiático; no Japão há dezenas de usinas termelétricas que usam esses combustíveis fósseis.

Para diminuir a dependência externa, o governo japonês construiu várias usinas nucleares, que fornecem parte da eletricidade produzida no país. Os vulcões ativos também tornam possível a exploração da energia geotérmica, embora ainda de maneira restrita.

Energia geotérmica: energia produzida do calor existente no interior da Terra.

Características físicas do território japonês

Com cerca de 378 mil km² de extensão (pouco maior que o estado de Goiás), o arquipélago japonês é formado por uma grande cadeia de montanhas que emerge do fundo do Oceano Pacífico. Composto de quatro grandes ilhas – Honshu (a maior delas), Kyushu, Shikoku e Hokkaido –, o arquipélago conta ainda com milhares de outras ilhas menores. Em 80% do território predominam as montanhas, a maioria de origem vulcânica, e apenas 20% é formado por planícies.

Atualmente, há cerca de setenta vulcões ativos no Japão, e o mais alto deles é o Monte Fuji, ponto culminante do país, com 3 776 metros de altitude. Essa característica deve-se ao fato de o Japão encontrar-se em uma região de grande atividade geológica, o Círculo de Fogo do Pacífico. Nessa área, há o encontro de diferentes placas litosféricas, o que dá origem a intensos fenômenos vulcânicos. Além disso, todo ano são registrados milhares de pequenos tremores de terra e, esporadicamente, grandes terremotos.

Observe no mapa ao lado algumas características físicas mencionadas no texto.

Fontes: IBGE. *Atlas geográfico escolar*. 8. ed. Rio de Janeiro: IBGE, 2018. p. 46; REFERENCE Atlas of the World. Londres: Times Books, 2017. p. 150 e 151.

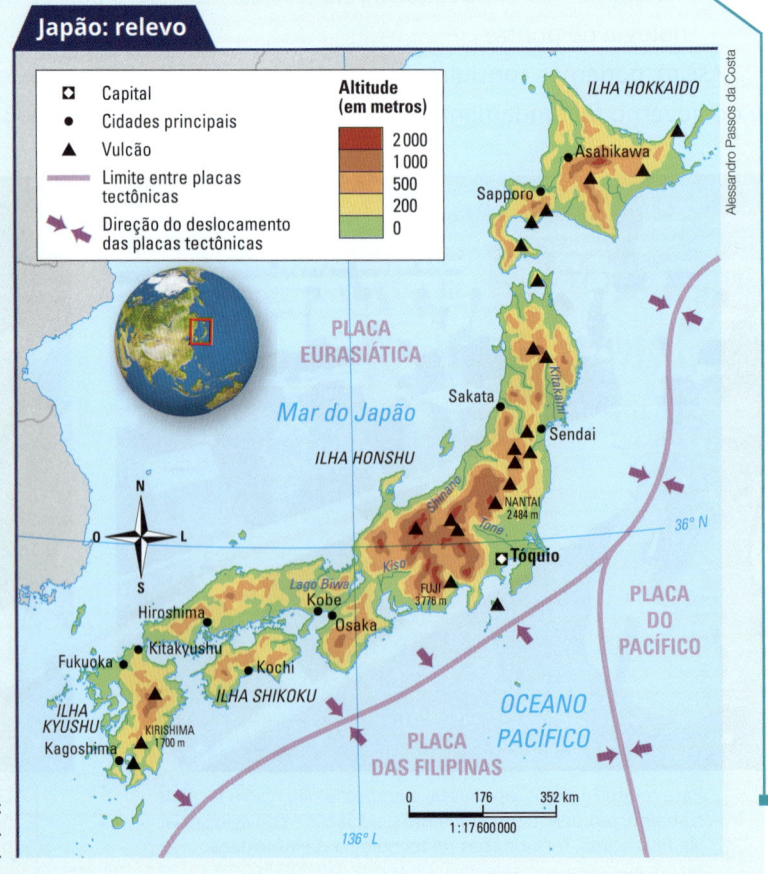

Produção industrial diversificada

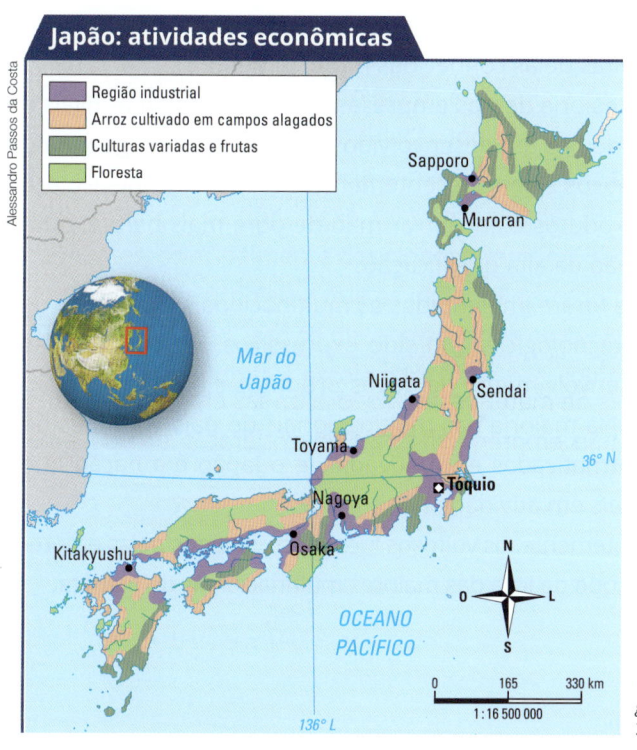

Japão: atividades econômicas

- Região industrial
- Arroz cultivado em campos alagados
- Culturas variadas e frutas
- Floresta

Fonte: FERREIRA, Graça Maria Lemos. *Atlas geográfico espaço mundial*. São Paulo: Moderna, 2013. p. 106.

?

1. Observe atentamente o mapa e, em seguida, compare-o com o mapa da página anterior. Quais relações há entre a distribuição das atividades econômicas e das reservas florestais e o relevo do território japonês?
2. Onde está concentrado o maior número de regiões industriais?
3. Onde se localizam as áreas cultivadas no território japonês?

Por meio do mapa acima, é possível identificar que as regiões industriais japonesas geralmente estão confinadas em estreitas faixas de terra entre as montanhas e o oceano. São pequenas áreas de planície, nas quais a declividade do terreno é pouco acentuada, possibilitando a instalação de grandes indústrias.

Além do interior montanhoso, outro fator que contribuiu histórica e economicamente para a concentração das indústrias no litoral foi a proximidade dos portos, locais de desembarque de matérias-primas e de embarque de produtos manufaturados para exportação. Atualmente, os portos japoneses de Yokohama, Nagoya e Chiba estão entre os dez mais movimentados do mundo.

As áreas industriais e portuárias localizadas nas grandes aglomerações urbanas de Tóquio, Nagoya e Osaka respondem por grande parte da produção industrial japonesa. Nessas áreas, destacam-se indústrias automobilísticas, petroquímicas, mecânicas, de materiais elétricos e de aparelhos eletrônicos. Outro destaque no setor industrial do país é o naval, representado por imensos estaleiros, como os localizados nas regiões de Kobe e Nagasaki.

O acelerado crescimento das cidades japonesas, no período pós-guerra, tornou escassas as áreas de planície disponíveis para a expansão industrial. Por isso, nas últimas décadas, imensos aterros têm sido construídos em áreas marítimas para serem ocupados não somente por indústrias mas também por centros empresariais e para a ampliação das áreas portuárias. Na imagem de satélite ao lado, obtida em 2018, vê-se uma série de aterros bordeando a baía de Tóquio (áreas retangulares), que abrigam portos e pátios para contêineres, armazéns de carga, refinarias de petróleo e indústrias de diversos ramos.

Japão, grande exportador mundial

Simultaneamente ao vigoroso crescimento econômico japonês, grandes corporações empresariais desenvolveram-se no país, muitas delas conhecidas mundialmente.

A partir do fim da década de 1970, a maioria dessas empresas passou a implantar filiais e subsidiárias em diversos países, sobretudo nos subdesenvolvidos – como Brasil, Argentina e África do Sul –, nos chamados Tigres Asiáticos e, mais recentemente, na China. O objetivo era conquistar novos mercados para seus produtos e encontrar mão de obra mais barata, uma vez que a japonesa se encarecera em razão da alta qualificação.

Tanto no Japão como nos países onde foram implantadas as multinacionais japonesas, os investimentos destinados às pesquisas tecnológicas têm sido expressivos. Essas pesquisas estão voltadas, em grande parte, ao desenvolvimento de novos produtos e à racionalização e modernização do processo produtivo. Na maioria das multinacionais do país, as linhas de produção encontram-se totalmente informatizadas e robotizadas, e o Japão é a nação que reúne o maior número de robôs industriais em atividade no mundo.

O excelente desempenho e, consequentemente, os vultosos lucros acumulados pelas empresas japonesas colocaram muitas delas no topo da lista das maiores multinacionais do planeta.

Os produtos eletrônicos japoneses, como computadores pessoais, câmeras fotográficas digitais e televisores, e até mesmo os automóveis, tornaram-se líderes de venda nos mercados de diversos países, em razão da qualidade e sofisticação tecnológica. A produção em massa de bens de consumo para exportação colaborou para que os portos japoneses se destacassem entre os mais movimentados do mundo, como se observa na foto ao lado, que mostra o embarque de contêineres no porto de Yokohama, Japão, em 2019.

Grande exportador e importador mundial

Nos gráficos abaixo, é possível comparar os itens de exportação e importação do Japão na atualidade. Observe os principais produtos que os japoneses vendem para o mundo e que compram de outros países.

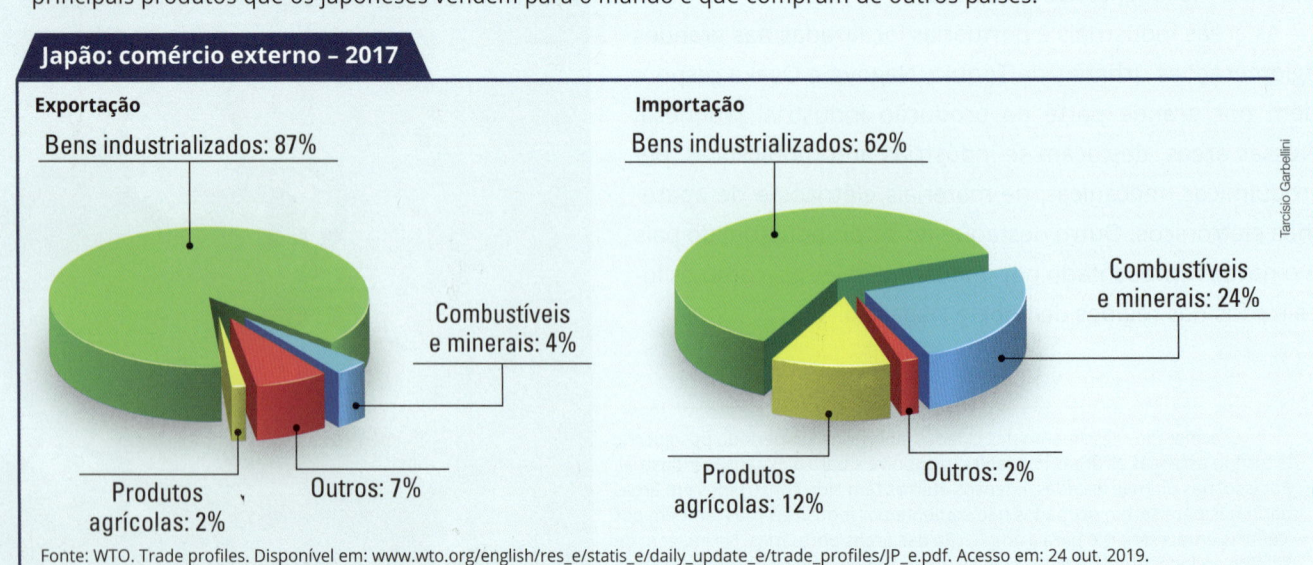

Japão: comércio externo – 2017

Exportação
- Bens industrializados: 87%
- Combustíveis e minerais: 4%
- Produtos agrícolas: 2%
- Outros: 7%

Importação
- Bens industrializados: 62%
- Combustíveis e minerais: 24%
- Produtos agrícolas: 12%
- Outros: 2%

Fonte: WTO. Trade profiles. Disponível em: www.wto.org/english/res_e/statis_e/daily_update_e/trade_profiles/JP_e.pdf. Acesso em: 24 out. 2019.

País populoso e densamente povoado

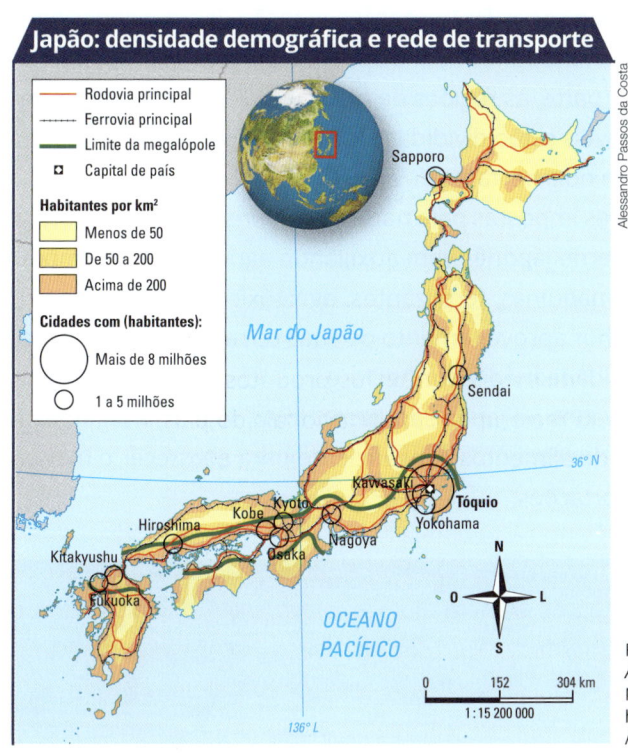

Japão: densidade demográfica e rede de transporte

Fontes: FERREIRA, Graça Maria Lemos. *Atlas geográfico espaço mundial*. São Paulo: Moderna, 2013. p. 106; MAPS JAPAN. Disponível em: https://pt.maps-japan.com/jap%C3%A3o-roteiro. Acesso em: 24 out. 2019.

1. Observe no mapa a distribuição da população japonesa e identifique as áreas de maior e menor povoamento. Em seguida, verifique a distribuição da rede de transporte.

2. Compare a distribuição da população e o traçado das principais rodovias e ferrovias no território com o mapa do relevo do Japão da página 176. Que relações você pode estabelecer entre os aspectos demográficos, de infraestrutura e as características físicas do território japonês?

Com média de 336 hab./km², o Japão é um dos países mais densamente povoados do mundo. Esse índice resulta da relação entre sua grande população, de mais de 127 milhões de habitantes, e a área relativamente pequena de seu território, com cerca de 378 mil km². No entanto, esse índice é bem maior nas grandes aglomerações urbanas. É o que ocorre, por exemplo, na região metropolitana de Tóquio, que reúne aproximadamente 38 milhões de pessoas em uma estreita faixa de planície, compondo a aglomeração urbana mais populosa do planeta.

Na atualidade, cerca de 92% dos japoneses vivem em cidades, a maioria em metrópoles como Tóquio, Osaka, Nagoya, Kobe e Kyoto. As áreas que congregam essas cinco aglomerações formam uma grande conurbação, onde se concentram cerca de 83 milhões de habitantes. É a chamada **megalópole japonesa** (veja o mapa acima).

A necessidade de ter uma rede de transporte compatível com o desenvolvimento econômico levou os japoneses a empregar os mais avançados recursos tecnológicos para superar as barreiras físicas do território, como o relevo montanhoso e o litoral extremamente recortado. Dessa forma, os técnicos japoneses construíram um complexo de túneis e pontes pênseis. E todo o território japonês é servido por modernas rodovias e ferrovias, além dos mais bem equipados portos e aeroportos.

Conurbação: união entre as áreas urbanas de dois ou mais municípios.

Ponte pênsil: o mesmo que ponte suspensa; ponte firmada em pilares nas extremidades e suspensa por cabos de aço.

Cruzamento de avenidas no movimentado bairro de Shibuya. Tóquio, Japão, 2019.

Agricultura e pesca intensivas

O território montanhoso do Japão impõe sérias limitações à expansão das atividades agrícolas. Atualmente, apenas 12% do território japonês está disponível para uso agropecuário, porcentagem que corresponde, na maior parte, às regiões de planície e às encostas das montanhas mais baixas. Essas terras agricultáveis estão divididas, de maneira geral, em pequenas propriedades rurais que não ultrapassam dois hectares de área total.

Com o objetivo de superar as limitações impostas pela natureza e por sua rígida estrutura fundiária, desde a década de 1950, o governo japonês vem auxiliando agricultores no emprego de modernas tecnologias de cultivo (máquinas, fertilizantes, agrotóxicos, técnicas de irrigação etc.) a fim de que eles tenham melhor aproveitamento de suas terras. Como resultado, obtêm-se lavouras com elevada produtividade média por hectare.

Os principais produtos agrícolas cultivados no Japão são: arroz, trigo, soja, chá, legumes e frutas diversas. Contudo, essa produção de alimentos é insuficiente para abastecer o mercado interno e é necessário recorrer a importações.

> **Plâncton:** conjunto de microrganismos animais (zooplâncton) ou vegetais (fitoplâncton) que são a base da cadeia alimentar nas águas fluviais e marinhas.

Entre as culturas japonesas mais beneficiadas pela intensiva aplicação de recursos está a de arroz. Esse cereal ocupa cerca de 33% da área agricultável do país, com produtividade média de 6,7 toneladas por hectare. O Brasil produz cerca de 6 toneladas de arroz por hectare. Itoshima, Japão, 2018.

A principal fonte de proteína animal da alimentação dos japoneses provém da pesca marinha. A posição geográfica do arquipélago, que é banhado por duas correntes marítimas ricas em **plâncton** – a Oyashivo (corrente fria) e a Kuroshivo (corrente quente) –, proporciona pesca farta em quase todo o litoral.

Os navios pesqueiros japoneses (os mais avançados tecnologicamente) também atuam em outros oceanos, sobretudo nos mares gelados do Ártico e da Antártica, caçando baleias e colhendo o *krill* (pequeno camarão), animais muito apreciados no país.

O Japão é um dos poucos países do mundo que infringe acordos internacionais de proteção às baleias. Estima-se que os navios japoneses cacem, anualmente, centenas de baleias em vários oceanos, sobretudo na Antártica. Na foto ao lado, de 2019, baleia sendo capturada por baleeiro japonês.

Desafios para o Japão no século XXI

Grandes desafios econômicos e sociais apresentam-se à nação japonesa neste início do século XXI. Atualmente, o desafio mais importante é a estagnação econômica enfrentada pelo país, que o fez perder a posição de segunda maior economia mundial para a China. Essa estagnação está relacionada à diminuição do ritmo de crescimento econômico, o que tem causado a falência de empresas e o aumento do desemprego e da pobreza.

Entre as principais causas da estagnação econômica está o enorme déficit público, gerado, em grande parte, pelos vultosos recursos destinados pelo governo para o pagamento de aposentadorias e outros benefícios sociais. Cerca de 26% da população japonesa tem idade igual ou superior a 65 anos, o que representa 33 milhões de pessoas. A previsão é de que, em 2035, um em cada três japoneses seja idoso. A canalização em massa de recursos para o setor social tem feito o governo investir menos nos setores produtivos da economia, ao contrário do que ocorria décadas atrás.

Outro fenômeno demográfico que preocupa as autoridades japonesas são as baixas taxas de natalidade e, consequentemente, os reduzidos índices de crescimento natural do país nas últimas décadas, hoje em torno de –0,30%. Assim como nos países europeus desenvolvidos, esse fenômeno provocou no Japão carência de mão de obra, visto que o número de trabalhadores que se aposenta é maior do que o que ingressa no mercado de trabalho, reduzindo a População Economicamente Ativa (PEA).

Morador de rua na cidade de Kyoto, Japão, 2018.

FIQUE LIGADO!

Uma população que encolhe

O gráfico ao lado apresenta dados do processo de envelhecimento da população japonesa e da tendência de diminuição de nipônicos nas próximas décadas por causa da queda das taxas de natalidade. Com poucos bebês e muitos idosos, o Japão corre o risco de ver sua população encolher dos atuais 127 milhões de pessoas para menos de 100 milhões nas próximas décadas. Caso isso ocorra, a economia vai perder força e haverá falta de trabalhadores para sustentar os gastos com a previdência.

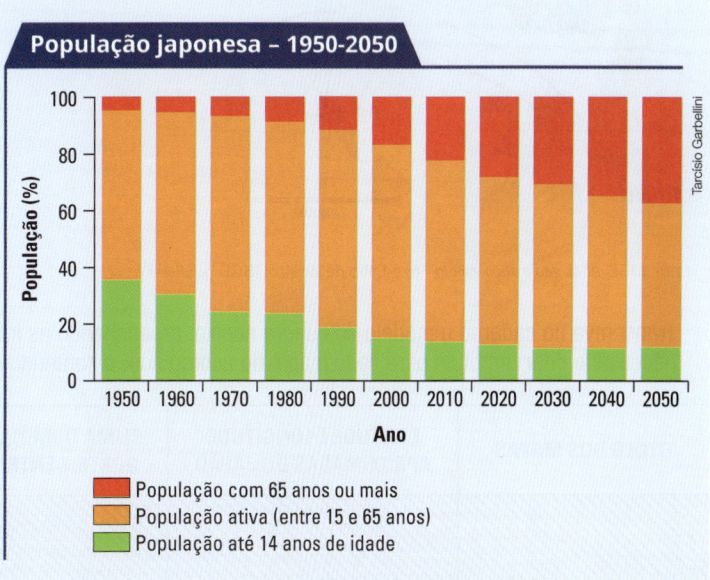

Fonte: ONU. World Population Prospects. Disponível em: https://population.un.org/wpp/DataQuery/. Acesso em: 25 nov. 2019.

População japonesa – 1950-2050

- População com 65 anos ou mais
- População ativa (entre 15 e 65 anos)
- População até 14 anos de idade

ATIVIDADES

Reviso o capítulo

1. O que faz do Japão uma potência mundial?

2. Qual foi a contribuição do governo, das empresas e da população japonesa para a reconstrução econômica do país após a Segunda Guerra Mundial?

3. De que maneira o Japão conseguiu se tornar um grande exportador de bens industrializados?

4. Que relações existem entre a distribuição populacional, a rede de transporte e as características físicas do território japonês?

5. Quais são as relações entre as características físicas do território japonês e a localização das indústrias no país?

6. Explique a seguinte afirmação: "O Japão é um grande importador de alimentos".

7. Um dos planos do governo do Japão para os escombros restantes das áreas arrasadas pelo *tsunami* ocorrido em março de 2011, que atingiu diversas cidades do país, é utilizar esse material na construção de aterros em regiões litorâneas. Com base nas informações do capítulo, por que o governo japonês precisa prever a construção de novos espaços em áreas litorâneas?

Analiso mapas

8. Observe os mapas a seguir.

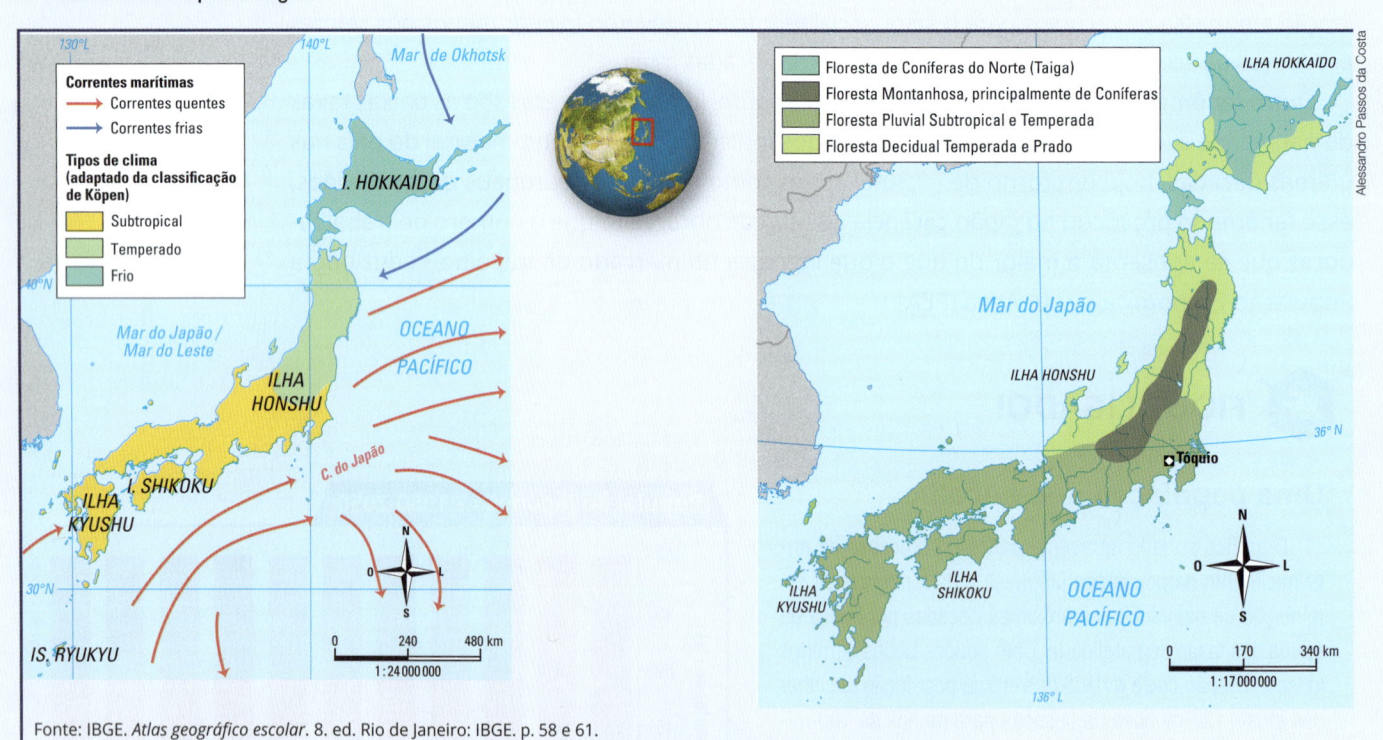

Fonte: IBGE. *Atlas geográfico escolar*. 8. ed. Rio de Janeiro: IBGE. p. 58 e 61.

Transcreva no caderno o modelo do quadro abaixo, preenchendo as informações solicitadas de acordo com sua análise. Observe que é necessário criar um título para cada mapa, de acordo com o conteúdo dele.

TÍTULO DOS MAPAS	LATITUDE E LONGITUDE APROXIMADAS DO JAPÃO	CLIMA DOMINANTE NAS PORÇÕES NORTE, CENTRAL E SUL DO JAPÃO	VEGETAÇÃO DOMINANTE NAS PORÇÕES NORTE, CENTRAL E SUL DO JAPÃO

Interpreto textos

9. Leia atentamente o texto a seguir e responda às questões.

Como forma de suprir a demanda por mão de obra, nas últimas décadas o governo japonês permitiu a entrada de imigrantes para trabalharem no país, como os brasileiros descendentes de japoneses. Atualmente, encontram-se no Japão cerca de 186 mil brasileiros, concentrados principalmente em centros industriais da ilha de Honshu. Sobre a presença de brasileiros no Japão na época atual, leia o texto e analise a fotografia que seguem.

Crise e insegurança criam nova onda de migração brasileira rumo ao Japão

[...]

Há uma década, desde os anos de recessão após a crise de 2008, o Japão luta para encontrar um caminho que o conduza de volta ao crescimento. Os salários crescem pouco e a maior parte dos empregos disponíveis para estrangeiros ainda é no "chão de fábrica". Mesmo assim, o país que virou destino de milhares de nipo-brasileiros nas décadas de 80 e 90 tem voltado a atrair os *dekasseguis*, e não apenas por razões econômicas. [...]

O país que os *dekasseguis* – nome que se dá aos imigrantes descendentes de japoneses que buscam trabalho no Japão – encontram hoje é bem diferente. O que se economiza com dois ou três anos de trabalho, ao contrário do que acontecia nos anos 90, não é mais suficiente para comprar uma casa confortável no Brasil – de um lado, porque os preços no Brasil aumentaram significativamente e, de outro, porque o câmbio não é mais tão favorável.

Mas não é só a questão do emprego que tem feito os nisseis e sanseis deixarem o Brasil rumo a terra de seus pais ou avós.

"Muita gente que está indo agora já foi *dekassegui*. Tem gente que voltou (para o Brasil) e tentou montar um negócio, mas não deu certo. Tem gente que está assustada com a insegurança, com os assaltos", diz Kleber Ariyoshi, sócio-diretor da Itiban, agência de empregos com escritório nos dois países. [...]

CRISE e insegurança criam nova onda de migração brasileira rumo ao Japão. G1, São Paulo, 14 maio 2018. Disponível em: https://g1.globo.com/economia/noticia/crise-e-inseguranca-criam-nova-onda-de-migracao-brasileira-rumo-ao-japao.ghtml. Acesso em: 18 nov. 2019.

Placas em português em feira livre de rua na cidade de Oizumi, Japão, 2019.

a) A quem se refere a palavra decasségui?
b) Por que os decasséguis brasileiros são atraídos para trabalhar no Japão?
c) O que mudou na realidade econômica para os decasséguis que migram para o Japão na atualidade em comparação com os que migraram até a década de 1990?
d) De que maneira o conteúdo da fotografia mostra a presença de brasileiros no Japão?

CAPÍTULO 17

Austrália e Nova Zelândia

A Austrália e a Nova Zelândia são também países desenvolvidos situados na Bacia do Pacífico, mas suas características são bastante distintas das do Japão. O que você sabe sobre a Austrália? E sobre a Nova Zelândia? Qual é a posição geográfica dos territórios australiano e neozelandês na Bacia do Pacífico? Verifique o que os colegas sabem a respeito disso.

INDICADORES – 2018	AUSTRÁLIA	NOVA ZELÂNDIA
PIB (em bilhões de US$)	1 432	205,02
PIB agropecuária	3%	7%
PIB indústria	24%	19%
PIB serviços	73%	74%
crescimento anual do PIB	2,8%	2,8%
saldo da balança comercial (em bilhões de US$)	10,6	– 2,39
dívida externa	Não tem.	Não tem.
inflação	1,8%	1,1%
desemprego	5,6%	4,7%

Fontes: THE WORLD BANK. Disponível em: https://bit.ly/3aHUv2s; https://bit.ly/2GjzYU1; CIA. The World Factbook. Disponível em: https://bit.ly/38NFbQn; https://bit.ly/2sTnWO0. Acessos em: 26 out. 2019.

? De acordo com as informações do quadro, responda:
1. Em quais aspectos a economia da Austrália e da Nova Zelândia mais se assemelham?
2. Em quais mais se distinguem?

A principal característica da Austrália e da Nova Zelândia é o expressivo desenvolvimento socioeconômico. Historicamente, esses países mantiveram forte vínculo político e comercial com a Inglaterra, país do qual foram colônias. Durante o século XIX, seus territórios foram ocupados para atender às necessidades da Coroa britânica. Por outro lado, o processo de ocupação estimulou a expansão das atividades econômicas internas, como a agropecuária, o artesanato e a mineração. Com o aumento dessas atividades, a elite local passou a acumular mais capital, o que impulsionou o desenvolvimento de toda a economia, até mesmo da indústria.

Ópera de Sydney. Sydney, Austrália, 2019.

Os setores industriais da Austrália e da Nova Zelândia passaram a crescer rapidamente durante o século XX, sobretudo após a década de 1940, quando as duas nações conquistaram a independência política.

Após um período de relativa estagnação econômica na década de 1970, as economias desses países voltaram a crescer depois que seus governos adotaram medidas de incentivo ao setor produtivo e controle rígido dos gastos públicos. O quadro acima destaca algumas das principais características econômicas desses dois países (reveja o quadro).

Mineração australiana e pecuária neozelandesa

As economias da Austrália e da Nova Zelândia destacam-se em diferentes setores de atividades. A Austrália, por exemplo, apresenta um desenvolvimento expressivo na mineração. A existência de imensas e diversificadas jazidas minerais a coloca na posição de grande produtor mundial de vários recursos, como bauxita, zinco, diamante, minério de ferro, ouro e urânio. Atualmente, o setor mineral responde pela geração de quase 8% do total do Produto Interno Bruto (PIB) australiano e por 55% do valor de suas exportações.

A expansão da atividade mineradora foi um dos fatores mais importantes que impulsionaram o processo de industrialização do país, dando origem à formação de um parque industrial bastante diversificado.

O setor secundário australiano conta com indústrias siderúrgicas, metalúrgicas, químicas, automobilísticas e de bens de consumo em geral (têxteis, alimentícias e de vestuário). As indústrias relacionadas à informática e à eletrônica são as que têm tecnologia mais avançada.

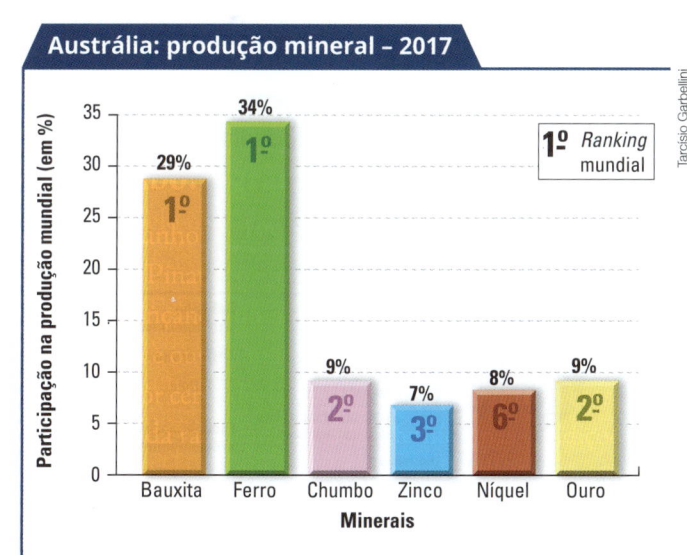

Austrália: produção mineral – 2017

Mineral	Participação na produção mundial (%)	Ranking mundial
Bauxita	29%	1º
Ferro	34%	1º
Chumbo	9%	2º
Zinco	7%	3º
Níquel	8%	6º
Ouro	9%	2º

Fonte: REICHL, Christian. *World Mining Data 2019*. Viena: Federal Ministry for Sustainability and Tourism, 2019. Disponível em: https://bit.ly/2VPC1Z8. Acesso em: out. 2019.

A Austrália é o maior produtor mundial de bauxita, matéria-prima para a produção de alumínio. Grande parte do minério extraído das imensas minas australianas abastece o mercado internacional. Nhulunbuy, Austrália, 2015.

A Nova Zelândia, por sua vez, destaca-se pelo grande desenvolvimento da atividade pecuária, sobretudo na criação de ovinos, cujo rebanho é de 27,5 milhões de cabeças. A expansão dessa atividade no país impulsionou o crescimento de fábricas de beneficiamento de produtos pecuários, como laticínios e frigoríficos. Na atualidade, a Nova Zelândia é um dos maiores exportadores mundiais de carne de ovinos, lã e manteiga.

A pecuária ovina neozelandesa é favorecida pela existência de excelentes pastagens, que se desenvolvem rapidamente em razão das constantes chuvas durante o ano. Matamata, Nova Zelândia, 2018.

Meio natural e atividades econômicas

A distribuição das atividades econômicas nos territórios da Austrália e da Nova Zelândia reflete, em grande parte, algumas das características naturais desses países.

A Austrália, por exemplo, tem grandes extensões de áreas desérticas e semiáridas, condição que limita a expansão das atividades rurais, sobretudo da agricultura. Além disso, várias regiões do país são ocupadas por florestas, principalmente nas áreas próximas ao litoral, onde o clima é mais úmido. Mesmo com apenas 11% de terras aráveis, a produção de trigo, aveia e cevada é grande e se destaca, o que se deve ao elevado índice de modernização do campo.

A pecuária australiana também é bastante expressiva, sendo desenvolvida predominantemente nas áreas de clima semiárido. Os rebanhos numerosos, como o de ovinos (72 milhões de cabeças) e o de bovinos (26 milhões de cabeças), garantem ao país a obtenção de ampla quantidade de lã, couro e carne.

Na Nova Zelândia, as condições naturais também impõem restrições à expansão de atividades agropecuárias. Boa parte de seu território é constituída de relevos montanhosos e extensas florestas. Por isso, as áreas cultivadas se restringem basicamente às regiões de planícies, localizadas sobretudo na costa leste ao sul da ilha. Entre as lavouras mais cultivadas destacam-se as de cereais, como trigo, cevada e aveia, e as de batata, gêneros típicos do clima temperado, que apresenta temperaturas entre 8 °C e 13 °C e chuvas bem distribuídas durante todo o ano. Observe o mapa.

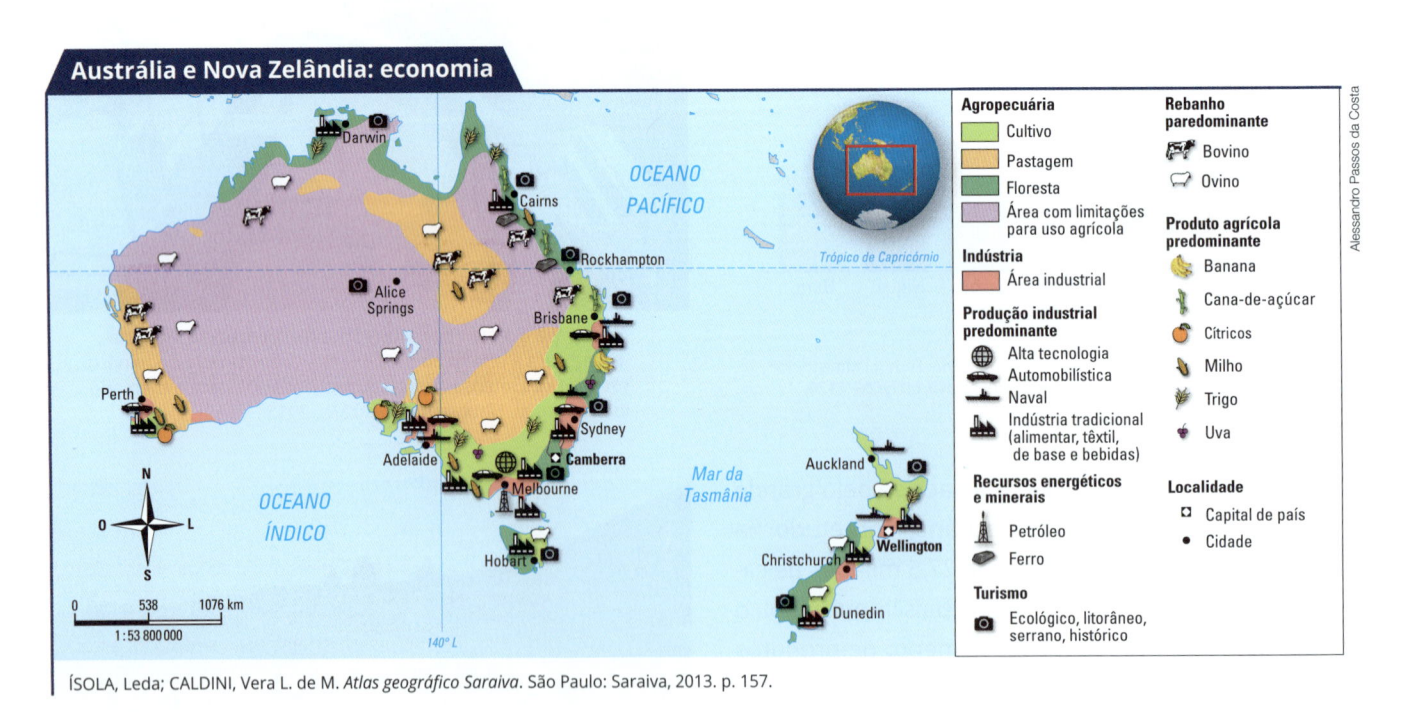

ÍSOLA, Leda; CALDINI, Vera L. de M. *Atlas geográfico Saraiva*. São Paulo: Saraiva, 2013. p. 157.

1. Identifique as áreas da Austrália e da Nova Zelândia nas quais os aspectos naturais podem dificultar a expansão das atividades rurais. Depois, localize as áreas em que essas atividades são mais praticadas.

2. Caracterize a distribuição da atividade industrial nesses dois países e descreva qual é a localização, no território australiano, dos principais recursos minerais já citados neste capítulo.

Turismo, uma atividade muito desenvolvida

Se, por um lado, as condições naturais da Austrália e da Nova Zelândia não favorecem o desenvolvimento de algumas atividades econômicas, por outro estimulam o intenso crescimento do turismo, setor responsável por importante parcela da riqueza gerada nesses países.

A Austrália recebe muitos turistas em razão de suas variadas e belas paisagens naturais, como as formações rochosas do Deserto de Pináculos, na costa oeste, e a do Ayers Rock, localizado na porção central do país. Além disso, ao longo do litoral nordeste, a Grande Barreira de Coral estende-se por milhares de quilômetros. Além das características naturais, outros fatores contribuem para que o país receba milhares de turistas todos os anos. Um exemplo é a cidade de Sydney – considerada a porta de entrada da Austrália –, que se destaca por atrações como a moderna arquitetura do Teatro Opera House.

Do mesmo modo, o turismo é uma das principais atividades econômicas na Nova Zelândia. Suas paisagens naturais são variadas, incluem florestas, montanhas, geleiras, rios e praias. Outro fator que atrai turistas é a prática de esportes radicais, como o esqui na neve, o *bungee jump* (salto com elástico, inventado no país) e o *rafting* (descida pelas corredeiras dos rios em barcos infláveis).

Devido a essas atrações, todos os anos, cerca de 3,5 milhões de turistas visitam a Nova Zelândia, enquanto a Austrália recebe aproximadamente 8,8 milhões de visitantes.

Principais atrações turísticas da Austrália e da Nova Zelândia

Elevado desenvolvimento social

Observe o mapa.

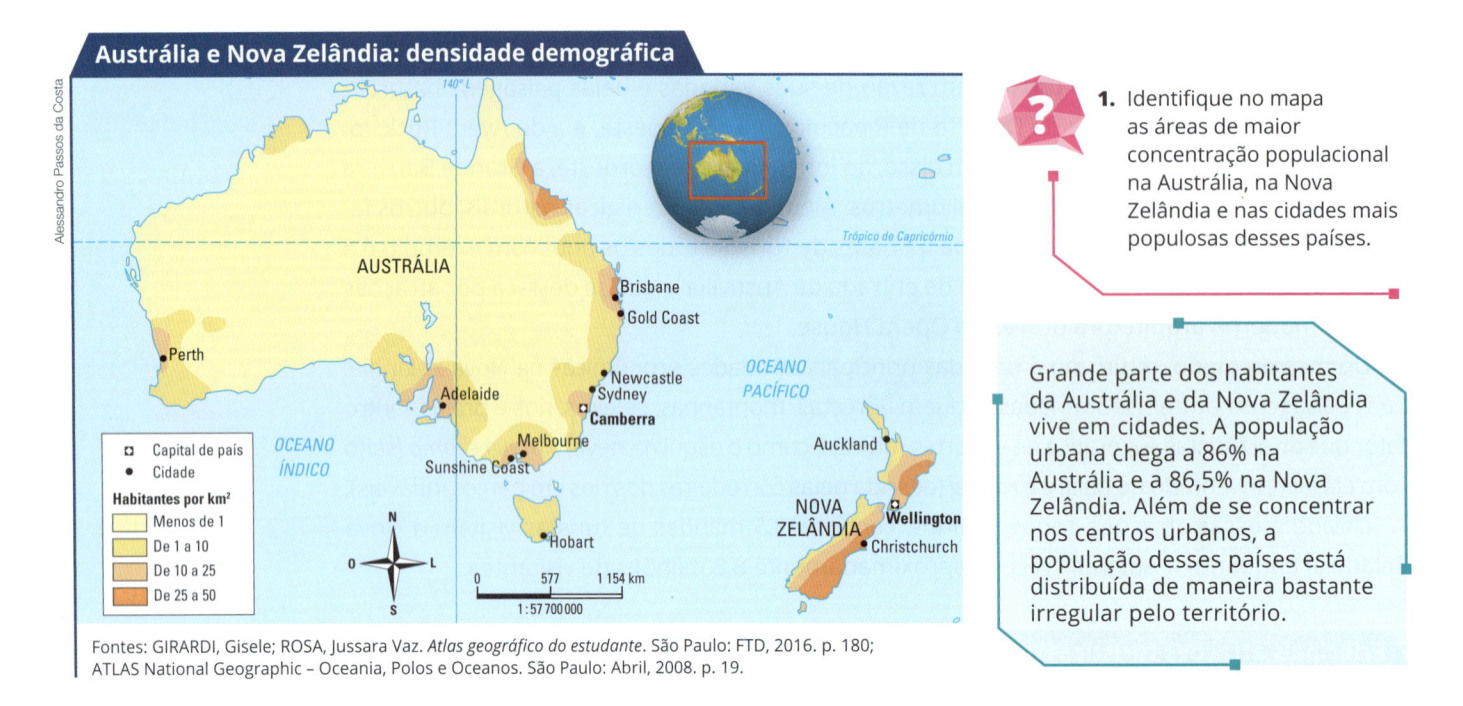

Austrália e Nova Zelândia: densidade demográfica

Fontes: GIRARDI, Gisele; ROSA, Jussara Vaz. *Atlas geográfico do estudante*. São Paulo: FTD, 2016. p. 180; ATLAS National Geographic – Oceania, Polos e Oceanos. São Paulo: Abril, 2008. p. 19.

1. Identifique no mapa as áreas de maior concentração populacional na Austrália, na Nova Zelândia e nas cidades mais populosas desses países.

Grande parte dos habitantes da Austrália e da Nova Zelândia vive em cidades. A população urbana chega a 86% na Austrália e a 86,5% na Nova Zelândia. Além de se concentrar nos centros urbanos, a população desses países está distribuída de maneira bastante irregular pelo território.

O desenvolvimento econômico da Austrália e da Nova Zelândia foi acompanhado de expressiva melhora nas condições de vida da população.

Vários fatores justificam a boa qualidade de vida desfrutada atualmente por australianos e neozelandeses. Entre eles, o principal está relacionado à equilibrada distribuição de riqueza, o que possibilita que a população tenha acesso a bens e serviços que satisfaçam suas necessidades. Além disso, os respectivos governos investem prioritariamente na área social, com a implantação de amplos programas assistenciais, como os de saúde, educação e aposentadoria.

Outro aspecto que contribui para a manutenção da boa qualidade de vida é a preocupação da população e dos governos locais com a preservação da natureza. A conscientização ecológica na Austrália e na Nova Zelândia é uma das mais avançadas do mundo. Muitos dos primeiros movimentos ambientalistas, surgidos na década de 1960, originaram-se nesses países.

Na Austrália e na Nova Zelândia há grande preocupação com o meio ambiente: a maioria das indústrias submete-se a rigoroso controle para diminuir os impactos ambientais causados por suas atividades; as fontes alternativas de energia, como a geotérmica e a solar, são cada vez mais exploradas; o sistema de transporte coletivo é priorizado a fim de diminuir o número de automóveis em circulação; a população também coopera zelando pela limpeza das vias públicas. Trânsito de ciclistas em ciclovia de Melbourne, Austrália, 2018.

Sociedades multiculturais

Grande parte da população australiana e neozelandesa é descendente dos colonizadores ingleses. A ocupação da Austrália teve início no final do século XVIII, ao passo que a da Nova Zelândia ocorreu em princípios do século XIX. O domínio inglês sobre essas terras durou até quase a metade do século XX, quando os dois países conquistaram a independência política.

Além dos descendentes dos povos nativos e dos imigrantes ingleses, as duas nações receberam grandes contingentes de outros imigrantes, sobretudo europeus – como irlandeses, italianos, gregos, escoceses – e, mais recentemente, asiáticos. Esse fato explica a grande diversidade de povos na composição étnica dessas nações, que se caracterizam pela multiculturalidade.

Público diverso em evento de futebol australiano. Melbourne, Austrália, 2018.

FIQUE LIGADO!

Exclusão social das minorias étnicas

Apesar do expressivo desenvolvimento socioeconômico alcançado pelas sociedades australiana e neozelandesa, uma parcela da população desses países continua marginalizada. Essa parcela é formada pelos aborígenes, na Austrália, e pelos maoris, na Nova Zelândia, povos nativos descendentes dos grupos humanos que habitavam o território antes da chegada dos colonizadores.

O processo de colonização promovido pelos ingleses dizimou a maior parte dessa população nativa. Atualmente, os maoris representam somente 14% da população neozelandesa e os aborígenes, apenas 3,3% da população australiana.

As consequências da colonização, entretanto, foram além da dizimação dos povos, existindo, ainda hoje, profundas marcas na sociedade dos países. Os aborígenes e os maoris sofrem discriminação e não têm a mesma qualidade de vida da maioria da população.

Casal aborígene descansa na calçada de um edifício em Darwin, Austrália, 2019.

ATIVIDADES

Reviso o capítulo

1. Qual foi a importância da mineração para o processo de industrialização na Austrália?

2. Relacione as características do meio natural da Austrália ao desenvolvimento da agropecuária no país.

3. Caracterize a distribuição da população australiana e a da neozelandesa. Quais são as regiões de maior e menor concentração populacional em cada país?

4. Quais são os principais aspectos econômicos da Austrália e da Nova Zelândia?

5. O que favorece a atividade pecuária na Nova Zelândia? Explique a ligação entre a pecuária, a indústria e o meio natural nesse país.

6. Comente a importância do turismo para a economia australiana e para a neozelandesa. Por que esses países atraem tantos turistas?

Produzo relatório e organizo debate

7. Com o professor e os colegas, leia o texto a seguir e observe a tabela, que apresenta alguns indicadores socioeconômicos australianos.

> [...] Quando os europeus chegaram à Austrália, em 1788, havia 750 000 aborígenes espalhados pelos manguezais, pelas florestas da região costeira e pelas áreas desérticas, cobertas de arbustos, do interior do país. Sua diversidade cultural era espantosa – reunia 600 tribos, que falavam 250 línguas. [...]

STAM, Gilberto. A aborígene de ouro. *Superinteressante*, São Paulo, 31 out. 2000. Disponível em: https://super.abril.com.br/saude/a-aborigine-de-ouro/. Acesso em: 1º nov. 2019.

	ABORÍGENES	AUSTRALIANOS
População (2016)	727 mil	23,4 milhões
Crescimento anual da população	3,7%	1,6%
Taxa de desemprego	21%	5,2%
Parcela da população com 70 anos ou mais	5%	16%
Expectativa de vida	74 anos	82 anos

Fontes: AUSTRALIAN BUREAU OF STATISTICS. Disponível em: www.abs.gov.au/; AIHW. *Australia's welfare 2017*. Disponível em: https://bit.ly/2U5p2BJ; AUSTRALIAN INSTITUTE OF HEALTH AND WELFARE. Disponível em: https://bit.ly/2IpolMe. Acessos em: 13 mar. 2020.

Organizem um debate sobre os dados observados. Podem ser formados grupos para discutir diferentes temas, como: a condição em que vivem os povos aborígenes na atualidade e o que pode ser feito para melhorá-la; a situação dos aborígenes australianos em comparação com a dos indígenas brasileiros; os preconceitos sociais contra os povos nativos e as minorias étnicas, entre outros. Após o debate, prepare individualmente um relatório com suas ideias e conclusões sobre o assunto.

AQUI TEM GEOGRAFIA

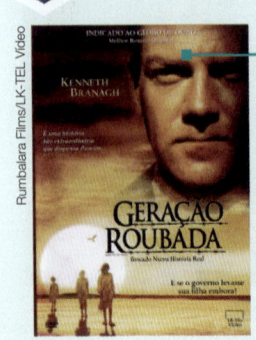

Assista

Geração roubada
Direção de Phillip Noyce. Austrália: Rumbalava Filmes, 2002 (94 min).

Baseado em uma história real, o filme retrata a história de meninas aborígenes que fogem de um campo de treinamento de empregadas domésticas criado pelo governo australiano.

Leia

Histórias dos maoris: um povo da Oceania
Claire Merleau-Ponty e Cécile Mozziconacci (Edições SM).

TEMAS COMPLEMENTARES

Caro aluno,

O Caderno de Temas Complementares foi elaborado com o objetivo de possibilitar que você desenvolva habilidades e amplie conhecimentos que são próprios da ciência geográfica. Aqui são desenvolvidas temáticas que aprofundam as discussões e o entendimento de conceitos e noções trabalhados no decorrer dos capítulos deste volume de 9º ano. Além disso, propõe-se atividades práticas que você executará com o uso de diferentes tecnologias, podendo ser desenvolvidas individualmente ou em grupo, dentro ou fora da sala de aula.

Então, aproveite a oportunidade para se aprofundar nos estudos de Geografia!

Os autores.

Tema 1 – Cidades inteligentes _____ 192

Tema 2 – Minorias no mundo globalizado__ 198

TEMA 1

Cidades inteligentes

Leia o título das reportagens.

Brasília sedia o I Fórum Nacional para Certificação de Cidades Inteligentes

BRASÍLIA sedia o I Fórum Nacional para certificação de Cidades Inteligentes. *Correio Braziliense*, Brasília, DF, 26 nov. 2019. Disponível em: https://bit.ly/2Ilsf8R. Acesso em: 4 mar. 2020.

CCT [Comissão de Ciência e Tecnologia] debate implantação de cidades inteligentes no Brasil

BRASIL. Senado Federal. CCT debate implantação de cidades inteligentes no Brasil. *Senado Notícias*, Brasília, DF, 2 dez. 2019. Disponível em: https://bit.ly/38nGrJc. Acesso em: 4 mar. 2020.

O tema principal das notícias acima é uma tendência atual de inovação, relacionada à infraestrutura, que busca aliar tecnologia, bem-estar social e meio ambiente para enfrentar os problemas urbanos: a criação de cidades inteligentes.

Mas, afinal, o que são Cidades Inteligentes?

Podem ser chamadas de *Smart Cities* (expressão em inglês) as localidades com projetos ou iniciativas de reformulação de suas áreas urbanas que empregam inovação tecnológica para melhorar a qualidade de vida de seus habitantes, ou seja, para ser considerada uma cidade inteligente, o projeto da localidade deve unir os avanços científicos disponíveis às necessidades urbanas em geral, fazendo com que as soluções para determinados tipos de problema sejam eficientes.

Para isso, nas Cidades Inteligentes utiliza-se a Internet das Coisas (conhecida pela sigla IoT, do inglês *Internet of Things*) para desenvolver e executar ações no cotidiano urbano. Isso quer dizer que, nessas cidades, objetos pessoais e equipamentos urbanos – como aparelhos celulares, semáforos, sensores de abastecimento e distribuição de água, entre outros – conectam-se uns com outros e trocam informações de maneira automatizada e em tempo real, sem que uma pessoa precise operá-los.

Um exemplo são os sensores em semáforos, que se autorregulam ao detectarem congestionamentos, por exemplo, liberando o fluxo dos veículos ou dando prioridade ao transporte público de passageiros. Outro exemplo são cidades que investiram em sistemas digitais de segurança, que monitoram e controlam o fluxo de pessoas em lugares públicos, ou ainda alagamentos ou deslizamentos de terra em áreas de risco. Veja alguns exemplos no Brasil.

A cidade de Curitiba, capital do Paraná, é considerada um bom exemplo de *Smart City* do país. Ela foi pioneira em implantar um sistema inteligente de transporte coletivo urbano e de monitoramento do tráfego que proporcionou maior mobilidade à população. Foto de 2018.

Em Porto Alegre, Rio Grande do Sul, o centro integrado de comando da prefeitura recebe imagens de câmeras espalhadas em vários pontos da capital gaúcha. Assim, emite alertas para o celular dos cidadãos em casos de assalto, alagamento de vias públicas ou desastres, como deslizamento de encostas de morros por causa das chuvas, o que melhora a segurança de todos. Foto de 2012.

Em algumas Cidades Inteligentes, os governantes executaram planos urbanísticos que proporcionaram à população maior contato com a natureza. Isso possibilitou que mais cidadãos cuidassem da saúde, principalmente pela prática de exercícios físicos em parques urbanos. Observe o exemplo de outro país, o Canadá, na América do Norte.

Em Vancouver, Canadá, parques e áreas verdes foram projetados de modo que qualquer pessoa esteja a apenas 5 minutos de distância de um deles; assim, todos podem se exercitar ou descansar contemplando a paisagem. Foto de 2018.

Várias cidades, mundo afora, têm buscado tornar-se inteligentes investindo em setores de infraestrutura em que a tecnologia se fazia mais urgente ou necessária. Mas que setores de inteligência são esses?

A plataforma virtual *Connected Smart Cities*, que envolve empresas, governos e entidades do Brasil, estabeleceu 11 setores urbanos para fazer uma "classificação de inteligência" das cidades. O objetivo é incentivar novas ações e projetos para possibilitar que outros centros urbanos também se tornem inteligentes.

Segundo essa plataforma, os principais setores nos quais os poderes público e privado devem investir são: mobilidade, tecnologia, meio ambiente, educação, saúde, segurança, geração de energia, urbanismo, empreendedorismo, economia e governança. Entenda melhor a importância de cada um deles analisando o infográfico das páginas seguintes.

A imagem a seguir representa um modelo de cidade inteligente que contempla onze setores diferentes de inovação. Observe.

Saúde
Atendimento eficiente e abrangente a toda população.

Educação
Ensino de qualidade abrangente a toda a população.

Governança
Governo democrático, participativo, com serviços públicos acessíveis à população.

Urbanismo
Obras urbanísticas que visam ao bem-estar das pessoas.

Empreendedorismo
Empreendimentos diversos, que impulsionam mudanças e inovações sobretudo para os pequenos produtores locais.

Mobilidade
Meios eficientes de transporte coletivo e escoamento de veículos em ruas e avenidas.

Energia
Produção autossuficiente, limpa e sustentável.

Economia
Fortalecimento dos três setores da economia e da mão de obra.

Tecnologia
Redes de comunicação com conexão para transferência de informações em tempo real.

Ambiente
Áreas verdes e uso consciente dos recursos da natureza.

Segurança
Baixos índices de violência, uso de câmeras de segurança e atuação inteligente de diferentes esferas policiais.

Portfólio virtual de ideias

Você já pensou em como seria legal se sua cidade também se tornasse inteligente? Com seus colegas de turma, desenvolvam um material que servirá de base para a idealização de uma cidade inteligente real. Sigam as etapas a seguir e criem um **portfólio virtual de ideias**.

- Esta atividade pode contar com a colaboração de outras pessoas, portanto, reúna-se com dois ou três colegas e forme um grupo de trabalho.
- Inicialmente, conversem sobre o tipo de portfólio que gostariam de criar. Ele deve ser virtual para que as ideias tenham maior alcance entre a população e seja, constantemente, alimentado com novas ideias. Desse modo, é maior a probabilidade de que as ideias sejam colocadas em prática. Portanto, o portfólio pode ser elaborado em uma página de rede social, como Facebook, Instagram ou Twitter. As ideias também podem ser compiladas em um *blog* de plataforma gratuita.
- Após definirem o tipo de portfólio, façam o levantamento dos principais problemas urbanos do município onde moram, consultando notícias da imprensa local. Conversem sobre o assunto, e não se esqueçam de tomar nota dos problemas que vocês identificaram. Busquem enquadrá-los de acordo com os onze setores urbanos que merecem investimentos na área de inteligência.
- Dentre os problemas urbanos levantados, escolham os que vocês consideram mais urgentes de serem solucionados e aos quais o conceito de Cidade Inteligente pode ser aplicado.
- Após definirem quantos e quais problemas serão abordados, mapeiem as áreas de ocorrência desses problemas. Usem aplicativos de celular ou programas de mapeamento disponíveis na internet, como o Google Earth, o Google Maps ou o Waze. No mapa, vocês podem visualizar as regiões urbanas mais afetadas. Conversem com o professor de Informática se precisarem de auxílio com o mapeamento.

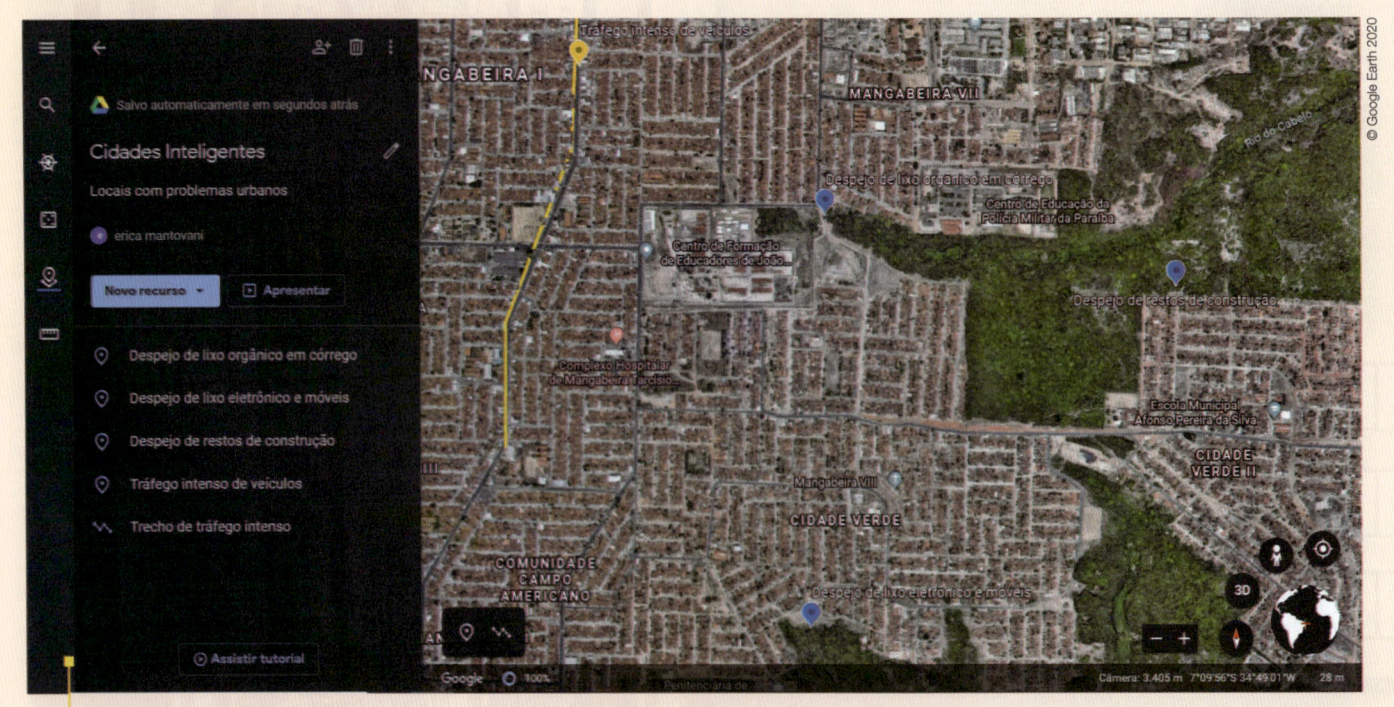

O mapa resultante deve ser postado no portfólio acompanhado de legendas e textos explicativos.

- Concluído o mapeamento, elenquem ideias que envolvam tecnologia, inovação e IoT, que melhorariam a qualidade do meio ambiente, da vida das pessoas e possibilitariam maior fluidez de mercadorias e informações. Anotem todas as ideias.
- Para cada ideia, elaborem *posts*, que deverão ser publicados diariamente, um por dia. Ele deve conter pelo menos a estrutura a seguir.
    - Nome que foi dado à solução apresentada.
    - Problema a ser combatido.
    - Explicação rápida de como essa solução deve ser implantada.
    - Estimativa de tempo de implantação e materiais necessários.
    - Os resultados esperados com a aplicação dessa ideia.

Veja um modelo de postagem sobre a solução encontrada em Vancouver, no Canadá, para a inclusão de áreas verdes no meio urbano.

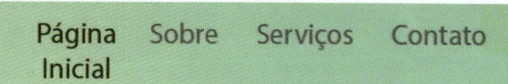

Página Inicial | Sobre | Serviços | Contato

PARQUES PÚBLICOS

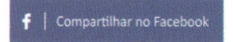

Compartilhar no Facebook | Tweet no Twitter | G+ | P

Publicado em 18/02/2020

Problema: ausência de áreas verdes e de lazer.

Projeto urbanístico de implantação de parques públicos compostos de áreas verdes com gramados e árvores originalmente nativas da região; espelhos de água, como lagos ou córregos; áreas para atividade física, como academias ao ar livre; e pequeno comércio de alimentos saudáveis.

Estimativa de tempo de implantação e materiais necessários: longo prazo. Obras urbanas.

Resultados esperados: contato da população com a vegetação, acesso à prática de atividades físicas e esportivas e a momentos de lazer.

Dica importante

Ao postarem as ideias nas redes sociais, marquem autoridades públicas locais, associações de moradores, empresas, entidades e a população em geral. E lembrem-se ao fazerem o portfólio: suas ideias podem tornar-se realidade!

TEMA 2

Minorias no mundo globalizado

Observe a fotografia a seguir.

Refugiados da minoria étnica rohingya migrando de Myanmar para Bangladesh. Chittagong, Bangladesh, 2017.

Que situação está retratada na imagem? Converse sobre o conteúdo da fotografia com os colegas.

Certamente você já viu outras imagens como essa relacionadas a notícias sobre minorias. Você sabe o que esse termo significa? **Minorias** são grupos de pessoas que se diferenciam do restante da população do país onde vivem por se encontrarem em situação de desvantagem, opressão, discriminação ou exclusão de direitos. Isso os torna o público-alvo de organizações que promovem a garantia dos direitos humanos, como a **Anistia Internacional** ou os **Direitos Humanos sem Fronteiras**.

Esses grupos de pessoas podem ser considerados minorias por motivo de origem social, cultural, de gênero, de sexualidade, étnica ou religiosa. No trabalho com este tema, você conhecerá um pouco melhor a questão das minorias étnicas.

O que são minorias étnicas

Grupos étnicos em geral se diferenciam uns dos outros por um conjunto de características herdadas de seus antepassados e transmitidas de geração para geração ao longo do tempo, como costumes socioculturais, língua e religião. As **minorias étnicas** são grupos que resistem, unidos, às opressões dos grupos étnicos majoritários.

Em muitos casos, as minorias étnicas não têm o território reconhecido internacionalmente, são consideradas grupos invasores em determinado país, como é o caso dos rohingyas, da imagem no topo da página.

Outro problema que as minorias étnicas enfrentam é a influência da cultura de massa em sua cultura original. Nas últimas décadas, essa influência vem ocorrendo, sobretudo, pelo uso da internet entre a população mais jovem, ou seja, adolescentes das minorias têm adotado hábitos e costumes comuns aos povos majoritários.

Indígena tira uma *selfie* com aparelho celular no I Jogos Mundiais dos Povos Indígenas, realizado no Brasil, na cidade de Palmas (TO), no ano de 2015. O evento reuniu representantes de 30 nacionalidades e 24 etnias.

Imigrantes também se tornam minorias

Atualmente, imigrantes de diferentes etnias têm sido vítimas de exclusão ou restrição de direitos. Além de terem fugido de seus países de origem devido a situações de guerra, pobreza extrema ou perseguição religiosa, muitas vezes são discriminados nos países que os acolhem. Essas condições podem afetar a saúde física e mental dessas pessoas. Veja no estudo do texto a seguir.

Minorias étnicas têm mais chances de desenvolver doenças mentais

Preconceito e discriminação contribuem para o desenvolvimento de problemas psicológicos que atingem fortemente essa parcela da população.

[...] Não à toa, um imigrante tem até cinco vezes mais chances de desenvolver doenças mentais se comparado a um cidadão inglês branco – é o que diz um estudo realizado pela University College London.

A estimativa se aplica a cidades e ambientes rurais e aumenta nos casos em que a pessoa chegou ao Reino Unido quando criança.

O estresse relacionado ao processo de migração, o preconceito e o sentimento de isolamento aumentado pela dificuldade de se integrar podem potencializar o risco à saúde mental dessa parcela da população. [...]

CARBONARI, Pâmela. Minorias étnicas têm mais chances de desenvolver doenças mentais. *Exame*, São Paulo, 4 jun. 2017. Disponível em: https://exame.abril.com.br/mundo/minorias-etnicas-tem-mais-chances-de-desenvolver-doencas-mentais/. Acesso em: 31 jan. 2020.

Em todos os continentes são encontrados grupos de imigrantes que se tornaram minorias e têm um longo passado de conflitos e opressões. Um exemplo é o povo cigano, que é nômade e migra constantemente há mais de mil anos, sobretudo entre a Europa e a Ásia.

Em alguns países europeus, por exemplo, é proibida a permanência de ciganos em seu território. Outros permitem que se estabeleçam, mas limitam seus direitos sociais básicos, como o acesso a serviços públicos de saúde e educação. Além disso, a população majoritária costuma agir com preconceito e discriminação em relação a esse povo.

Registro do encontro anual de ciganos e viajantes da cidade de Appleby-in-Westmorland. Cumbria, Reino Unido, 2019.

Povos nativos tornaram-se minorias na Austrália, na Nova Zelândia e no Brasil

Outra situação comum relacionada às minorias é o caso de povos que, originalmente, eram majoritários, mas após o contato com colonizadores europeus, entre os séculos XVI e XVIII, passaram a ser minoria em seu próprio território. Veja.

Mulheres e homens aborígenes no Território Norte, Austrália, 2019.

Os povos aborígenes ocupavam a Austrália antes da chegada dos ingleses, no final do século XVIII. Com a chegada dos colonizadores, os aborígenes foram submetidos à escravidão e suas características socioculturais foram quase totalmente extintas. Somente há pouco mais de uma década o governo australiano reconheceu os aborígenes como os primeiros povos a habitar o país. Com isso, abriu espaço para a garantia de direitos básicos desses grupos, com a demarcação de suas terras (veja o mapa ao lado) e a manutenção de seus costumes e tradições.

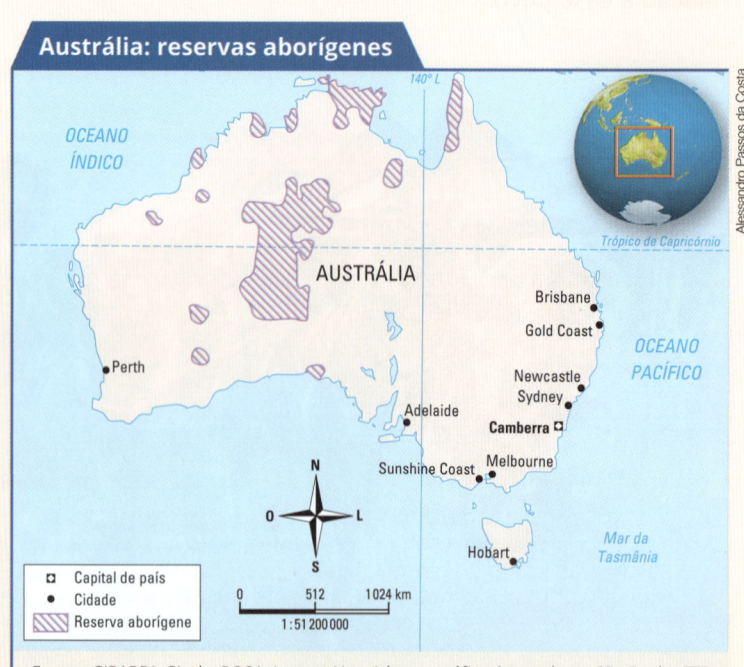

Austrália: reservas aborígenes

Fontes: GIRARDI, Gisele; ROSA, Jussara Vaz. *Atlas geográfico do estudante*. São Paulo: FTD, 2016. p. 146; ATLAS National Geographic – Oceania, Polos e Oceanos. São Paulo: Editora Abril, 2008. p. 19.

A origem dos povos maori, habitantes da Nova Zelândia, ainda não é totalmente conhecida pelos pesquisadores. Acredita-se que eles já habitavam o país séculos antes da chegada dos colonizadores ingleses, o que ocorreu em meados do século XVII. Batalhas travadas com os colonizadores e doenças transmitidas por eles foram responsáveis pela grande diminuição da população original. Os maoris tiveram seus direitos reconhecidos em 1840, em um acordo no qual a Inglaterra assumiu que esses povos são os verdadeiros proprietários das terras neozelandesas. Atualmente há, na Nova Zelândia, um forte movimento de reconhecimento e resgate da cultura dos maoris, que busca diminuir preconceitos e a forte exclusão social sofrida por esse povo.

Tradicional recepção do povo maori. Waitangi, Nova Zelândia, 2019.

Brasil: terras indígenas – 2017

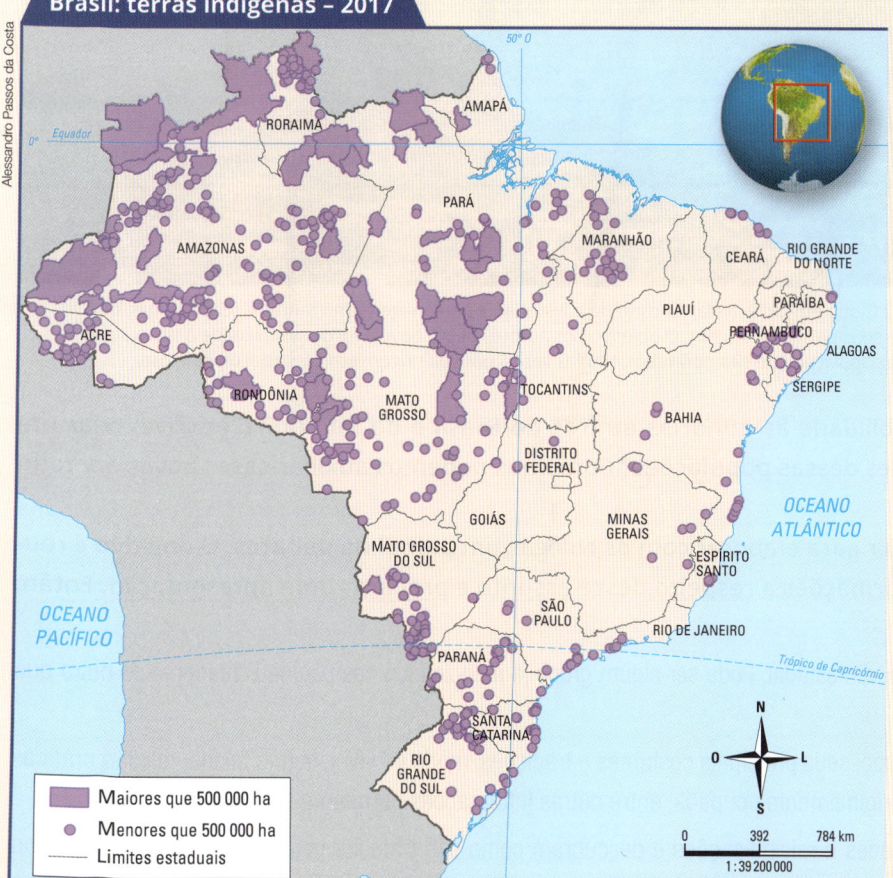

Maiores que 500 000 ha
Menores que 500 000 ha
Limites estaduais

Fonte: IBGE. *Atlas geográfico escolar*. 8. ed. Rio de Janeiro: IBGE, 2018. p. 107.

Indígenas da etnia pataxó. Porto Seguro (BA), 2019.

Até o início do século XVI os povos indígenas ocupavam livremente o território onde hoje é o Brasil. Os conflitos e as doenças trazidos pelos colonizadores europeus dizimaram grande parte desses povos. Além disso, os indígenas têm uma longa história de tentativas de escravização e de exploração das riquezas de suas terras pelos colonizadores europeus. O Brasil tornou-se um país independente em 1822, mas somente com a Constituição de 1934 os povos indígenas passaram a ter direito à posse das terras que ocupavam (observe no mapa acima as terras indígenas demarcadas ou em processo de demarcação). A atual Constituição de 1988 assegura outros direitos a eles, como respeito a seu modo de organização social, ao uso de sua língua e à prática de suas tradições.

Painel de debates

Observe esta imagem.

Cena da novela *Órfãos da Terra*, exibida pela TV Globo em 2019. Nela, foi contada a história de personagens imigrantes e suas famílias, que chegaram ao Brasil fugidos da perseguição em seus países de origem. O objetivo dos autores dessa novela foi dar visibilidade à situação de grupos minoritários e de outros segmentos da população que são oprimidos, muitas vezes, por sua origem étnica, social ou religiosa.

Como colaborar para dar mais visibilidade às minorias étnicas do Brasil e do mundo? É possível criar um espaço de diálogo sobre as necessidades dessas populações? Como nós podemos auxiliar esses povos em todo o mundo?

Observe os passos propostos a seguir para elaborar com os colegas um **painel de debates**. O objetivo é reunir a maior quantidade possível de informações a respeito desse assunto e preparar uma apresentação. Então, mãos à obra!

- Escolha com seu grupo a minoria étnica que vão estudar. Pode ser algum grupo já mencionado nas páginas anteriores ou outro que pesquisarem.
- Investiguem a respeito da história desse grupo, seus principais costumes e tradições, modo de viver, língua falada, religião praticada, região onde habita atualmente, região originalmente ocupada, entre outras informações pertinentes ao debate.
- Pesquisem também as principais necessidades e reivindicações e descubram como são tratados pela sociedade majoritária, ou seja, verifiquem se sofrem preconceito, se têm direitos sociais assegurados ou não, etc.
- Peçam auxílio ao professor de História, pois grande parte da situação atual dos grupos minoritários originou-se em determinado período histórico.
- Utilizem as informações da **Declaração sobre os Direitos das Pessoas Pertencentes a Minorias Nacionais ou Étnicas, Religiosas e Linguísticas**, elaborada pela Organização das Nações Unidas (ONU), aprovada em 1992.
- Verifiquem os direitos das minorias na legislação brasileira.
- Elaborem uma exposição em *slides*, com imagens, textos e vídeos, para apresentar as informações coletadas. Utilizem programas de computador, como PowerPoint, ou aplicativos de celular, como o Canva, para organizar as informações.

- Não se esqueçam de apresentar aos colegas alguns exemplos de como esse povo vem perdendo seus direitos sociais, mostrem áreas para possíveis ações de grupos relacionados aos direitos humanos.
- Após as apresentações, iniciem o debate. Conversem com a turma sobre como um indivíduo de uma minoria se sente em meio às maiorias e elaborem alternativas e propostas para minimizar a exclusão social desses povos.

Dica importante

A reflexão gerada pelo debate vai auxiliá-los a valorizar as diferentes identidades étnicas e culturais. É importante lembrar que todos nós somos sujeitos únicos, distintos uns dos outros, e são justamente essas diferenças que devem ser respeitadas, porque são elas que nos fazem seres humanos!

Print da tela do aplicativo PowerPoint para celular com exemplo de apresentação. Com esse programa, é possível inserir imagens, textos ou vídeos e criar sua exposição.

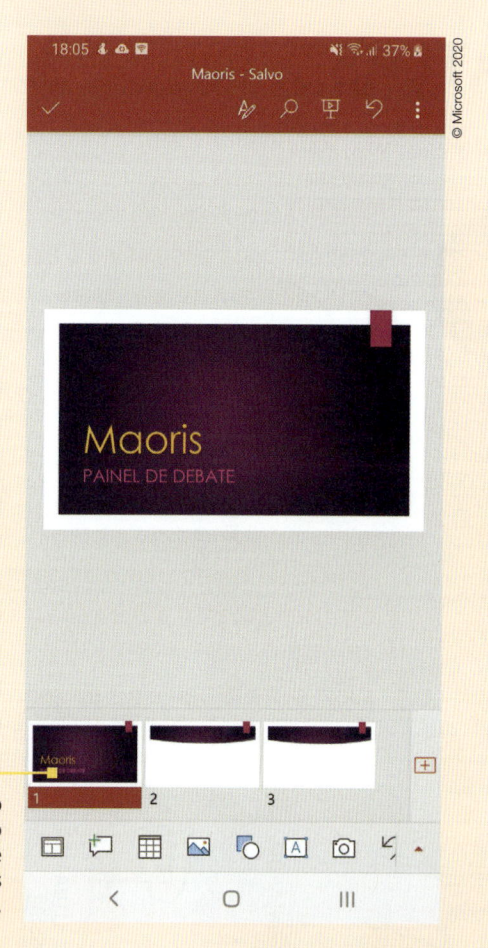

Debate em sala de aula. São Paulo (SP), 2015.

203

MINIATLAS

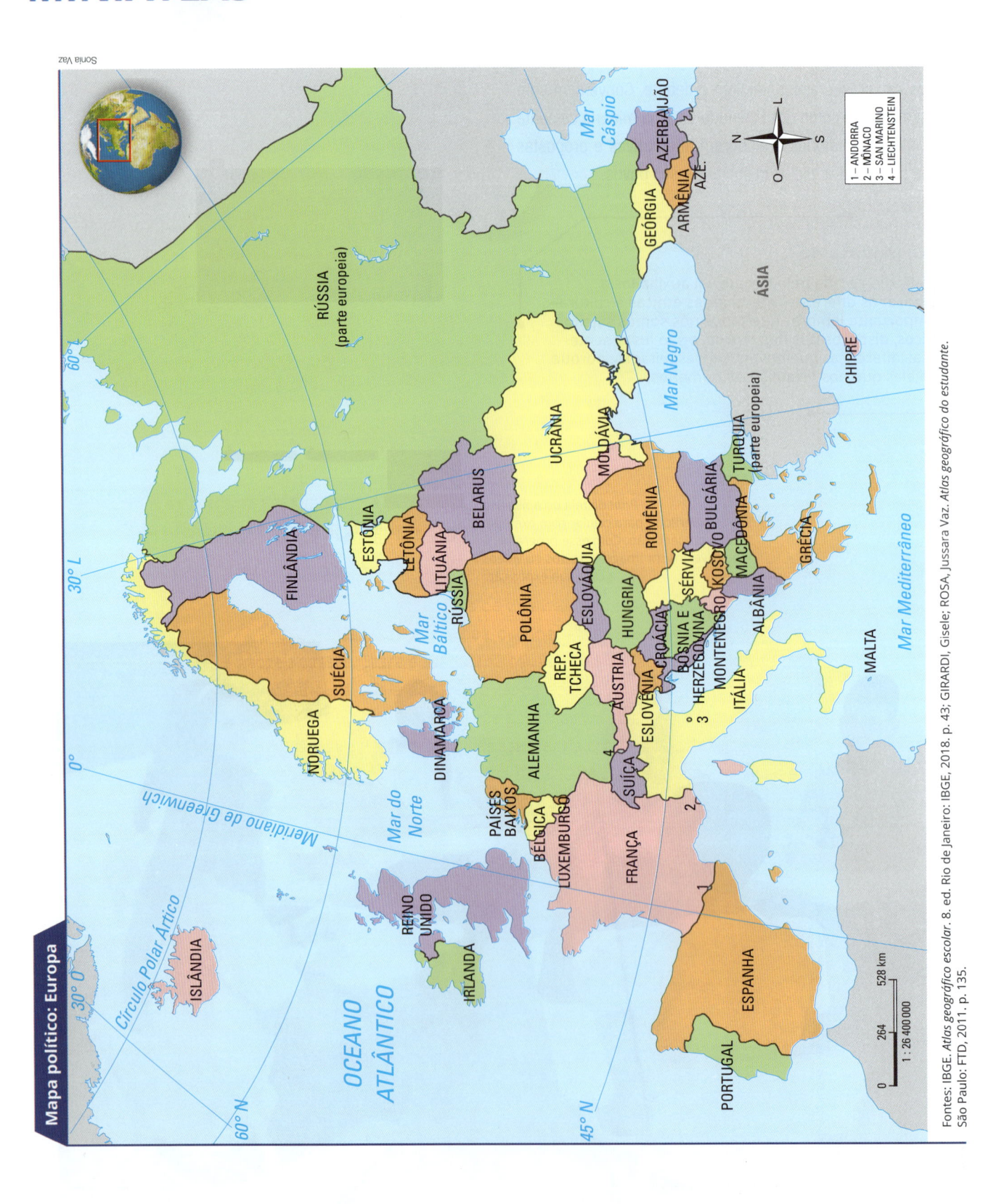

Mapa político: Europa

Fontes: IBGE. *Atlas geográfico escolar*. 8. ed. Rio de Janeiro: IBGE, 2018. p. 43; GIRARDI, Gisele; ROSA, Jussara Vaz. *Atlas geográfico do estudante*. São Paulo: FTD, 2011. p. 135.

Mapa político: Ásia

Fonte: IBGE. *Atlas geográfico escolar*. 8. ed. Rio de Janeiro: IBGE, 2018. p. 47.

Mapa político: Oceania

Fontes: ISOLA, Leda; CALDINI, Vera L. de M. *Atlas geográfico Saraiva*. São Paulo: Saraiva, 2013. p. 156; IBGE. *Atlas geográfico escolar*. 8. ed. Rio de Janeiro: IBGE, 2018. p. 53.

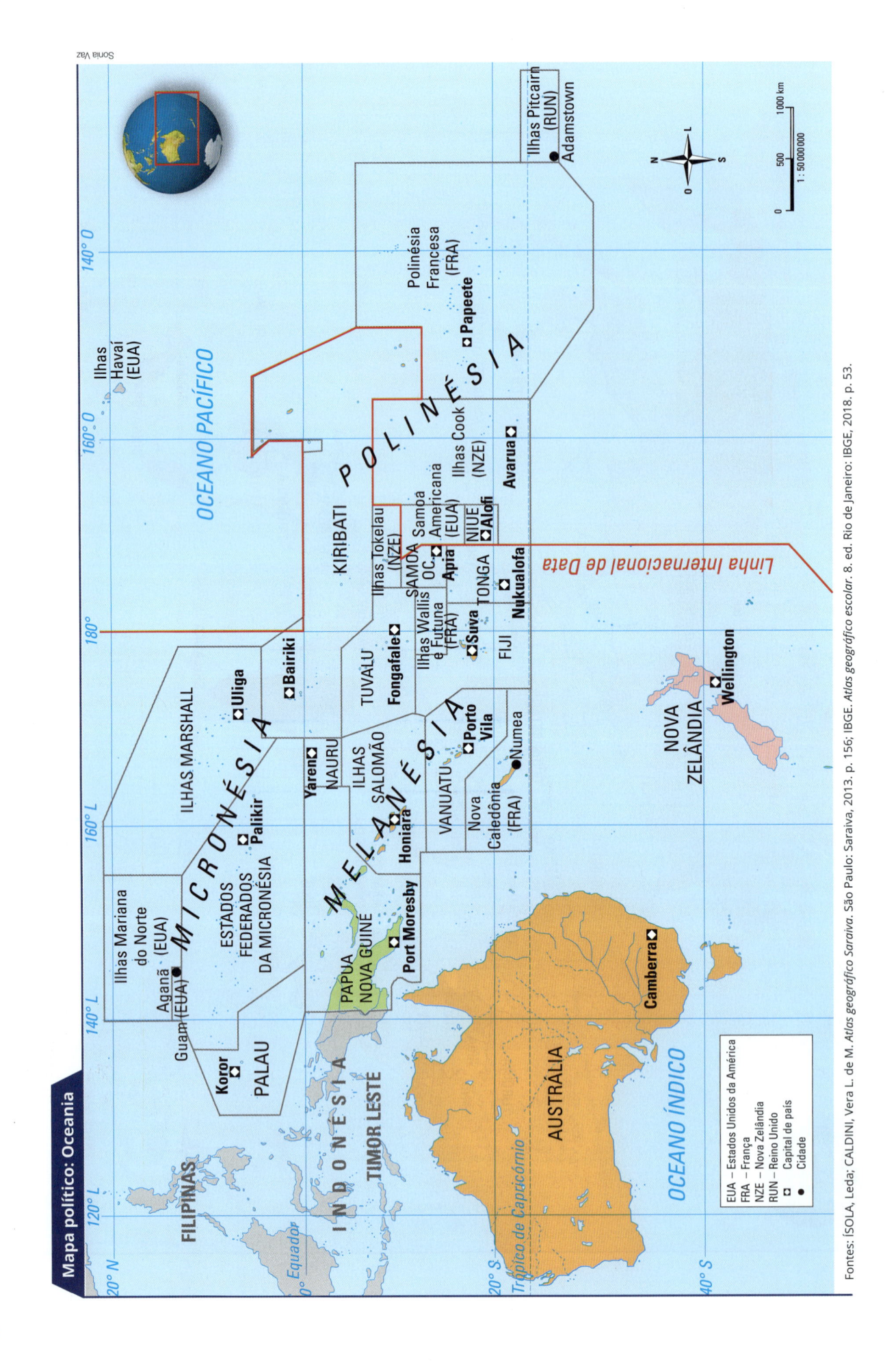

Mapa-múndi

AMÉRICA
1 - São Cristóvão e Nevis
2 - Antigua e Barbuda
3 - Dominica
4 - Santa Lúcia
5 - Barbados
6 - São Vicente e Granadinas
7 - Granada
8 - Trinidad e Tobago

ÁFRICA
9 - Costa do Marfim
10 - Gana
11 - Togo
12 - Benin
13 - Guiné Equatorial
14 - São Tomé e Príncipe
15 - Ruanda
16 - Burundi

EUROPA
17 - Irlanda
18 - Dinamarca
19 - Países Baixos
20 - Bélgica
21 - Luxemburgo
22 - Alemanha
23 - Polônia
24 - República Tcheca
25 - Eslováquia
26 - Suíça
27 - Liechtenstein
28 - Áustria
29 - Hungria
30 - Mônaco
31 - San Marino
32 - Eslovênia
33 - Croácia
34 - Bósnia e Herzegovina
35 - Sérvia
36 - Vaticano
37 - Montenegro
38 - Kosovo
39 - Albânia
40 - Macedônia
41 - Bulgária
42 - Malta
43 - Moldávia
44 - Geórgia
45 - Armênia
46 - Azerbaijão
47 - Chipre

ÁSIA
48 - Emirados Árabes Unidos
49 - Cingapura
50 - Timor Leste

Fonte: IBGE. *Atlas geográfico escolar*. 8. ed. Rio de Janeiro: IBGE, 2018. p. 32.

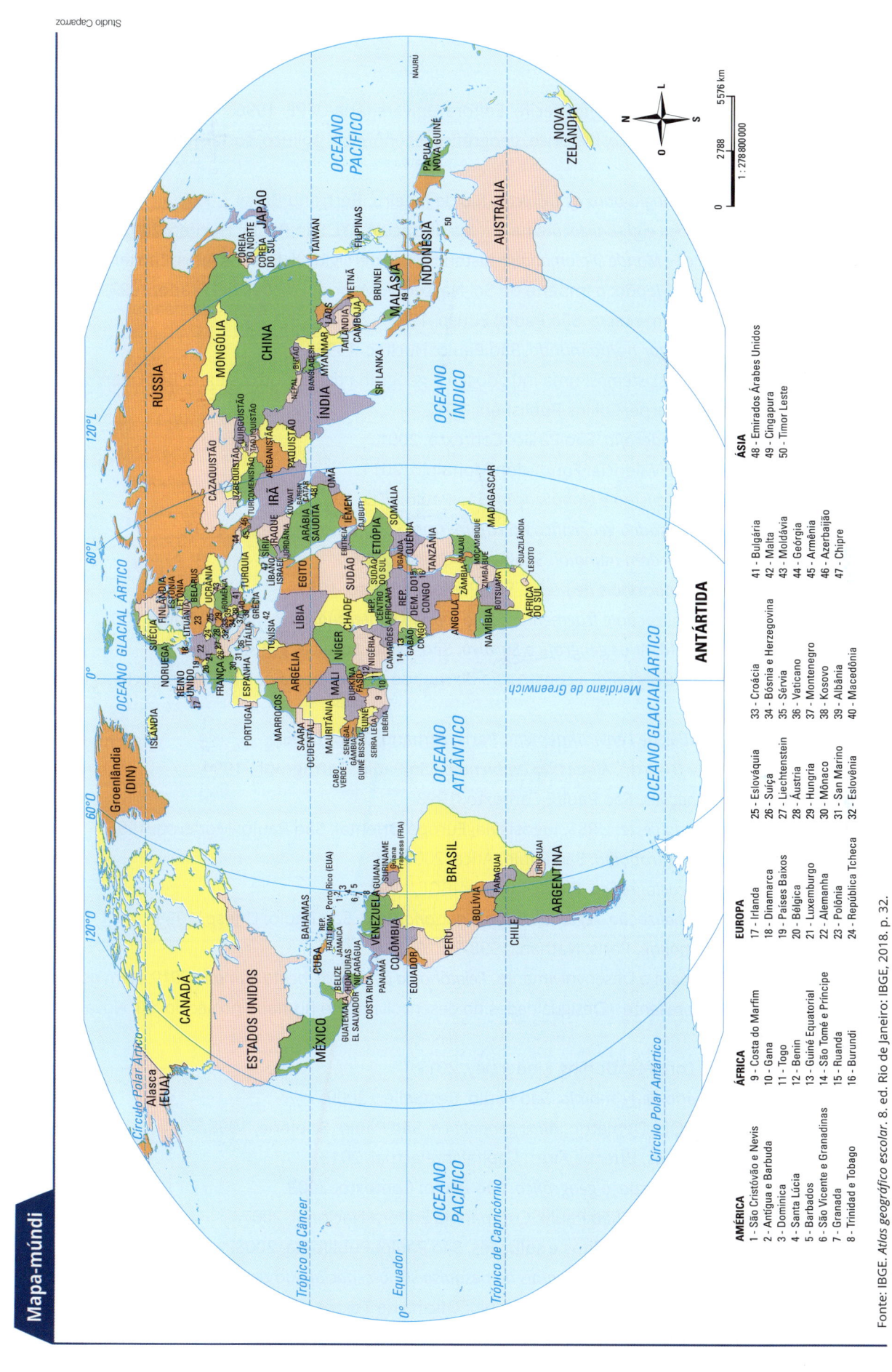

REFERÊNCIAS

ANDRADE, Manuel C. *Globalização e geografia*. Recife: Editora Universitária UFPE, 1996.

ARANTES, Jorge. *Pequeno dicionário crítico:* histórico, geográfico, econômico, político, social. Rio de Janeiro: Interciência, 2003.

AYOADE, J. O. *Introdução à climatologia para os trópicos*. Rio de Janeiro: Bertrand Brasil, 2007.

BENKO, Georges. *Economia, espaço e globalização*: na aurora do século XXI. São Paulo: Hucitec, 2002.

BRÉVILLE, Benoît. *El Atlas histórico Le Monde Diplomatique*: historia crítica del siglo XX. Buenos Aires: Capital Intelectual, 2011.

CALLCUT, Martín; JANSEN, Marius. *Japão*: o Império do Sol Nascente. Madrid: Edições del Prado, 1997. v. I.

CAPOZOLI, Ulisses. *Antártida*: a última terra. São Paulo: Edusp, 1999.

CARLOS, Ana Fani Alessandri. *O lugar no/do mundo*. São Paulo: Hucitec, 1996.

CHRISTOPHERSON, Robert W. *Geossistemas*: uma introdução à geografia física. Porto Alegre: Bookman, 2012.

COLLINS world watch. Glasgow: HarperCollins Publishers, 2012.

DAMIANI, Amélia L. *População e Geografia*. São Paulo: Contexto, 2001.

EL ATLAS de las mundializaciones. Valencia: Fundación Mondiplo, 2011.

ESPINDOLA, Haruf S. *Ciência, capitalismo e globalização*. São Paulo: FTD, 1999.

GOMES, Horieste. *A produção do espaço geográfico no capitalismo*. São Paulo: Contexto, 1991.

HAESBAERT, Rogério. *A nova des-ordem mundial*. São Paulo: Unesp, 2006.

HAESBAERT, Rogério. *Blocos internacionais de poder*. São Paulo: Contexto, 1997.

HAESBAERT, Rogério (org.). *Globalização e fragmentação no mundo contemporâneo*. Niterói: Eduff, 2001.

ÍSOLA, Leda; CALDINI, Vera L. de M. *Atlas geográfico Saraiva*. São Paulo: Saraiva, 2013.

KAPLAN, Robert D. *A vingança da Geografia*: a construção do mundo geopolítico a partir da perspectiva geográfica. Rio de Janeiro: Elsevier, 2013.

LE MONDE DIPLOMATIQUE. *L'atlas de l'environnement*. Paris: Armand Colin, 2008.

MAGALHÃES, Luiz Edmundo de (coord.). *A questão ambiental*. São Paulo: Terragraph, 1994.

MARTIN, André R. *Fronteiras e nações*. São Paulo: Contexto, 1998.

OLIC, Nelson B. *A desintegração do Leste*: URSS, Iugoslávia, Europa Oriental. São Paulo: Moderna, 1996.

OLIVEIRA, Carlos R. de. *História do trabalho*. São Paulo: Ática, 2006.

OLIVEIRA, Cêurio de. *Dicionário cartográfico*. Rio de Janeiro: IBGE, 1993.

OLIVEIRA, Flávia A. de (org.). *Globalização, regionalização e nacionalismo*. São Paulo: Unesp, 1999.

PAULET, J. P. *La Géographie du monde*. Paris: Nathan, 1998.

PROGRAMA das Nações Unidas para o Desenvolvimento. *Relatório do desenvolvimento humano 2019*: além do rendimento, além das médias, além do presente – Desigualdades no desenvolvimento humano no século XXI. Nova York: Nações Unidas; Pnud, 2019.

REFERENCE world atlas. 9. ed. Londres: Dorling Kindersley, 2013.

SANDRONI, Paulo. *Novo dicionário de economia*. São Paulo: BestSeller, 2000.

SCALZARETTO, Reinaldo; MAGNOLI, Demétrio. *Atlas geopolítica*. São Paulo: Scipione, 1998.

SELLIER, Jean. *El atlas de las minorías*. Buenos Aires: Capital Intelectual, 2013.

SENE, Eustáquio de. *Globalização e espaço geográfico*. São Paulo: Contexto, 2003.

SMITH, Dan. *Atlas da situação mundial*. São Paulo: Companhia Editora Nacional, 2007.

SMITH, Dan. *O atlas do Oriente Médio*: conflitos e soluções. São Paulo: Publifolha, 2008.

SOUZA, Marcelo Lopes de. *Os conceitos fundamentais da pesquisa sócio-espacial*. Rio de Janeiro: Bertrand Brasil, 2013.

TEIXEIRA, Wilson *et al.* (org.). *Decifrando a Terra*. São Paulo: Oficina de Textos, 2010.

VESENTINI, José William. *Novas geopolíticas*. São Paulo: Contexto, 2000.